AF278298

Transición energética
¿Qué es urgente?
¿Qué es importante?

Francesc Reventós Puigjaner

iniciativa
digital politècnica
Publicacions Acadèmiques de la UPC

iniciativa
digital politècnica
Publicacions Acadèmiques de la UPC

©   Fotografía de la portada: Gemma Nogueroles i Carles Checa

Primera edición: mayo de 2022
Segunda edición: abril de 2024

©   Francesc Reventós Puigjaner, 2022
©   Iniciativa Digital Politècnica, 2022
       Oficina de Publicacions Acadèmiques Digitals de la UPC
       Jordi Girona 31,
       Edifici Torre Girona, Plant 1, 08034 Barcelona
       Tel.: 934 015 885
       www.upc.edu/idp
       E-mail: info.idp@upc.edu

Producció: QP Print
                 C. de Miquel Torelló i Pagès, 4 - 6
                 Molins de Rei
                 08750 Barcelona

DL:B 9324-2024
ISBN: 978-84-10008-46-5
eISBN: 978-84-10008-47-2
DOI: 10.5821/ebook-9788410008472

Dedico este libro a mi amigo Lluís Agell, que desgraciadamente nos dejó. Lo hago en recuerdo de su entusiasmo efervescente al escuchar a las personas.

«Francesc, quedem! D'això n'hem de parlar!»

Agradecimientos

La preparación de este libro ha sido posible gracias a la ayuda, el apoyo y el aliento de personas de formación y profesión muy diversa que me han dedicado un tiempo importante y han dialogado conmigo sobre los grandes temas tratados.

¡Gracias por los comentarios fruto de vuestra experiencia y conocimiento de la problemática eléctrica! Lo que he recibido de vosotros ha sido crucial para hacer progresar la imagen que tengo del sector eléctrico y de su tecnología. Gracias, Xavier y Xavier. (Xavier Cordoncillo y Xavier Corbella son ingenieros industriales y miembros de la Comisión de Energía del Colegio de Ingenieros Industriales de Cataluña, con una experiencia larga y solvente en el sector eléctrico).

El intercambio científico multidisciplinar es indispensable en la coyuntura social y energética que vivimos hoy. Sé que compartimos este pensamiento, y tu entusiasmo y tus comentarios, Xavier, me han animado a perseverar en la búsqueda de la claridad científica necesaria para armonizar los contenidos más diversos. (Xavier Farriols es doctor en Ciencias Económicas y secretario de la junta de gobierno de la Societat Catalana d'Economia, filial del Institut d'Estudis Catalans).

Ecología, geopolítica, gestión y comunicación son áreas de conocimiento aparentemente desvinculadas, pero realmente muy conectadas con la problemática objeto de este libro. ¡Ha sido un privilegio haber hablado de sociedad y ecosistemas contigo, Joan! ¡He tenido grandes satisfacciones comentando aspectos geopolíticos de mis contenidos contigo, Jordi! ¡Ha sido un placer razonar juntos la trascendencia de la gestión y de la *gestión tecnológica* en el ámbito de la energía contigo, Josep Maria! ¡Celebro enormemente haber debatido conceptos de comunicación del riesgo contigo, Carles! ¡Muchas gracias a todos! (Joan Martínez-Alier es profesor de la UAB con una larga trayectoria en los ámbitos de Economía Ecológica y Ecología Política; Jordi Bacaria es profesor de la UAB en el ámbito de Economía Aplicada; Josep Maria Rosanas es profesor en IESE en el ámbito del Management, y Carles Pont es profesor de la UPF en el ámbito de Comunicación).

Pep, Mariano y Daniel: ¡habéis conseguido poner en marcha una tertulia sobre energía y sociedad con una alta cota de rigor y con un alcance completo! «Energia i Societat» abre debates de ámbito local cuando corresponde y no rehúye la oportunidad de abordar los grandes problemas globales, como son los relacionados con la gobernanza de los pactos, la demografía o la geopolítica. ¡Siempre me he sentido escuchado y siempre he conseguido aprender alguna lección en vuestras tertulias! ¡Gracias por hacerlo posible! (Pep Salas es doctor ingeniero, profesionalmente activo en el ámbito energético; Mariano Marzo es catedrático de Estratigrafía y Geología Histórica en la UB y especialista en Transición Energética, y Daniel Quer es economista, los tres gestionan la tertulia llamada «Energia i Societat»).

¡Todavía queda mucho por hacer para mostrar la conexión entre energía y Sur Global! ¡Gracias, Victòria, y gracias, Enric, por haberme ayudado a entender aquellos detalles que solo los que los habéis vivido sabéis comunicar! (Victoria Pagès es economista y desarrolla su actividad en Médicos Sin Fronteras; Enric Corbella es ingeniero de caminos, ambos tienen experiencia de trabajo en el continente africano).

¡La problemática energética hoy está necesitada de visiones de síntesis! En este ámbito, Pere, Eugeni y David habéis sido garantes de la solidez de mis afirmaciones más conclusivas. Vuestra crítica ha sido enormemente constructiva. (Pere Viñals y Eugeni Vives son ingenieros industriales sénior, y David Villar es ingeniero industrial y desarrolla su actividad en el ICAEN).

Finalmente, quiero agradecer a todos los miembros de la comunidad de la Universidad Politécnica de Cataluña (UPC), a la que he estado y sigo vinculado, vuestro apoyo y vuestro aprecio hacia mi persona y hacia la actividad desarrollada. Gracias, Jordi, Lluís e Ignasi por defender desde vuestros cargos este diálogo científico, abierto, conectado con la realidad de la sociedad, pero libre de presiones partidistas, que se muestra necesario y que solo instituciones como la nuestra pueden impulsar de forma diversa, seria y eficaz. (Jordi Llorca es vicerrector de investigación de la UPC; Lluís Batet es director de la división de Ingeniería Nuclear en la Escuela Técnica Superior de Ingeniería Industrial de Barcelona ETSEIB-UPC, e Ignasi Casanova es director del Instituto de Técnicas Energéticas INTE-UPC).

El colectivo de profesores y de investigadores de la UPC es grande y sois muchos los que a lo largo de los años habéis colaborado en hacer crecer mi visión de un problema tan interconectado como la energía. ¡Muchas gracias a todos! Muchas gracias más especialmente a vosotros, Carme, Guillem y Jordi, con quien he contado de forma más cercana. (Carme Pretel es doctora en Ingeniería y responsable del área de la docencia de Tecnología Energética en la ETSEIB-UPC; Guillem Cortés y Jordi Freixa son doctores en Ciencias Físicas, los tres son profesores del área citada y de la de Ingeniería Nuclear).

También quiero agradecer al colectivo de estudiantes de proyectos y de asignaturas energéticas y nucleares. Particularmente, recuerdo en esta ocasión los que cursasteis Tecnología Energética en la ETSEIB en los años en que colaboré más intensamente. ¡Gracias por vuestro empuje, trabajo, frescura y preguntas!

Hay un colectivo que durante mucho tiempo me ha acompañado, con gran complacencia por mi parte, en las dos grandes etapas de mi vida profesional: se trata de los miembros del cuerpo técnico del Consejo de Seguridad Nuclear. Os hablo de un acompañamiento generoso que ha ido mucho más allá de lo que les pedía su profesionalidad fuera de dudas, y se ha abierto siempre a un diálogo constructivo dando entrada a inquietudes sociales, humanas y de progreso.

Hay otro ambiente, más numeroso aún, que merece un comentario similar. Hablo del mundo de la investigación. ¡Allí donde hemos ido para cooperar en investigación, hemos encontrado respuesta científica que a la vez ha sido enormemente gratificante en los ámbitos del humanismo, la socioconciencia y el anhelo de futuro! Os hablo de universidades y centros de investigación de todo el mundo. Os hablo de Valencia, Madrid o Barcelona, pero también de Estados Unidos, Francia, Alemania, Italia, Japón o Corea... y más países y entornos que han contribuido a enriquecer mi pensamiento.

El mundo industrial, a pesar de ser señalado a menudo como un entorno que va a la suya, es otro bloque de personas y de instituciones con quien estoy agradecido. La producción y distribución de energía, la ingeniería energética y la fabricación de componentes han sido ambientes propicios al conocimiento y a la reflexión sobre temas como los que aborda este libro. ¡Muchas gracias!

Finalmente, ¡gracias también a los amigos y conocidos! La problemática energética es tan universal que sois muchos los que la habéis incorporado a la tertulia formal o informal y me habéis ayudado a completar mi visión final de las cosas. ¡Gracias a todos!

Francesc

Índice

Prólogo

Hablar de energía

Hablar de energía es hablar de un tema poliédrico, quizás de los más difíciles de abordar dadas sus implicaciones en la forma en que nos relacionamos entre nosotros y con nuestro entorno. El deterioro medioambiental, la pérdida de la biodiversidad, el empeoramiento de la calidad del aire, las luchas por los recursos y el reparto desigual de la riqueza tienen relación, en parte, con el modelo energético actual, y cambiarlo no será fácil. Sabemos, sin embargo, que hay que hacerlo y a tiempo. En el esplendor de la época romana, la energía se obtenía sobre todo de la tracción animal y los esclavos. Más de la mitad de la población eran esclavos. ¡El trabajo de un esclavo durante una semana sin parar era el equivalente, aproximadamente, a un litro de gasolina en un coche de hoy! La energía permite el bienestar, pero sigue siendo el origen de muchas desigualdades inadmisibles.

Es importante no confundir las fuentes de energía con los vectores energéticos y el uso final que se hace de la energía. Son temas diferentes que necesitan soluciones diferentes. No hay que ser un lince para entender que las fuentes de energía —el origen de todo ello— deben ser 100% renovables si de verdad queremos un sistema sostenible. En cuanto a los vectores energéticos, es necesario que sean de fácil implementación (como la electricidad) y capaces de almacenar energía de manera eficiente (como el hidrógeno). Pero no hay que olvidar también cuál es el uso final que hacemos de la energía, porque quizás deberíamos empezar a pensar que no se puede crecer para siempre de la manera como lo hacemos, si queremos establecer una relación armoniosa con nuestro planeta. No podemos desperdiciar la energía ni pretender unos niveles de confort inasumibles. No es solo una cuestión de sostenibilidad, sino también de justicia.

Y ¿cómo haremos esta transición energética hacia fuentes de energía 100% renovables? Esta no es una pregunta fácil, y la respuesta —necesariamente— debe pasar por hacer un análisis preciso de lo que necesitamos y lo que tenemos y también de lo que no tenemos. De nada sirve querer ir a la otra orilla del río si no podemos disponer de un puente o una barca que nos lleve. Además, está la cuestión temporal. ¿Cuánto tiempo tenemos para evitar un punto de no retorno? ¿Cuánto tiempo necesitamos para hacer efectiva la transición energética? Y aquí es donde este libro nos puede ayudar. El profesor Francesc Reventós ha dedicado toda su vida a la energía, primero como trabajador de una central nuclear y luego como profesor de la UPC, donde he tenido el placer de coincidir con él en el Instituto de Técnicas Energéticas hasta su retiro. Este libro refleja muy bien su manera de ser, tranquilo y afable, pero tremendamente apasionado en su relato. Una de las tesis más importantes del libro es que los científicos y tecnólogos deben ser escuchados, además de los economistas, políticos y estrategas. Pero escuchados de verdad, porque son los que saben a ciencia cierta cómo llevarnos a la otra orilla del río. Como nos cuenta el profesor Reventós, hacer la transición a un modelo de fuentes de energía 100% renovables no se puede hacer de un día para otro. Conviene una planificación. En su opinión, la transición pasa por mantener unos años más las centrales nucleares mientras se sustituye progresivamente el carbón, gas natural, petróleo y derivados, que en estos momentos representan la mayor parte del origen de la energía en el mundo, por fuentes de energía limpias. En sus palabras «Las nucleares no son el futuro, pero forman parte del camino que a él conduce». Aquí podríamos iniciar un debate vivo... pero leed antes el libro.

El profesor Reventós es, sin duda, una de las personas que conozco que ha asistido a más tertulias y conferencias sobre energía que se han hecho en los últimos años, que no han sido pocas. Tertulias sobre aspectos de la energía relacionados con la técnica, economía, sociología, ecología, geopolítica, desigualdades norte-sur y gestión. Como él mismo dice «las observaciones realizadas y las reflexiones posteriores me llevan, sobre todo, a reivindicar ciencia». En efecto, las interacciones entre conocimientos diversos quieren un rigor que solo se puede conseguir con un acercamiento científico de los diferentes actores implicados. Se trata de un acercamiento que solo será eficaz si se realiza en un entorno y con un talante adecuados, «con una autocrítica profunda, lejos de presiones partidistas o comerciales y con un realismo objetivamente ambicioso». El texto nos recuerda las dimensiones mundiales del problema con referencias meditadas a las hegemonías políticas, el petróleo o el Sur Global, e insiste en que es crucial no olvidar la solidaridad global del planeta.

Este es un libro oportuno, en el que los aspectos tecnológicos y la implantación de la transición energética se analizan a fondo y de manera global y en el que los lectores podrán conocer los puntos esenciales de lo que está en juego. El libro también aporta algunas cifras que permiten entender la magnitud y la proporción del problema a los lectores desde ámbitos no tecnológicos. Esto incluye un análisis cuidadoso de la descarbonización urgente y del funcionamiento estable y duradero del planeta que se deberá conseguir utilizando fuentes renovables de energía.

Me complace mucho recomendar la lectura de este libro, porque siempre he pensado que una de las contribuciones que pueden hacer los profesores de universidad a la sociedad cuando se jubilan es escribir una obra de su especialidad que recoja las reflexiones, pensamientos y opinión trabajadas durante tantos años desde una óptica transparente y libre.

Jordi Llorca
Vicerrector de Investigación. Universidad Politécnica de Cataluña

Siempre he trabajado en el campo de la gestión energética

Siempre he trabajado en el campo de la gestión energética. Primero como profesional y directivo dentro del sector eléctrico, donde conocí y tuve como compañero a Francesc Reventós, después como consultor y profesor de mercados energéticos y comercialización de energía eléctrica.

La trayectoria de Francesc Reventós como ingeniero especializado en seguridad nuclear en el proyecto de las centrales nucleares de Ascó y Vandellós II, y después como profesor de Tecnología Nuclear en la UPC, le avala como profundo conocedor de la seguridad de las centrales nucleares y de su problemática.

Frenar el cambio climático producido por los gases de efecto invernadero es hoy probablemente, junto con la pandemia del COVID el principal problema que tenemos con dimensiones planetarias. El CO_2, producto de la combustión de combustibles fósiles que contienen carbono, es el gas que emitimos a la atmósfera en mayor cantidad con gran diferencia respecto a otros. En consecuencia, la descarbonización, abandonar la combustión de las energías fósiles, es el reto más urgente que la humanidad debe abordar de forma inmediata.

Por eso me ha parecido inteligente y coherente la propuesta de transición energética de Francesc Reventós, que incluye aprovechar y utilizar las centrales nucleares en la transición energética en la primera fase de lograr la descarbonización del sistema energético, dado que no emiten CO_2 y que son extremamente complementarias con las energías renovables, dejando de lado muchos prejuicios que muchas personas aún mantienen sobre las centrales nucleares, sin haberlas estudiado ni contrastado de forma profunda.

Las energías renovables se caracterizan porque son sostenibles, pero tienen dos aspectos técnicos que limitan su utilidad: son intermitentes y tienen un número bajo de horas de utilización. El primer aspecto incide en la disponibilidad diaria: solo las tenemos algunas horas al día, cuando el sol, el viento o el agua hacen acto de presencia. El segundo aspecto afecta al cómputo anual de utilización: funcionan menos de 2500 horas/año, lo que significa que tienen una productividad bastante limitada por unidad de potencia instalada. Esto quiere decir que tendremos que instalar entre 2 y 5 MW renovables para sustituir 1 MW térmico, ya que, además, una parte de la energía renovable producida no la podremos aprovechar mientras no seamos capaces de almacenarla de una forma económicamente rentable. Por el contrario, la energía nuclear se caracteriza porque es una energía de base que puede funcionar entre 7500 y 8000 horas al año y también puede hacer seguimiento de carga si se considera necesario. Por ello el binomio renovables-nuclear puede ser muy robusto y adecuado para llevar a cabo la primera fase de descarbonización de la transición energética antes de llegar a la segunda del todo renovable. Recordemos que esta segunda precisa una gran cantidad de almacenamiento de energía que hoy no tenemos todavía disponible a precios razonables y que probablemente tardaremos algunas décadas a desarrollar. Conviene no olvidar los problemas pendientes de resolver, como son descarbonizar el consumo industrial térmico, el transporte pesado terrestre, el transporte aéreo y el transporte marítimo, de los cuales los dos últimos por el momento no se contabilizan en el Acuerdo de París 2015.

Sin embargo, lo que más me ha gustado de la propuesta de Francesc Reventós para la transición energética mundial es que, profundizando en la circunstancia de que tenemos que resolver un problema planetario, aprovecha también para recordar la conveniencia de avanzar en otros problemas como son el crecimiento económico ilimitado y la gran desigualdad entre el nivel económico de los países industrializados y los países del Sur Global. Su propuesta es de las primeras que conozco que intenta abordar todos estos aspectos planetarios esenciales para hacer frente al cambio climático haciendo ver la clara insuficiencia de los acuerdos de París 2015, que solo se centran en reducir el incremento de la temperatura media del planeta sin incluir de qué forma concreta hay que conseguirlo. Después de haber hecho un trabajo de profunda reflexión y documentación sobre la transición energética, él añade tres aspectos clave que se hace necesario abordar y los propone como posibles enmiendas a añadir al Acuerdo de París 2015: qué hay que plantear a los países productores de combustibles fósiles para contrarrestar su tendencia natural a oponerse al Acuerdo de París; cómo suavizar el crecimiento económico que no se pueda conseguir con un alto grado de eficiencia energética; y cómo abordar la necesidad de ayudar a los países del Sur Global por parte de los países industrializados para que aquellos puedan alcanzar un grado de desarrollo económico más alto de una forma armónica con los objetivos de descarbonización mundial.

Esta propuesta puede parecer en algunos aspectos muy difícil de lograr, pero es evidente que hay que avanzar a escala mundial para que un número creciente de países la hagan suya total o parcialmente. Sería una manera de demostrar a los países negacionistas que, hojas de ruta como esta, son la única vía para progresar de forma sólida hacia unos objetivos planetarios que solo podremos alcanzar si todos los países se van alineando de manera creciente con estas ideas, dejando cada vez más aislados los países negacionistas, que probablemente siempre estarán, pero hay que ir reduciendo progresivamente a la mínima expresión.

Xavier Cordoncillo
Comisión de Energía del Colegio de Ingenieros Industriales de Cataluña

Presentación

La problemática energética está sobre la mesa

La problemática energética está sobre la mesa y la necesidad de una aproximación multidisciplinar que permita abordarla teniendo en cuenta su dimensión mundial, es cada día más acuciante. Para hablar de energía, además de conocer la tecnología, debemos tener muy presente a la ciudadanía, hacer un esfuerzo humano y científico para entender lo que nos pide y actuar en consecuencia. Para producir pensamiento energético necesitamos expertos en economía, gestión, climatología, sociología, sostenibilidad... y ¡también en tecnología energética! El entramado de las interacciones entre expertos de especialidad diversa en general ya es complejo y, en este caso tal vez más aún. Las dificultades que aparecen en estas interacciones suelen hacernos globalmente poco eficaces. ¡No interaccionamos de forma óptima! Así, y a pesar de los esfuerzos de muchos, el diálogo en temas de sostenibilidad energética o global entre expertos diversos es dificultoso. Estamos ante un tema con un encuadre complejo. La transversalidad debe ser gestionada y uno de los propósitos que tenemos es intentar aportar un poco de luz al esclarecimiento de la situación.

La coyuntura se complica debido a una confusión muy extendida que desarrollaremos más adelante. ¡Muy a menudo nos encontramos con quien confunde *descarbonización* con *alcanzar la sostenibilidad*! *Descarbonizar* es liberar la atmósfera de anhídrido carbónico o CO_2 y *lograr la sostenibilidad* es conseguir la compatibilidad del ritmo de vida de la humanidad con el planeta y sus ecosistemas. Son dos conceptos próximos y, según como, ¡muy próximos! Hablaremos en detalle del tema e intentaremos distinguirlos. La distinción será crucial, ya que la descarbonización resultará ser urgente, muy urgente y en cambio, será importante lograr que la sostenibilidad se alcance de una manera sólida y duradera. Cualquier progreso eficaz deberá tener en cuenta esta distinción.

Para avanzar en la solución del problema, será necesario encuadrarlo correctamente y reclamar la intervención coordinada de expertos en tecnología energética, economía, sociología, Sur Global y geopolítica.

La fase de descarbonización nos permitirá evitar el colapso del planeta. Las dificultades que aparecerán en esta fase, dado el gran consumo de combustibles fósiles, nos llevarán a la necesidad de un pacto con sus productores y al mantenimiento de una producción sustitutoria robusta hasta garantizar que la hemos completado. Conforme avance el texto, veremos que esta robustez o fortaleza exige una reflexión profunda y solo es viable si la transición cuenta con producción renovable y nuclear. Este punto tiene pues, además de tecnología energética, mucha geopolítica.

El mañana 100% renovable es uno de los hitos fundamentales de nuestra estrategia que se razonará sobre todo en base a la transformación social que estamos viviendo. Estamos empezando un cambio social relevante motivado por los avances de nuevas tecnologías como la robotización, la digitalización y la comunicación. Este cambio suele denominarse revolución tecnológica porque va camino de cambiar notablemente el día a día de nuestra sociedad. Es importante conseguir una armonía intrínseca entre la nueva manera de producir energía y el nuevo día a día mencionado. Solo así lograremos una sostenibilidad real.

¡No empezamos de cero, afortunadamente! Existe una conciencia del problema y prueba de ello son las conferencias del clima. La esencia del Acuerdo de París 2015 está en línea con lo que proponemos. A París 2015 sin embargo, le falta algo y resulta indispensable mejorar sus contenidos para darles realismo y hacerlos más aptos para la consecución de los objetivos trazados.

Siempre me ha interesado la conexión existente entre tecnología y sociedad. Se trata de una interacción fuerte que, a pesar de ser tan antigua como el tiempo, ha evolucionado mucho y sobre todo en las últimas décadas. Durante 40 años he desarrollado mi actividad profesional en el ámbito de la energía y son muchas las situaciones vividas que me han empujado a profundizar en el tema teniendo presentes tanto sus aspectos más técnicos como los más humanos y la interacción entre unos y otros. Desde el inicio de mi recorrido profesional hasta la fecha han aparecido preguntas, respuestas, polémicas y controversias con un interés creciente.

¡Cabe decir que, en todos estos años, la vida ha cambiado! Hemos vivido la crisis del petróleo, la irrupción de la energía nuclear, la consolidación de hegemonías políticas basadas en las reservas de combustibles fósiles, la emblemática caída del muro de Berlín, las guerras del petróleo, un crecimiento demográfico tan grande como desordenado y, finalmente algo de carácter más humano y social como el nacimiento y desarrollo de una conciencia planetaria. ¡Solemos decir que hemos progresado! Probablemente, y en el ámbito global podemos aceptar la afirmación. En cualquier caso, cada día tenemos más pruebas irrefutables de que la sostenibilidad del estilo de vida al que hemos llegado no es viable. Afortunadamente hay una preocupación muy extendida que nos estimula a trabajar para cambiar las cosas. La energía es la esencia del problema de sostenibilidad general que tenemos sobre la mesa.

Primero descarbonizar, después culminar el todo renovable

Cuando hablamos de transición energética estamos abordando un conjunto de temas diversos, problemáticos y entrelazados. Para entrar en materia, vale la pena destacar dos de ellos que resultarán ser extremamente relevantes: el calentamiento global del planeta y alcanzar la sostenibilidad energética. Considero que, si de verdad queremos resolverlos, es importante tratarlos como temas diferenciados y no como uno solo. La explicación puede complicarse, pero intentaremos aclarar este punto.

La Vanguardia 19 de diciembre de 2021

Los objetivos ecológicos son dos

¡Muy a menudo nos encontramos con quien confunde *descarbonización* con *alcanzar la sostenibilidad*! *Descarbonizar* es liberar la atmósfera de anhídrido carbónico o CO_2 y *lograr la sostenibilidad* es conseguir la compatibilidad del ritmo de vida de la humanidad con el planeta y sus ecosistemas.

El calentamiento global del planeta es un tema mundial y un problema acuciante y así nos lo aseguran los estudiosos en climatología. Si no detenemos este calentamiento de manera rápida, estamos en puertas de un cambio climático que puede ser irreversible y catastrófico. Una serie de gases producidos sobre todo por la actividad humana se están acumulando en la atmósfera y dificultan el funcionamiento natural del planeta. Entre estos gases, el CO_2 producido sobre todo por las combustiones fósiles es el que de forma más acuciante conviene limitar. Como habitantes del planeta, debemos intentar a toda costa interrumpir la degradación que está teniendo lugar y por lo tanto tenemos que luchar con contundencia contra la progresión de este cambio climático. Por estas razones hablamos de descarbonizar nuestra vida, producir en ella menos CO_2 y por lo tanto hacerla menos dependiente de las combustiones fósiles. ¡Hace tiempo que los expertos hablan, pero desde hace unos años insisten en que es una cuestión extremamente urgente! ¡Nos hablan del colapso del planeta! Los expertos en climatología han cifrado esta urgencia y piden detener prácticamente todas las combustiones fósiles en 30 años, es decir antes de 2050. Nuestro primer objetivo ecológico es descarbonizar.

Alcanzar la sostenibilidad energética es el segundo de los temas. El camino que nos permitirá conseguirla es igualmente problemático, está ligado a la sostenibilidad global y por lo tanto al funcionamiento estable y duradero del planeta o a lo que yo entiendo como su estado estacionario deseable. Somos habitantes de un planeta finito. La tierra es un sistema abierto desde el punto de vista energético y cerrado con respecto a los materiales. Además, en la tierra encontramos algo que llamamos vida y que parece bastante único. En efecto, el planeta recibe energía del sol y emite energía degradada hacia el universo. Los materiales que encontramos en la tierra se van consumiendo y nunca son reestablecidos. El carbón, el petróleo, el gas o el uranio, pero también el hierro, el aluminio, el litio o el galio que encontramos en el planeta pueden ser utilizados con cautela y por un tiempo limitado. Finalmente, la vida o los ecosistemas son algo muy peculiar. Hay expertos en biología y en ecosistemas que suelen dar su opinión y vale la pena escucharlos. La vida es compleja, y aunque parece que los expertos cada día la entienden un poco mejor, sabemos que este conocimiento es limitado y conviene tratar el hecho con cautela. La humanidad está obligada a tener un respeto exquisito por los ecosistemas y por las recomendaciones de los expertos que se dedican a su estudio. Teniendo presente lo dicho, conviene adecuar nuestra actividad a las posibilidades del planeta en cuanto a energía, materiales y respeto a la vida y a los ecosistemas. Solo la conservación estacionaria del planeta permitirá una vida futura en condiciones. Energéticamente esto solo se puede conseguir haciendo que, a la larga, la producción energética sea 100% renovable y armónica con el estilo de vida que consolidamos. Este es el segundo objetivo ecológico.

Podemos ver que los dos temas citados —el calentamiento global del planeta y el logro de la sostenibilidad energética— tienen un parentesco y unas semejanzas, pero también tienen una diferencia esencial. Hablemos primero de la diferencia: su nivel de urgencia. Ambos son urgentes, pero resolver el calentamiento global es, ya lo hemos dicho, extremamente urgente. Tenemos solo 30 años para solucionarlo claramente. ¡Esto es lo que dicen los expertos! Si no lo conseguimos, nos viene encima el colapso del planeta con un cambio climático de consecuencias nefastas para toda la humanidad. Hablemos ahora del parentesco entre los dos temas que también existe y es claro. Si tuviéramos la capacidad de llevar a cabo una transición energética que implementara el todo-renovable en todo el mundo en 30 años tendríamos resueltos los dos problemas. Pero también es verdad que la situación de partida está tan desbordada, que intentarlo sin más ayuda no parece tener ninguna garantía de éxito. Conviene recordar y repetir que estamos intentando resolver un problema de alcance mundial, que el 80% de la energía utilizada es de origen fósil y que hay un número de países, empresas y ciudadanos con un negacionismo muy consolidado. Parece aceptado que necesitamos acciones tales como la reconducción drástica y mundial de la utilización de combustibles fósiles y la creación de infraestructura energética renovable. El progreso de estas tareas puede obtener ayuda de incentivos que motiven el consumo responsable de la ciudadanía, la sobriedad general planetaria y el avance razonable del conjunto de países que hoy forman el llamado Sur Global. Hay serias dudas de que estas acciones puedan llevarse a cabo con celeridad de manera satisfactoria.

Si separamos en dos fases las acciones correctoras, estaremos tratando la descarbonización como tarea urgente y el logro de la sostenibilidad como importante. En estas condiciones se mantiene toda la ambición ecológica y aumenta la esperanza de éxito. En la fase de descarbonización, la producción energética renovable debe ser complementada por alguna otra fuente de energía descarbonizada en el propósito de cubrir el primero de los dos grandes objetivos a alcanzar. Las centrales nucleares son candidatas a aportar esta ayuda. Los expertos en tecnología nuclear, además de corroborar que la energía nuclear es descarbonizada, nos dicen y nos aseguran que las centrales son razonablemente seguras y que tienen el problema de los residuos bien planteado. ¡Cuando consultamos al ciudadano de a pie, o incluso a la clase política, la respuesta es diametralmente opuesta! Este es un problema que conviene resolver y entiendo que requiere una atención colectiva y por lo tanto un impulso institucional. ¡Esto no se está haciendo!

Durante un tiempo limitado, las centrales nucleares, en mi propuesta, serían utilizadas, para complementar a las renovables en el cumplimiento del primero de los dos objetivos ecológicos fijados, es decir, la descarbonización.

¿Durante cuánto tiempo? y ¿Cuántas centrales necesitamos? Creo que todo el mundo desea una respuesta a estas preguntas. La respuesta a la primera pregunta es: necesitamos nucleares mientras no tengamos el 100 % renovable en todo el planeta. ¡Confiamos en que esto sea poco después de 2050! La respuesta a la segunda pregunta es más compleja toda vez que depende de consideraciones planetarias y de país. Si no hubiera países negacionistas, cada país podría razonar el problema en base al cubrimiento de su demanda energética interna. Cada país evaluaría sus capacidades de crear infraestructura renovable y complementaría a medida el número de centrales nucleares necesarias para alcanzar el objetivo de eliminar las combustiones fósiles antes de 2050. Hay casos muy diversos. A muchos de ellos les bastaría con alargar la vida útil de las centrales nucleares existentes hasta que se clarificaran las incertidumbres. Todo ello es un poco más complicado debido a que hay negacionistas. ¡Ojalá el negacionismo deje de existir en breve! ¡Ojalá el diálogo y la diplomacia alcancen sus objetivos y países, empresas y ciudadanos trabajen unidos para descarbonizar la vida y evitar el colapso del planeta!

En cualquier caso, la propuesta de considerar dos objetivos y establecer para cada uno de ellos un tratamiento específico sería ya un claro paso adelante que facilitaría debates y acuerdos más operativos. En las condiciones propuestas, actividades que hoy parecen enfrentadas encontrarían su espacio y tal vez contribuirían firmemente a producir un avance notorio. Podríamos decir lo mismo de los temas con connotaciones geopolíticas. El diálogo y el pacto deberían lograr que la fortaleza tecnológica fuese inequívocamente puesta al servicio de los objetivos ecológicos. ¡Es crucial, pues, distinguir los dos objetivos ecológicos! La descarbonización es extremamente urgente. ¡Debemos evitar el colapso! Les tareas que nos conducen al logro de la sostenibilidad energética con un mañana 100% renovable son importantes y deben ser planificadas y realizadas cuidadosamente teniendo presentes sus tiempos y retroalimentaciones.

Unos breves comentarios sobre la reconducción de la utilización de combustibles fósiles nos permitirán entender algunas de sus dificultades y controversias. Lo más relevante es cuantitativo y contundente: ¡el 80% de la energía que consumimos hoy es de origen fósil! Solo esta cifra ya es bastante definitiva. Otro comentario más cualitativo, pero también bastante rotundo es el siguiente: no toda la humanidad está convencida de la necesidad de estas acciones de parada fósil. Hay países, empresas y ciudadanos que son negacionistas, es decir, que niegan que esté teniendo lugar un cambio climático, o que este sea nefasto y nos pueda llevar al colapso del planeta. Finalmente, la sustitución de las combustiones fósiles tiene sus inconvenientes. Técnicamente parece resuelta, pero completarla quiere un esfuerzo colectivo duro que puede ser largo y costoso.

La creación de infraestructura energética renovable arranca en unas condiciones que merece la pena comentar. El primer comentario es de carácter cuantitativo y enormemente positivo. Se refiere al gran potencial de estas energías y particularmente de la energía solar. El segundo comentario se refiere a la conexión tecnológica y social que presenta la tarea considerada. No se trata de una simple sustitución de un tipo de producción por otra. La sustitución en cuestión debe venir acompañada de cambios quizás sustanciales no solo en la manera de producir, sino también en el modo de vivir. Es en este punto donde más incide la mutua adaptación entre la sociedad y la forma cómo sabemos producir energía renovable. Esta es una dificultad que requiere tiempo y retroalimentación. Junto a realizaciones renovables que muestran ya hoy una buena proyección de futuro, como los campos solar fotovoltaicos asociados a industrias de tipo medio, encontramos también situaciones con serios problemas de implementación de soluciones renovables como el que hoy se da en zonas densamente pobladas. La baja densidad energética de la opción solar, o la escasez de algunos materiales necesarios para la fabricación de componentes implicados son alguna de las dificultades adicionales que pueden ralentizar aún más el proceso de creación de infraestructura energética renovable. La transición debería ser llevada a cabo con garantías de no ser bloqueada por estas dificultades.

Los acuerdos de sobriedad y las políticas de ayuda al Sur Global inciden también en las posibilidades de arrancar una transición energética eficaz. Es intuitivo ver cómo el consumismo hace gastar energía y está enormemente arraigado al talante de vida de la sociedad actual. Bien es verdad que hay acciones para frenar el consumismo redefiniendo nuestra convivencia con ánimo de hacerla más sostenible, pero todo requiere su tiempo. Igualmente sabemos que el deseable equilibrio del planeta no se producirá razonablemente si el Sur Global no avanza sustancialmente y esto parece que también va para largo. Así mismo, la sociedad implícitamente pide que la transición haga frente también a los contratiempos que puedan ser originados por estas razones.

¡El negacionismo es un problema serio y no puede ser ignorado! Parece que en el futuro próximo podemos encontrarnos la humanidad dividida en dos grupos: los partidarios de la descarbonización y los fósil-dependientes. Esta división nos llevaría fácilmente a una dinámica coyuntural de hegemonías y daría automáticamente entrada a un bloque de indecisos o países que escucharían a unos y otros y actuarían en función de las ofertas de los dos grandes grupos. La diplomacia y la oferta tecnológica del grupo prodescarbonización serán cruciales para conseguir el éxito de la transición energética. ¡La misma robustez tecnológica necesaria para llevar a cabo una descarbonización a tiempo será útil para fortalecer el discurso diplomático!

En estas condiciones, parece que, si de verdad queremos resolver las problemáticas generadas por los dos temas que nos ocupan, tendremos que hacerlo en primer lugar reconociendo que son dos temas y no uno; y en segundo lugar, utilizando la ayuda contundente de aquellas fuentes de energía descarbonizada que hoy estén disponibles para ser utilizadas en el propósito. Primero tendremos que descarbonizar urgentemente en 30 años nuestra producción energética utilizando todas las fuentes disponibles y válidas para el propósito. Planteada así, estamos hablando de una tarea más realizable que nos permitirá dominar el cambio climático. Después, una vez detenido el colapso del planeta, tendremos que culminar el todo renovable al tiempo que se va consolidando la adaptación mutua entre la sociedad y su infraestructura energética. Vale la pena matizar la palabra culminar. Es obvio que durante los 30 años en los que nos habremos concentrado en resolver el problema del calentamiento mediante la reconducción de la utilización de los combustibles fósiles, habremos creado una infraestructura energética renovable importante que habrá contribuido al objetivo de descarbonizar. En 2050 tendremos un 100% de producción descarbonizada de la que confiamos que un alto porcentaje sea renovable. Culminar significa avanzar partiendo del porcentaje renovable conseguido en 2050 y llegar en un tiempo razonable al 100%.

¡Este es el guion! Hasta aquí he explicado los rasgos esenciales del punto donde nos encontramos y las grandes directrices de lo que propongo hacer. Quizás lo más importante es que se trata de una propuesta que tiene muchos puntos de coincidencia con lo que se pactó en París en 2015. Es una propuesta que tiene en mente principios explícitos del contenido de la conferencia como que el futuro tiene que ser 100% renovable y que se han de implementar recursos energéticos distribuidos. Es una propuesta que participa del nuevo paradigma energético y esencialmente intenta añadir realismo a la solución del problema y corregir el encuadre de la transición. Es una propuesta, pues, con similitudes y diferencias con lo que llamo la opción vigente que emana de París 2015 y que será brevemente comentada más adelante. Serán las carencias observadas en la opción vigente, sobre todo las relativas a urgencias e incertidumbres en juego, las que mostrarán la esencia de la propuesta. En efecto, la opción vigente por un lado tiene muy claro que la ciudadanía quiere un mañana limpio y saludable, y en eso estamos totalmente de acuerdo, pero por otra parte tal vez no tiene muy presente que la sociedad quiere un día a día sin grandes trastornos. Para hacer frente a estas dificultades y a su magnitud, se necesita utilizar correcciones sobradamente contundentes mientras no se vea claro el logro del objetivo. Por esta razón propongo primero descarbonizar utilizando todos los recursos disponibles, evitar el colapso del planeta y culminar un poco más tarde, una vez alcanzada la descarbonización, la materialización de la sostenibilidad.

La garantía de éxito de una transición energética requiere un encuadre completo del problema. Esto es, tener presente en la implementación del modelo energético temas aparentemente tan dispersos como la geopolítica para hacer frente al negacionismo, las consideraciones socioeconómicas para hacer posible la sobriedad y el progreso del Sur Global o la gobernanza del problema dado su carácter mundial.

¿Cómo lo haremos?

Si este es el guion, el desarrollo que sigue intenta conferirle la fuerza necesaria para dar más solidez a los contenidos en juego. No quiero abrumar al lector, para lo cual intentaré ceñirme a los rasgos esenciales del problema. Esto se intentará con comentarios, con razonamientos, con alguna lección breve de tecnología energética y con algún dato relevante. En este sentido, el texto es una propuesta, ya que expone la esencia de los esquemas dialécticos que deberían entrar en juego, a mi entender, en el debate energético. No es una hoja de ruta detallada, pero incluye alusiones a aquellos aspectos que oportunamente deben ser considerados. El nivel de desarrollo de cada tema ha sido definido según lo que me ha parecido de utilidad para entender la estrategia global. La propuesta es, pues, una estrategia marco que quiere impulsar un conocimiento de conjunto que haga viable la interacción entre los expertos involucrados. El libro habla poco de economía, de Sur Global o de contexto normativo y sin embargo intenta recordar cómo estos y otros temas conectan con el bagaje necesario para la toma de decisiones en el contexto de transición energética.

Consecuentemente el libro comienza con un capítulo introductorio donde expongo el nudo del tema presentando lo que llamo problemas coyunturales: el calentamiento global del planeta, el consumismo y el Sur Global. Este capítulo, que aborda una descripción sencilla de cada problema además de su conexión con la energía, permite ya captar la urgencia del primero de los temas y la importancia de no olvidar los otros dos. En el intento anunciado de sencillez expositiva, la presentación del consumismo se hace utilizando el concepto de estímulo social que confío resulte ser comprensible.

Seguidamente, paso a hablar del contexto del problema energético en sus aspectos tecnológicos y de implantación y así intento explicar, como si estuviéramos en el aula, temas diversos que reaparecerán más tarde. En este segundo capítulo, tengo en mente experiencias vividas con personas que, desde ámbitos no-tecnológicos, me han demostrado un interés en conocer un poco más la esencia del problema. La elección de qué temas convenía desarrollar ha sido función de las controversias abordadas más tarde. El capítulo incluye algún cálculo. Casi siempre se trata de cálculos simples con el fin de reforzar la comunicación de la lógica de los conceptos presentados.

En estas condiciones el texto pasa a la propuesta propiamente dicha que ocupará los tres capítulos siguientes: «¿Qué proponemos hacer?» «¿Dónde estamos?» y «Consolidación de la propuesta».

En el tercer capítulo, «¿Qué proponemos hacer?», expongo la esencia de la propuesta con el detalle que sugiere la comprensión de controversias y acciones propuestas. Hablo de «Reconducción de la utilización de combustibles fósiles», «Implementación de la sostenibilidad energética», «Acuerdos de sobriedad» y «Apoyo al progreso del Sur Global». También en este capítulo aparecen las dos primeras enmiendas que propongo para el contenido de la cumbre conocida como París 2015.

Considero oportuna la ubicación del capítulo cuarto, «¿Dónde estamos?», Aunque, a primera vista, pueda parecer que corta el hilo de la propuesta. El capítulo habla del encuadre actual del problema y de los actores que hoy suelen debatir e incluso decidir en el tema energético. El punto en el que estamos y la opinión de los que hoy nos hablan del tema es un contenido necesario para cualquier continuación.

El quinto capítulo sobre «Consolidación de la propuesta» recupera el hilo de la propuesta, completa sus contenidos y recapitula. También propone una tercera enmienda a lo acordado en París 2015 e incluye algunas consideraciones sobre el seguimiento a realizar.

Finalmente, el capítulo sexto, «Pensamientos finales», incluye un apartado bastante subjetivo sobre las inquietudes personales relacionadas con la coyuntura y un epílogo valorativo.

Este libro va dirigido a todo aquel que quiera entrar en el entramado de la problemática energética y aclararlo en la medida de lo posible. Las soluciones a debatir requieren experiencias o competencias muy diversas con interfases pensadas y optimizadas. El entendimiento entre especialistas diferentes es una de mis grandes preocupaciones. Este libro va dirigido a abogados, psicosociólogos, climatólogos, economistas, tecnólogos, gestores de empresa, y sobre todo a políticos. Los he tenido muy en mente al escribir. Con realismo y respeto, hablo de políticos que, con sus lógicas de actuación y sus líneas rojas, intentan el compromiso entre la sintonía con la ciudadanía y la gestión eficaz. ¿Es un libro para tecnólogos? El tecnólogo que lo lea contestará fácilmente la pregunta y descubrirá, por supuesto, una manera de adecuar su interés según la sección del texto en la que se encuentre. Hay momentos en que tengo el tecnólogo muy presente, sobre todo cuando analizo la relación entre tecnología y gestión. Hay momentos donde, pensando en otro tipo de lector, desarrollo pequeños ejemplos didácticos destinados a introducir o reforzar algún concepto básico que al tecnólogo le puede parecer elemental. ¡Bienvenidos los tecnólogos a la lectura, confío en que el libro les puede aportar contenidos interesantes!

El libro va dirigido también a las altas esferas del poder que deberían hacer un esfuerzo para facilitar aquellos cambios sociopolíticos que han de permitir la corrección de lo que nos viene encima. También me dirijo a los que dudan del carácter mundial que tiene, no solo el problema, sino también su necesario tratamiento.

Muy a menudo nos encontramos con quien se obsesiona en los aspectos más cotidianos del tema, y es bueno que se piense en ellos, pero olvida en cambio la trascendencia de acciones a realizar desde arriba. Alguien lo tiene que recordar. Finalmente, el libro pide una intervención coordinada de expertos en tecnología energética, economía, sociología, Sur Global y geopolítica, y en este sentido recoge unas bases de interacción que deberían constituir un buen punto de partida para futuros estudios multidisciplinares sobre energía.

Este texto aflora en un momento muy particular

Durante la redacción de este texto, un hecho realmente excepcional ha tenido lugar. Hablo de la pandemia del coronavirus, una crisis que ha alterado la vida de todos y ha estimulado la meditación de muchos. Ha puesto en evidencia, quién lo iba a decir, aspectos muy significativos de la manera de ser y de proceder de los humanos. Hemos conocido algunos puntos débiles quizá insospechados hace un tiempo, pero ha aflorado afortunadamente alguna virtud colectiva. Confío que la meditación originada a raíz este episodio dé lugar en breve a una nueva manera de mirar adelante con respeto, confianza y solidaridad. Comentamos brevemente algunos hechos y su relación con el texto que estamos emprendiendo.

Entre los aspectos negativos, tenemos evidencias de que la pandemia y sobre todo la crisis económica que conlleva tienen un impacto sobre nuestra capacidad de hacer frente a la transición energética. Por otra parte, sin embargo, pensando en virtudes y lecciones aprendidas en la ocasión, vale la pena señalar algún hecho relevante.

La solidaridad es quizás la virtud que afortunadamente he visto aflorar con más insistencia. Solidario es el propio confinamiento. La vida de los ciudadanos del mundo es hoy reconocida implícitamente como un bien altamente preciado que intentaremos defender con contundencia. Cuando hablamos de energía, de transición energética o de lucha contra el cambio climático también debemos ser solidarios. ¡Solidarios con el resto de la ciudadanía mundial! ¡Ni el virus, ni el clima tienen fronteras! Qué mal si nuestra estrategia de transición energética se limita a nuestro país o a nuestra región. Qué mal si la cohesión social y nuestra conciencia planetaria no nos llevan a exigir a los gobiernos que activen acciones de conjunto destinadas a llevar la transición energética al escenario mundial que le corresponde.

La confianza en los científicos es otro de los puntos que me gusta resaltar en la coyuntura que vivimos actualmente. El virus ha entrado en la vida de los humanos y para echarlo necesitamos ciencia. Necesitamos creer en los expertos y facilitar su actuación. Necesitamos conseguir que los científicos trabajen como a ellos les suele gustar: con asepsia y libres de intereses comerciales o partidistas. Debatiendo lo que les interesa debatir y haciéndolo con quien realmente puede aportar algo. El ciudadano ha visto trabajar al científico, ha comprobado la buena conexión entre científicos de todo el mundo en contraste con la conexión o la poca conexión existente a veces entre dirigentes políticos relativamente próximos. Facilitar la actuación de los expertos y confiar en ellos es, también en la transición energética, algo indispensable.

En la crisis actual ha habido necesidad y ocasión de tratar y visualizar conceptos tan cotidianos como indispensables en el mundo de la ciencia y de la gestión, como son la incertidumbre y el margen. Son conceptos cotidianos bien entendidos en el caso del virus, que tienen por supuesto una gran relevancia cuando se habla de energía. En este caso las incertidumbres son diversas, multiparamétricas y engorrosas de tratar. Encontraremos incertidumbres relativas al negacionismo, al desarrollo de países del Sur Global, a la limitación del consumo energético, al progreso de la tecnología y en muchos de los parámetros involucrados en cálculos y predicciones de futuro.

Señalemos una incertidumbre muy concreta, la relativa al posible colapso del sistema sanitario y apuntemos su paralelismo con el desgraciadamente también posible colapso del planeta. Muy temprano los expertos nos dijeron que, si la población seguía las recomendaciones de confinamiento y protección, podían inferir que el número de infectados llegaría a un máximo y luego comenzaría a decrecer. La posición de este máximo en tiempo y magnitud se podía estimar aproximadamente, pero había una incertidumbre en la predicción. La incertidumbre fue cubierta con margen, como se suele hacer en el mundo de la gestión en general. El parámetro clave del problema fue el número de camas de Unidades de Cuidados Intensivos (UCI) disponibles y necesarios en cada momento y particularmente en el instante del máximo. Un esfuerzo logístico permitió la instalación de nuevas camas cubriendo con margen las necesidades reales. Muchos aplaudimos con fervor el esfuerzo de expertos y de otras personas que hicieron posible el hecho. Resaltemos un punto, aparentemente irrelevante, que aplaudo también. Os hablo de montaje de comunicación gracias al cual mucha gente llegó a tener una visión suficiente de la problemática de la saturación del sistema sanitario. Se utilizaron curvas de número de camas de UCI existentes y utilizadas en función del tiempo, presentadas de forma comparada y con una ligera proyección de futuro. La incertidumbre de cuándo se produciría el pico de necesidades y de qué magnitud sería se convirtió en un concepto socialmente mucho más próximo. Creo que somos muchos los que entendimos la necesidad de no llegar tarde ni en la tarea de contener el número de casos ni en la de ampliar el número de camas disponibles. El hecho se vivió con interés y cuando el margen se mostró suficiente todo tuvo un eco relevante. Un concepto complejo pero crucial, como el riesgo del posible colapso del sistema sanitario, fue comunicado con éxito. En el caso de las emisiones de gases a la atmósfera, por lo tanto, el caso energético, el colapso tendría lugar si no conseguimos rebajar a tiempo las emisiones de CO_2. No nos costará encontrar, también en este caso, un parámetro clave para comunicar con eficacia como hicimos con el número de camas hospitalarias. Quizás divulgando con insistencia curvas de evolución temporal tanto a nivel local como mundial del consumo fósil, de las emisiones, las ppm (partes por millón) de CO_2 a la atmósfera y alguna otra magnitud, ayudaríamos a entender la dificultad de avanzar. ¡Todas las curvas citadas, hoy crecientes, deben llegar a un máximo, comenzar a decrecer y, algunas de ellas, como las de emisiones y consumo fósil, deberían llegar a cero sobre el año 2050! Si en su día aplaudí el montaje de comunicación, hoy animo a los comunicadores a que capitalicen sus buenos resultados y posibiliten que tanto márgenes como incertidumbres sobre el cumplimiento de compromisos de París puedan convertirse en conceptos socialmente más próximos a la ciudadanía.

El corto y el largo plazos son conceptos consecuentes con el comentario anterior. En el caso del virus las medidas de confinamiento, protección y optimización de la logística son el corto plazo, y la vacunación y gestión de la inmunización, el largo. En el caso de la transición energética, hablaremos de descarbonización y culminación renovable. ¡Si no descarbonizamos correctamente y a tiempo colapsaremos el sistema! Hay que ir a por todas con la descarbonización, como humanidad nos jugamos mucho. Una vez resuelto el corto plazo energético, una vez aseguramos que el sistema no colapsa, nos concentraremos en la siguiente fase. Entonces vendrá el momento de culminar el largo plazo completando el todo renovable. En ninguna circunstancia admitiríamos obviar el corto plazo argumentando que la solución a todo vendrá de forma idílica sin más.

1

Los problemas coyunturales

La Vanguardia 22 de Julio de 2011

La población mundial va creciendo. En los últimos 50 años se ha doblado. Estamos ante un problema complejo y la humanidad tiene el reto de tratarlo de una manera cívica. Sociología y economía constituyen el núcleo de conocimiento necesario para enfocar la situación, pero la tecnología debe estar ahí. Los grandes crecimientos demográficos han ido ligados a revoluciones tecnológicas.

Siempre pareció que era bueno compartir. A la larga la humanidad, si llegamos a crecer tanto demográficamente, deberá alcanzar una mentalidad colectiva de compartir.

¿Qué conviene hacer hoy? Tres problemas se articulan con la respuesta. El primero es el Sur Global y su atraso, el segundo es el estado de la atmósfera y el tercero radica en el modo de estímulo social y su fuerte dependencia de la competitividad.

¿Por qué hablamos ahora del Sur Global? El problema no es nuevo. El civismo humano ha logrado algún hito. ¡Queda trabajo… Tenemos que llevar agua corriente a mil millones de personas!

¿Por qué hablamos ahora de la atmósfera? El momento es crítico. El anhídrido carbónico o CO_2 contenido en la atmósfera ha llegado a cantidades alarmantes por las combustiones.

¿Por qué hablamos ahora del estímulo social? Durante algún periodo de la historia, el crecimiento demográfico y tecnológico nos llevó a escenarios en los que producir más deprisa daba lugar a riqueza y a una distribución justa y eficaz. A nivel popular era difícil captar la circunstancialidad del hecho y la premisa fue elevada al rango de principio ético. El tiempo ha abierto los ojos a mucha gente, pero otros todavía piensan que todo se autocorregirá. La competitividad, que produce calidad de productos y servicios, da también lugar a abusos y otras condiciones negativas.

1.1. El primer problema: la atmósfera

1.1.1. Esencia del problema de la atmósfera

Antes de entrar en cualquier tipo de acción a realizar, conviene recordar la esencia de la problemática primordial que nos afecta y esta es la del anhídrido carbónico o CO_2 en la atmósfera. Hay que comentar dos cuestiones: cómo se regula la cantidad de CO_2 en la atmósfera y qué impacto tiene un exceso de CO_2.

Toda combustión de una sustancia que contenga carbono da lugar a CO_2 más agua y cenizas, y a veces alguna sustancia más. Entre las sustancias que contienen carbono está la leña o la biomasa en general, y los hidrocarburos como el gas natural o los que encontramos en el petróleo o el carbón. Este CO_2 va a la atmósfera y, de forma natural solo existen dos mecanismos para su reciclado, uno relacionado con la masa forestal y el otro con los océanos. Es el momento también de recordar que las especies animales en general, incluyendo la especie humana, producimos también CO_2 cuando respiramos. ¡Somos animales! La masa forestal y los océanos del planeta son los responsables de llevar a cabo estos mecanismos naturales que consisten en capturar moléculas de CO_2 de la atmósfera. En el caso de los vegetales, el mecanismo se llama *fotosíntesis*, y lo que hace es absorber CO_2, incorporar su carbono a los tejidos del vegetal y producir oxígeno. ¡Esta es una de las razones por las que en el bosque se respira tan bien y en la ciudad tan mal! En el caso de los océanos, el mecanismo es esencialmente similar pero un poco más complejo. Involucra el plancton y los corales, e incorpora el carbono absorbido en rocas sedimentarias diversas.

Mientras en el planeta hay, por un lado, un número de animales y de combustiones controlado y, por otro lado, una extensión de bosques suficiente y unos océanos que mantienen su funcionalidad, el equilibrio se alcanza y la concentración de CO_2 queda también controlada. No hay acumulación de CO_2 y esto resuelve la primera cuestión. En este punto vale la pena concretar el tratamiento que habitualmente se hace de dicha biomasa. El carbono de la biomasa, a efectos de contabilidad, se suele considerar como carbono de la biosfera que no rompe el equilibrio natural establecido.

La segunda cuestión es importante también. ¡Si en nuestro planeta hay vida es gracias a que tenemos atmósfera! Una de las funciones de la atmósfera es atenuar la radiación solar y dejarla a un nivel que hace posible la vida. Cuando subimos a una montaña de 3000 o más metros de altura, la capa atenuadora es más delgada y el sol pega más. Otros ejemplos cotidianos encontraríamos relacionados con el hecho. El exceso de unos cuantos gases, entre ellos el CO_2 agrava el llamado efecto invernadero y dificulta la salida de la radiación solar degradada. El fenómeno es bastante más complejo, pero esta es su esencia. Si tenemos un exceso de CO_2 en la atmósfera, el planeta se calienta, su temperatura media se estabiliza en un valor más alto, y esto nos lleva a un deshielo adicional con ligero aumento del nivel de agua en los océanos, y otras consecuencias. Todo ello lleva a una dinámica meteorológica diferente y a lo que conocemos con el nombre de *calentamiento global*. La temperatura media del planeta que, según los expertos, es un buen indicador de su salud en este aspecto, ha aumentado casi 1 °C en los últimos 50 años, mientras que en los 50 años anteriores apenas se había movido. Otro buen indicador de lo mismo, es la superficie del casquete polar ártico. El casquete polar ártico es este bloque de hielo ubicado en el polo norte, cuya superficie ha disminuido enormemente en los últimos 30 años. Estos son hechos probados, verificables y entiendo que suficientes para concluir que la situación es crítica. Es más difícil asegurar que hoy hay más tifones, tsunamis y huracanes que hace 50 años, pero creo que no hay discusión, hay que considerar la situación como crítica, confiar en los científicos y actuar con urgencia.

Con la información que tenemos disponible, la situación parece grave Es, por tanto, muy urgente conseguir una reducción importante del consumo de combustibles fósiles. Sea cual sea el indicador utilizado, los expertos nos muestran un deterioro de la atmósfera concentrado en los últimos 50 años con una contundencia extraordinaria. La era cuaternaria de nuestro planeta parece tener dos partes que podrían denominarse antes y después del uso masivo del combustible fósil por los humanos. Se puede discutir si el mejor indicador del fenómeno es la temperatura media del planeta, la superficie del casquete polar ártico, las ppm (partes por millón) de CO_2 en el aire o cualquier otro, pero los expertos no dudan en señalar lo que tiene de crítico el problema. También dicen que apenas podemos contar con el reciclado natural del carbono por vía de los bosques y océanos.

Hasta aquí hemos resumido la esencia de un problema que en realidad es más complejo e incluso más crítico. Por un lado, hay otros productores de CO_2 y también otros productos de polución. Por otra parte, el deterioro de la capacidad recicladora de los océanos ha sido probado. ¡Los océanos están cansados!

1.1.2. Relevancia del problema

Los expertos dicen más, ya lo hemos comentado, el exceso de CO_2 en la atmósfera nos lleva al calentamiento del planeta y a una dinámica meteorológica nueva que llamamos *cambio climático*.

El aumento de la temperatura provocaría la fusión parcial del hielo ártico y daría lugar a un aumento del nivel del mar con los consecuentes daños en ciudades y zonas costeras. También afectaría los glaciares, la gestión del agua dulce y los cultivos en general. Aumentaría la desertificación y podrían aparecer enfermedades tropicales en regiones hoy insospechadas.

El uso de combustibles fósiles provoca, además de gases que agravan el efecto invernadero, contaminación atmosférica (óxidos de nitrógeno, partículas y otros) y lluvia ácida. Hay serias evidencias que todo resulta en la difusión de enfermedades diversas, sobre todo respiratorias. ¡Hay mucho trabajo y es muy urgente!

1.1.3. Atmósfera y energía

Una parte muy importante de la energía que producimos hoy, la producimos mediante la combustión de combustibles fósiles. La utilización de estos combustibles, desconocida hace 200 años, no ha parado de crecer. No es necesario aportar evidencias adicionales, todos sabemos cuáles son los usos actuales. Utilizamos fósiles, sea carbón, petróleo o gas, para usos térmicos domésticos tales como la calefacción, la cocina y el horno. También los utilizamos en los motores de gasolinas tanto para aviones y barcos como para vehículos de turismo. Además, el carbón, el petróleo y el gas son también utilizados en industrias diversas y en la producción de electricidad. La combustión de 1 kg de gas natural produce 2.75 kg de CO_2 y la de 1 kg de gasolina unos 3.2 kg de CO_2 Hay carbones de muchos tipos según los contenidos en carbono y en humedad. La combustión de 1 kg de una antracita determinada puede producir 3.14 kg de CO_2. Existen carbones bituminosos y lignitos con tasas de producción de CO_2 entre 1.6 y 2.9 kg de CO_2 por kg de carbón. Volveremos sobre estas cifras más adelante relacionando cantidad de energía producida y CO_2 resultante. Si la atmósfera está en una situación crítica, la energía producida por combustión de fósiles es el principal responsable. El estado decisivo de la atmósfera nos lleva irremisiblemente a actuar firmemente en la reducción de la utilización de estos combustibles.

1.2. El segundo problema coyuntural: el consumismo y el estímulo social

1.2.1. ¿Por qué hablamos ahora del consumismo?

En general, entendemos por *consumismo* la compra y la acumulación de bienes y servicios que en principio no necesitamos. El consumismo, extendido a toda la sociedad, compromete seriamente los recursos de la humanidad, le marca el ritmo de vida y puede convertirse en insostenible. Consumismo es este talante de consumir más y más empujados por la resultante de los diversos estímulos sociales que recibimos. ¿Por qué hablamos ahora del consumismo? Porque hay una clara sospecha de que el consumismo es una de las causas más relevantes del problema energético. Si nuestro consumo energético es, como parece, desmesurado, esto es debido entre otras cosas al consumismo. Entender el consumismo y sus conexiones nos ayudará a averiguar las claves que permitan abordar el problema de la energía. A veces, yo creo que siguiendo razonamientos poco consolidados, pensamos que la publicidad es la gran responsable del consumismo, y en alguna ocasión he oído decir, con clara candidez, que dejando de hacer caso a la publicidad resolveríamos el problema. No descarto que en algún momento convenga reconducir, limitar o reformar la publicidad para colaborar en la lucha contra el consumismo, pero pienso que su fuerza perturbadora es algo muy sólido y con un entramado complejo.

La complejidad en cuestión es la propia del estímulo social. Cuando hablo de estímulo social, tengo en mente un concepto amplio que me gustaría matizar. Nuestra sociedad nos estimula para que vivamos y produzcamos. Nosotros mismos también nos estimulamos, pero somos individuos dentro de una sociedad para lo que es bueno y para lo que no es tan bueno. ¿Cómo lo hace la sociedad para estimularnos? Lo hace ofreciendo objetos, mercancías y caminos de progreso. Muchas son las cosas buenas que nos ofrece la sociedad de hoy: productos y servicios muy variados y atractivos, y como consecuencia, nos estimula a adquirirlos y disfrutarlos. La publicidad interviene en este punto. La sociedad establece también cómo podemos hacerlo para culminar y satisfacer el deseo generado. Nos marca el conocido camino a seguir: busca un trabajo, encuentra un trabajo, gana una renta y dedica tus ganancias a obtener los productos y servicios que quieres. Hasta aquí todo parece y es socialmente correcto y ético. Hasta aquí también parece que estemos iniciando una charla de economía. Este no es el caso. Economía, sociología y ética van muy entrelazadas y seguro que cualquier economista podría enriquecer este último párrafo con aportaciones de experto, pero mi texto se dirige desde este punto hacia consideraciones sociales, morales y de conexión con otros aspectos de nuestra vida.

Señalemos algo no tan bueno que hace la sociedad en todo este proceso. Esto es marcar o de hecho acelerar el ritmo de vida de sus ciudadanos. La sociedad de hoy está muy montada sobre la competitividad. La competitividad es, en general, buena, pero su uso viciado le suele quitar transparencia, justicia y a la larga incluso efectividad. Tiene un punto de partida excelente: el mejor producto se vende mejor, el mejor estudiante saca las mejores notas, el mejor atleta gana la mejor medalla… Conecta con el hecho de que es humano jugar e intentar ganar. Nos estimula de esta manera y nos dice que si trabajamos para ser mejores que nuestros competidores tendremos un premio. Hasta aquí todo parece positivo. El estímulo nos hace trabajar y mejorar, por tanto, nos lleva en la buena dirección y tarde o temprano el progreso se hará patente y probablemente todos ganaremos. La competitividad, a pesar de todo, tiene lagunas.

Algunas de estas lagunas son conocidas y tratables. Hay productos que son mejores solo aparentemente y bien temprano no cumplen o incumplen las expectativas anunciadas. Hay estudiantes que sacan buenas notas trampeando exámenes. Hay atletas que ganan carreras tras doparse… Afortunadamente, la combinación de una cierta autorregulación del hecho junto con reglamentos a cumplir evita los fraudes apuntados. Las reglas del juego deben ser respetadas…

Sin embargo, y esto es más importante: ¡no basta con las reglas y los reglamentos actuales! Muy a menudo, demasiado a menudo, nos encontramos con situaciones en que a pesar de cumplir reglamentos no conseguimos producir equidad y justicia. En muchas de estas ocasiones, el ritmo de vida al que la sociedad nos fuerza resulta letal para los más débiles. La competitividad en estas circunstancias relega al paro, a la quiebra o a la miseria a países y personas que podían vivir airosos a otro ritmo. La competitividad bloquea, al menos parcialmente, la solidaridad, y esta cada día es más necesaria. Consumir por consumir parece lo más negativo de este entramado. Pero pronto veremos que este hecho da lugar al producir por producir que quizás es aún más negativo. El consumismo es la parte más visible del problema y por eso se ha convertido en emblemático. Resolver de verdad las incomodidades y los problemas del consumismo solo se conseguirá resolviendo las causas que lo hacen posible y estas son altamente complejas. La publicidad es una de las causas, quizás la más directa, pero el estímulo social con todo su entramado es, con toda probabilidad, la más trascendente.

1.2.2. Consumismo, estímulo social y energía

El problema del consumismo y del estímulo social tiene una especial incidencia en la racionalización de los consumos energéticos, tanto domésticos como industriales, y de transporte. En muchas ocasiones, cuando intentamos llevar a la práctica los mandatos que nos hace la sociedad nos encontramos con una paradoja. Esta sociedad que nos dice que ahorremos energía nos está diciendo también que, como productores, seamos más rápidos y más contundentes que la competencia en el acabado y la entrega de nuestro producto; y como consumidores, que compremos más de lo que realmente necesitamos. Adicionalmente e incidiendo en otro aspecto, nos pide como productores, que fabriquemos utilizando materias primas que permitan un acabado atractivo del producto, aunque, en contrapartida, sean materias solo disponibles después de un proceso costoso en términos de energía. Recíprocamente, como consumidores, exigimos el acabado atractivo, sabiendo que puede ser costoso en términos de energía y que probablemente tiene una alternativa sobria igualmente eficaz. En estas condiciones somos mejores en el mercado y en el consumo, pero transgredimos el mandato de ahorro energético. También, y ahora incidiendo en el transporte, a veces cerramos una venta gracias a que el producto es servido por medio de un transporte especial para la ocasión o de larguísimo recorrido, o ambas cosas, en vez de dejarlo en manos de los métodos corrientes de distribución o de fabricarlo cerca del punto de consumo. Es el conocido: te lo compro a ti, si me lo sirves ahora y en mi casa. O el también conocido: a partir de ahora fabrico el producto en un lejano rincón del mundo donde los costes son ventajosos y lo transporto hasta aquí donde lo hemos vendido y fabricado siempre. El acabado atractivo de los productos nos puede hacer gastar energía; disponer de él en un lugar y un tiempo precisos, también. Fabricar y vender tal como pide el mercado nos hace gastar más energía.

A todo esto, podemos añadir otros mensajes que propone la sociedad. Por un lado, nos dice que viajemos y visitemos lugares del mundo y por otro lado que tengamos un confort considerable, en casa y en los lugares más frecuentados, aunque sea energéticamente costoso. La sociedad nos está haciendo llegar un mensaje contradictorio. Por un lado, pide que ahorremos energía, y que aceptemos políticas adecuadas de medio ambiente y residuos. Por la otra nos dice: creadme productos atractivos, entregadlos en casa, viajad, vivid en gran confort, comprad más de lo que necesitéis… Este último mensaje viene implícitamente acompañado del: ¡tirad lo que ya no queráis!

Alguien puede pensar que se trata de un problema menor. ¿Cuál es su alcance? Reflexionemos, porque está realmente muy extendido. Pensemos en las últimas mejoras que hemos conocido en la competitividad de un producto, coyunturas en las que una de estas mejoras ha sido definitiva y ha arrasado el mercado. Muy a menudo encontramos la incorporación de un paso en el proceso de fabricación o transporte, que consume más energía. Hay quien intenta quitarle importancia. A menudo este intento se articula en torno a dos grandes rasgos: o bien argumentando que el coste de las cosas lo pone todo en su sitio, o bien ignorando cómo la energía se ha incorporado a todos los niveles de la vida actual. También hay una tercera manera de excusarse y es de la que trabaja al límite permitido por los preceptos de las políticas vigentes de medio ambiente y residuos. A menudo estos intentos utilizan los tres argumentos a la vez. De hecho, quien finalmente le quita importancia al problema suele mostrar despreocupación hacia el entramado que estamos estudiando.

En cuanto al impacto del coste de las cosas, podemos aclarar el punto situándonos en el entorno de cualquier negocio y razonando cotidianamente. Entiendo que, por el bien de un negocio, las decisiones que se toman cuentan generalmente y sobre todo con una evaluación de su viabilidad económica y que por tanto si son viables económicamente, se pueden adoptar sin más razones. ¿La afirmación es correcta en el entorno del negocio? Hoy, y al precio que tiene hoy la energía, probablemente sí. Incluso podría llegar a tener alguna otra connotación positiva en el entorno más social de la creación de actividad y de empleo, pero en ningún momento tiene presente que la sociedad en la que estamos quiere ahorrar energía y la quiere ahorrar pensando en su futuro. Quizás es que hoy la sociedad solo sabe crear actividad, empleo y progreso a expensas de gastar más energía. Quizás hoy, simplemente no sabemos crear actividad y demasiado a menudo presentamos como ganancias actuales la anticipación de bienes de mañana. Algunos creadores de actividad son, quizás a pesar de ellos, destructores de la convivencia del futuro. Estamos hablando de un argumento delicado: por un lado parece válido en un ámbito de razonamiento y contraproducente en un marco más global. Deberíamos ser conscientes de que, en algunas situaciones en las que hoy logramos metas socialmente interesantes como las citadas, lo hacemos paradójicamente retrocediendo en lo que es la estrategia de sobriedad o de ahorro energéticos que deseamos para asegurar nuestro futuro. El ahorro y la racionalización del consumo energéticos son piezas clave en la estética del futuro de la humanidad y, por lo tanto, en la ética más natural de hoy. Este punto es grave, tal vez gravísimo, ya que podría incluso bloquear una salida completa de la crisis social que estamos viviendo.

El segundo de los rasgos apuntados, es lo que resulta de ignorar la incorporación de la energía a todos los niveles de la vida actual. Es un hecho realmente incómodo. Un ejemplo, hoy intrascendente, nos ayudará a comunicar el problema. El mineral de donde proviene el aluminio es un bien relativamente abundante en la naturaleza, nunca he oído decir que sus reservas estuvieran a punto de agotarse. El aluminio, como material de uso, tiene otra particularidad: necesita la incorporación de una gran cantidad de energía en el proceso que nos lo deja a punto de utilización. Como material tiene grandes ventajas, muchas de ellas relacionadas con sus buenas prestaciones mecánicas coexistentes con una masa moderada. Muchos son los productos que utilizan el aluminio: desde los aviones, las carpinterías para ventanas y puertas o las latas de refrescos. En el pasado, con el aluminio barato y la conciencia social de reciclar casi nula, su uso se guiaba solo por el precio. Hoy al menos hemos aprendido que es muy importante reciclar el aluminio y evitar duplicar o triplicar el gran gasto energético asociado a su fabricación. Si alguna vez el mineral de origen deviene escaso, quizás se deberá reservar el aluminio para aquellos productos que realmente lo necesiten. En la vida cotidiana hay otros ejemplos similares.

Finalmente, quien trabaja en el límite permitido por los preceptos de los reglamentos vigentes de medio ambiente y residuos merece un comentario específico. Legalmente tiene todo el derecho de hacerlo, pero su actitud no ayuda a frenar los efectos del consumismo. Estamos ante unos preceptos que deben ayudarnos a cumplir los grandes propósitos de la sostenibilidad y del anticonsumismo. Si los preceptos no son radicales es porque han sido escritos para que hoy signifiquen un claro paso adelante en la sostenibilidad, y mañana puedan ser reescritos de forma más estricta y ambiciosa. Estamos nuevamente abordando un tema en el que esperamos que la sociedad se acomode a hábitos que permitan en un futuro la reducción del consumismo.

Llegados a este punto, se debería tomar una decisión en cuanto al esfuerzo que es razonable dedicar a la lucha contra el consumismo y por tanto al problema del mensaje contradictorio expuesto. Estas decisiones nos llevan a la necesidad de unos acuerdos de sobriedad que comentaremos más adelante. A todos nos gusta convencer de lo que estamos convencidos! A pesar de todo y en el contexto social actual, parece difícil pensar que podemos convencer de la necesidad de estos acuerdos. A veces crees que lo conseguiremos razonando muy bien el problema. Si explicamos que no tenemos derecho a derrochar cosas que necesitarán nuestros nietos, habremos cumplido. Pero, ¡qué difícil puede ser! Por un lado, todos sabemos que quien no quiere aprender, nunca aprende, pero por otra parte el problema está fuertemente ligado a prácticas absolutamente aceptadas como buenas en el talante social actual como el competir para vender mejor. Estamos, pues, ante una cuestión que no es trivial, la encontramos en nuestro día a día y, lo que es más grave: nuestra cultura no la reconoce como problema. Confío que la confirmación de esta afirmación se hará patente en la continuación de este escrito. Debido a todo esto, es correcto decir que el consumismo o el consumismo-productivismo han consolidado un estímulo social que desestabiliza actualmente el consumo energético. En un pasado reciente, crecimiento económico, crecimiento demográfico y aumento del consumo energético vinieron juntos y muchos identificaron el hecho como progreso. Hoy las cosas son diferentes. Hoy podemos señalar como estímulo social consolidado un talante productivista que acelera el ritmo de vida de la ciudadanía. No parece pues que estemos produciendo nuestra vida, parece que estemos produciendo para producir. Parece entonces inexcusable intentar acuerdos de sobriedad.

1.3. El tercer problema coyuntural: el Sur Global

1.3.1. El problema

Llamamos *Sur Global* al conjunto de países menos desarrollados social y económicamente. El problema del Sur Global, ya lo he dicho, no es nada nuevo. Es correcto decir que no estamos como hace 100 años. Hay mucha gente que se ha entregado a tareas de ayuda al Sur Global y son ellos los que han construido la imagen más fiable de su realidad. Todavía queda mucho por hacer.

El retraso del Sur Global arranca en la edad moderna y se agrava en los periodos colonial y poscolonial. Los estudiosos lo suelen afirmar incluso después de analizar con detalle temas tan diversos como las condiciones de vida de los primeros tiempos de la humanidad, la lucha de nuestros antecesores contra el frío, el calor, los desastres naturales, la concurrencia con otras especies o la facilidad y la dificultad en la implantación de la agricultura… Consideraciones de experto demuestran hechos que hoy parecen paradójicos como la existencia de avances notables en regiones del mundo que más tarde quedaron absolutamente deprimidas... Durante la edad moderna, tiene lugar una expansión notable de la comunidad del viejo continente, y se pone en marcha una reconfiguración del mundo que, una vez más, se hará de forma cruenta y obviamente controvertida. Este proceso, como habitualmente ha sucedido en la historia, tiene lugar a medida del más fuerte, aunque la casuística es diversa. Las tierras «descubiertas» primero serán dominadas, después serán colonias y más tarde territorios llamados «independientes» y consolidarán así las desigualdades del mundo actual.

Como tierras dominadas, las comunidades locales sufrirán atropellos de todo tipo, desde el expolio de sus bienes naturales hasta, en algunas áreas, el exterminio de la población. Si bien la sociedad del viejo continente podía haber lucido y utilizado su mejor desarrollo técnico y cultural, la superioridad mostrada con más contundencia fue casi siempre la militar. Más tarde, los países implicados fueron considerados colonias, el expolio continuó y el desarrollo fue a iniciativa de la metrópoli y muy tímido. Mucho más tarde y coincidiendo con algún aire de libertad a la metrópoli, estos países se convirtieron independientes. Estamos hablando de una independencia costosísima para los interesados toda vez que en muchos casos la metrópoli o sus empresas siguieron siendo propietarios de los grandes negocios centrados en el país. Algunos le han llamado emancipación del Sur Global, muchos creemos que erróneamente. Debemos conservar la palabra *emancipación* para aquellas situaciones donde el interesado logra una clara posición de liberación real.

El resultado es el retraso actual. ¡En el Sur Global todavía hay mil millones de personas humanas sin agua corriente! No se cuenta ni con una infraestructura que mínimamente permita una existencia salubre para sus habitantes ni con un entramado social que haga posible una vida digna.

Es verdad que, dentro de lo que llamamos Sur Global existe una importante diversidad. No es lo mismo la Amazonia, la sabana, el desierto, o algunas regiones de China o de la India. Algunos de estos países viven en una situación ancestral en muchos aspectos y otros tienen hoy una modernidad incipiente y en alguna ocasión más prometedora. En cualquier caso, muchos de los indicadores de progreso humano son para todos ellos alarmantes. La mortalidad infantil es grande y parece como si la natalidad fuera utilizada más como elemento de supervivencia de la colectividad que como resultado de un progreso. El crecimiento demográfico tiene lugar en pésimas condiciones y retroalimenta el problema negativamente. Muchos tienen una economía esencialmente agraria sin un proyecto de modernidad y por tanto con una resignación general a la dependencia económica por la vía de la venta de materias primas sin elaborar. En el Sur Global se vive con servicios de asistencia social escasos, con un índice de pobreza grande, con analfabetismo y con restringidas condiciones de salud.

El retraso actual está en portada y aflora cada vez que se produce una noticia sobre refugiados. Vengan de zonas en conflicto o de zonas deprimidas o, lo que es peor, de áreas que sufren ambas circunstancias, la situación es humanamente insostenible. La humanidad, a juicio de muchos, debería resolver el problema de la raíz y eso significa hacer que una vida digna sea posible en aquellas regiones del mundo.

1.3.2. Estímulos, mentalidad colectiva y emancipación

¡El estímulo social dominante hoy en el Sur Global, a veces el único estímulo presente, es todavía la supervivencia! Un punto importante en esta situación es que, en consonancia con estas condiciones de vida, las mentalidades globales existentes en el Sur Global no facilitan el progreso. Los colectivos consolidados alrededor del estímulo de supervivencia tienen serias dificultades para elaborar una imagen de lo que quieren. Además, el pensamiento europeo apenas ayuda a crear esta imagen dado que suele proponer itinerarios con prácticas sociales y tecnológicas aceptadas en Europa sin garantías de ser útiles y asequibles en la sociedad en cuestión.

A pesar de contar con estudiosos de las mentalidades del Sur Global capaces de establecer pautas de relación con más garantías de éxito, los países desarrollados tienen un esquema dudoso de ayuda. Demasiado a menudo lo consideran simplemente un mercado sin tener presente la necesidad crucial de que el Sur Global alcance la capacidad de iniciar una trayectoria propia. Si bien la irrupción de empresas del mundo desarrollado en mercados del Sur Global tiene aspectos positivos y de progreso, también nos muestra algunas prácticas estrepitosamente negativas tales como: la apropiación indebida de bienes que configuran la riqueza natural del país afectado, el bloqueo de su progreso social y democrático o la potenciación de las diferencias de clase social existentes a raíz de otros motivos. A menudo se acaba aceptando que empresas del mundo desarrollado se instalen en el país, con planes de trabajo que deberían ser socialmente ventajosos y que finalmente resultan ser el negocio de unas minorías sean del país que sean. La estructura de clases y el reparto de poder hacen difícil o casi imposible la denuncia del hecho.

Bien es verdad que, en muchos países del Sur Global, hay amplios movimientos de disidencia y activismo políticos. Hay mucha gente que se ha movido y manifestado en contra de aquellos regímenes instaurados que ignoran los intereses de la población en favor de los de una élite corrupta. También es verdad, sin embargo, que los resultados de estas loables inquietudes cívicas no son, hoy por hoy, suficientemente contundentes como para cambiar sensiblemente la mentalidad colectiva y liberar la sociedad de su precariedad política. Hoy la población de los países del Sur Global apenas participa en las decisiones internacionales que más afectan a su propia vida y a su progreso.

La emancipación es todavía la meta a alcanzar. Tarde o temprano el Sur Global debe conseguir salir de la situación actual y comenzar una vida propia coherente con sus capacidades, sus anhelos y sus decisiones. Cuando hablamos de ayudar en el Sur Global, debemos tener presente que esta es la meta que perseguimos.

1.3.3. Sur Global y energía

Debido a inquietudes originadas cuando intentamos avanzar en temas de transición energética estamos hablando del Sur Global. El problema del Sur Global es grave y complejo y pone en juego multitud de ramificaciones que van desde la subsistencia de sus ciudadanos o la creación de infraestructuras, hasta la cohesión política y social o las mentalidades colectivas. Para dar respuesta a las citadas inquietudes, conviene no olvidar, al menos, algunos de los vínculos entre Sur Global y energía. Brevemente hablaremos de la creación de salubridad básica, de la historia reciente de proyectos energéticos en el Sur Global, de la justicia distributiva y finalmente de la emancipación.

Recordemos que la salubridad de la vida de una colectividad atrasada se logra construyendo y gestionando infraestructuras diversas. Si hablamos de áreas demográficamente densas, estas infraestructuras serán sobre todo las de abastecimiento de agua potable (potabilización y canalización) y las de tratamiento de aguas residuales (drenaje y depuración). Si hablamos de otras áreas, resultarán más urgentes las infraestructuras de comunicación y distribución de productos. Muchas de estas iniciativas exigen gasto energético y por tanto planificación y progreso de las políticas de energía.

En la historia reciente de proyectos relacionados con la energía y ubicados en el Sur Global, encontramos un número importante de casos controvertidos. Si bien muchos de estos proyectos problemáticos son de minería, y de extracción de combustible fósil, también los encontramos del ámbito hidroeléctrico y de implantaciones de energía renovable. Las agresiones a las que me refiero han sido en países donde los habitantes de las zonas afectadas han tenido pocas posibilidades de defenderse y de defender su entorno natural. Han sido agresiones contra el medio, el paisaje, y las personas. A veces estas explotaciones han sido, no solo desmesuradas, si no también han comportado: destrucción del país, desastres ecológicos, expolios al indígena, explotación en condiciones inhumanas de trabajo… Estamos ante un hecho denunciado tanto por la disidencia política local antes citada, como por colectivos científicos y de cooperación comprometidos con el progreso integral del Sur Global. La irrupción de estas denuncias va logrando algunos avances, pero todavía hay mucho trabajo pendiente. Cualquier acción de futuro del ámbito energético en el Sur Global deberá tomar en consideración este punto de partida.

Hay momentos en la vida actual del planeta en los que se nos pide un esfuerzo para reparar los daños producidos por las agresiones a la atmósfera y al ambiente en general. La justicia distributiva más elemental nos pide una vez más que estos esfuerzos se realicen desde los países que han sacado algún provecho de las acciones que han deteriorado el medio. Nadie debería limitar el acceso del Sur Global a la energía, y mucho menos puede hacerlo en nombre de la humanidad o de la ecología. Ninguna de las iniciativas ecológicas debería bloquear ni directa ni indirectamente su desarrollo.

La ética más elemental nos lleva a afirmar que el Sur Global debe poder ejercer su derecho a decidir qué tipo de vida quiere para sus habitantes, debe poder elegir un ritmo de desarrollo y actividad, encontrando su óptimo demográfico. Los ciudadanos del Sur Global deben poder crecer tecnológicamente, y por lo tanto tienen derecho a gastar o invertir en energía. Sea cual sea el crecimiento que elijan, y aunque eligieran algo muy diferente de lo que tenemos en Occidente. Según el ritmo que elijan, probablemente querrán una industria con capacidad de hacer frente al problema con garantías. Las infraestructuras más elementales necesitarán, por supuesto, la fabricación de bienes de equipo para progresar humanamente. La emancipación exige también energía tanto la necesaria para alcanzar sus objetivos como la que garantiza su independencia real.

El Sur Global necesita energía en una coyuntura en la que el planeta nos pide ahorro y moderación. Esto solo ya evidencia unas dificultades. Además, tiene muchas precariedades y necesita resolverlas con urgencia. La irrupción del Sur Global en la problemática energética tiene pues una relevancia notoria.

2

Contexto del problema energético

Este capítulo incluye cuestiones escogidas relativas a elementos tecnológicos y comentarios sobre las problemáticas de implantación. No es un curso ni sobre energía ni sobre sector o convertidores energéticos. Lo he escrito pensando que puede ser útil tener a mano una descripción llana o un comentario intuitivo sobre la esencia de estos conceptos enfatizando aquellos aspectos que conectan con los problemas que tenemos hoy. Consta de una sección, llamada «Aspectos generales», donde introduzco entre otros, conceptos como *energía*, *potencia* o *rendimiento*. Seguidamente, en la sección «Los convertidores energéticos» describo brevemente y muestro algún parámetro clave de convertidores tales como los fósiles y los renovables. A continuación, la sección «Las centrales nucleares» permite conectar con los conceptos dados previamente y abordar de forma simple los aspectos que más a menudo afloran en relación a este tipo de central. Finalmente, la sección llamada «El uso de la energía. Sistemas y conceptos» se ocupa de temas de síntesis como la red eléctrica, los recursos distribuidos, y la eficiencia y la pobreza energéticas.

2.1. Aspectos generales

2.1.1. La energía es algo muy cotidiano

La energía es algo muy cotidiano. Energía es capacidad de realizar trabajo. El mundo mecánico es el más claro de entender. ¿Recordáis aquellos juguetes antiguos tales como muñecos y coches? Les llamábamos «de cuerda». Disponían de una pieza metálica enrollada o muelle que almacenaba una distorsión. Cuando liberábamos el muelle, aquella energía de distorsión se convertía en un trabajo mecánico y el juguete caminaba o rodaba. Quizás los más pequeños veían alguna magia o mostraban alguna lejanía, pero niños y niñas bien temprano veían la lógica del hecho. Entendían, a su manera y con otras palabras por supuesto, que el sistema tenía una energía y que esta se transformaba en movimiento o trabajo. Más tarde vino el juguete a pilas y perdimos aquella inmediatez de la explicación. Entonces los niños se vieron obligados a confiar en alguien que les decía que dentro de la pila hay una energía química que se transforma en energía eléctrica, que pone en marcha un motor y que este motor actúa las piernas del muñeco o las ruedas de coche. El niño perdía el hilo de la exposición cuando se le hablaba de cosas que no veía, pero acababa confiando en la persona que le «aclaraba» el tema y entendía, al menos, que cuando las pilas se gastan (o cuando ya han transformado toda la energía que almacenaban), se tenían que cambiar o recargar. El beneficio de la inmediatez perdida se recuperaba por la vía de la confianza en un intermediario más maduro que podía hablar de este nuevo «almacén» de energía llamado pila. Creo que es bueno entender que, al igual que el muelle del juguete almacena energía gracias a una distorsión observable, otros sistemas lo hacen mediante «distorsiones» menos aparentes.

Al hilo de lo que decimos, podemos hablar de las moléculas de un combustible clásico como un hidrocarburo. Este ejemplo necesita de la confianza en el intermediario desde su inicio. ¿Por qué las moléculas de un combustible almacenan energía? Recordemos que estamos en el mundo de la química y que las dimensiones de estas moléculas pueden ser del orden de un millón de veces más pequeñas de lo que resulta observable por el ojo humano. Confiando en la química, podríamos ver que estas moléculas tienen unos enlaces, que de hecho son generalmente parejas de electrones compartidos por los átomos enlazados y estos enlaces almacenan una cantidad de energía. La «distorsión» está en los enlaces. ¿Cuándo se manifiesta esta energía llamada de enlace? Cuando quemamos el combustible aparece una cantidad de energía en forma de calor. El calor también es una forma de energía. Las moléculas de una porción de materia caliente están en movimiento, en el caso de sólidos y líquidos en torno a una posición de equilibrio y en el caso de los gases de forma caótica y desordenada. ¡Estamos más lejos, pero no tanto! ¿Qué vemos macroscópicamente? Vemos la combustión, sentimos el calor y tenemos evidencia de que cuando el combustible se acaba no hay más transformación. ¿Qué no vemos? No vemos las moléculas, los enlaces, su distorsión similar a la del muelle del juguete antiguo, la rotura de los enlaces… En lo que no vemos, hemos confiado en la comunidad de los químicos. Gracias a esta confianza, hemos entendido lo que para nosotros puede ser la esencia de la combustión. A partir de aquí, recordamos que estamos lejos pero no tanto, y que nos debe costar poco entender cómo sería una central térmica que quemara hidrocarburos de una manera similar a la que quemamos gas en la caldera de casa.

Fijémonos en otro ejemplo. Recordemos que en el primero nos movíamos a nuestro nivel, vemos la distorsión del muelle y el proceso de la transformación en trabajo mecánico de la energía almacenada. En el segundo, viajábamos a dimensiones un millón de veces más pequeñas y, debido a esto, perdíamos alguna inmediatez, pero todavía notábamos el calor de la combustión y eso nos daba alguna evidencia. Ahora propongo que intentemos viajar a dimensiones un millón de millones de veces más pequeñas. ¿Qué encontramos? Si en el segundo ejemplo estábamos en el mundo de los átomos y enlaces (mundo de la química), en este tercero estamos en el mundo de los núcleos y las partículas (mundo de la física nuclear). En este mundo encontramos entre otros el núcleo de uranio, un combustible nuclear, que tiene una estructura, que almacena energía (o «distorsión») y que si lo rompemos (lo «quemamos» o lo fisionamos) también nos da gran cantidad de energía. Para romper este núcleo de uranio necesitamos que una partícula aún más pequeña llamada *neutrón* incida en el núcleo de uranio y provoque lo que conocemos como *reacción de fisión*. A dimensiones un millón de millones de veces más pequeñas, la lejanía es mayor y la intuición de los fenómenos es menos fácil. La reacción tiene lugar en un entorno que ya no se llamará *caldera* sino *reactor*.

La estructura de la materia es un tema interesante para muchos, e incluso fascinante para unos cuantos. Estudiarla ha sido una tarea que ha permitido a la humanidad adaptarse inteligentemente a la naturaleza y sacar de este conocimiento un provecho razonable.

2.1.2. Tipo de energía. Transformación de la energía. Rendimiento

Hay diferentes tipos de energía, en el apartado anterior hemos hablado, al menos, de energía mecánica, química, eléctrica, calorífica y nuclear. La energía mecánica es casi la única de la que tenemos un conocimiento intuitivo directo. De la energía calorífica, la intuición también nos dice algo, pero no tanto. De las otras energías, tenemos un conocimiento basado en experimentos científicos y una imagen en forma de símil macroscópico que consigue orientar un poco nuestra imaginación.

La energía no se crea ni se destruye, solo se transforma. Este es uno de los grandes principios de la física que vale la pena comentar y reforzar intuitivamente en la medida de lo posible. Si alguna vez tenemos las manos frías un día de invierno, sabemos que frotándolas una contra otra obtenemos calor. Hemos transformado la energía mecánica del movimiento de nuestras manos en energía calorífica que nos las ha calentado. Recordemos que las moléculas de una porción de materia caliente, en este caso las de las células de la piel de nuestras manos, están en movimiento, alrededor de una posición de equilibrio y esto se capta más macroscópicamente como calor. En este caso hemos transformado una energía más noble como la mecánica, en una energía degradada como calor.

Si queremos transformar una energía eléctrica en mecánica, existe un convertidor energético que se llama motor eléctrico. Si queremos transformar una energía mecánica en eléctrica, existe otro tipo de convertidor energético que se llama generador o alternador. Pronto combinaremos estos dos conceptos con otros.

Digamos primero que la electricidad es un tipo de energía enormemente interesante. Es una energía fundamentada en la utilización de las llamadas *fuerzas electrostáticas* existentes entre cargas eléctricas y con un protagonismo especial por parte de unas partículas muy pequeñas llamadas *electrones*. Algún experimento macroscópico puede permitir la observación de estas fuerzas que son atractivas para cargas de signo contrario y repulsivas para cargas del mismo signo. Antes hemos hablado de un entorno y de una escala en los que la energía eléctrica se manifiesta de forma comprensible. Le hemos llamado *mundo de los enlaces químicos*, y es el mismo mundo que estudiamos ahora, un mundo donde las cosas tienen unas dimensiones del orden de un millón de veces más pequeñas que lo que podemos observar directamente. Si antes hablábamos de enlaces químicos y decíamos que almacenaban una cierta «distorsión», ahora hablamos de electrones «liberados» del equilibrio de fuerzas de sus átomos. Estos electrones ahora circulan por allí donde las leyes de la física electrostática lo establecen. Los cables eléctricos constituyen los caminos por donde circularán los electrones. Son normalmente metálicos, porque en general los metales permiten la circulación de los electrones. Cuando hacemos circular electrones por un filamento metálico muy delgado, como el filamento de una bombilla, lo pone incandescente y la bombilla emite luz: hemos transformado energía eléctrica en energía lumínica. Elaborando un poco más el tema, podemos combinar un alternador que produzca energía eléctrica, unos cables que la transporten y un motor que la transforme en energía mecánica en el punto de destino. Este podría ser un esquema muy simplificado de nuestro sistema eléctrico. Alternadores y motores son máquinas que comienzan a ser conocidas por el profano que las entiende a nivel de resultados. El profano las entiende como lo que a veces llamamos una «caja negra». Si damos movimiento mecánico en el alternador, este nos lo transforma en energía eléctrica y si le damos electricidad a un motor, nos la transforma en movimiento mecánico. En realidad, tanto el uno como el otro tienen una complejidad técnica que involucra el campo del electromagnetismo. El saber popular, sin embargo, a base de años de ver motores y alternadores se encuentra relativamente cómodo con sus prestaciones. Entiende que hay máquinas grandes y pequeñas y que adecuar la máquina a la realidad de su uso es un punto a no olvidar. Pronto hablaremos de potencia.

¿Quién mueve normalmente el alternador? El alternador es movido por una turbina. El funcionamiento de una turbina, de nuevo, como suele ocurrir en el mundo de la mecánica, es muy comprensible. La turbina es una máquina rotativa empujada por agua, por el viento, por vapor o por gas con la capacidad de transformar la energía mecánica de un fluido en movimiento en energía mecánica también, pero desarrollada en el eje común con el del alternador.

Si la turbina es empujada por agua, esta viene de un embalse y la dejamos caer por una tubería, tenemos una central hidroeléctrica. Si la turbina es empujada por el viento, recibe el nombre de molino de viento o aerogenerador y tenemos una central eólica. En ambos casos, tanto en la turbina hidráulica como en el aerogenerador, observamos la transformación de la energía mecánica de un fluido (agua o aire) en energía mecánica de unos álabes y de un elemento rotativo (o eje). Esto nos permite mantenernos en el campo de la comprensión más intuitiva.

Las turbinas de gas y las de vapor son algo más complejas y también menos intuitivas, pero mantienen una semejanza con lo dicho. Tanto el gas como el vapor expansionan al pasar por la turbina y esta expansión es la que mueve sus álabes y en consecuencia su eje. En las turbinas de gas, se expansionan unos gases de combustión o humos producidos en una cámara de combustión donde hemos quemado un combustible. Cuando más calientes están estos humos, el movimiento caótico de sus moléculas es más intenso, su expansión es más eficiente y obtenemos una mejor transformación de energía calorífica en energía mecánica. En las turbinas de vapor, el funcionamiento es similar y el fluido que se expansiona es vapor de agua producido en una caldera. El hecho de que sea la expansión con su consecuente enfriamiento lo que causa el movimiento nos lleva a decir que estamos, en ambos casos, ante una transformación termomecánica.

Estas transformaciones termomecánicas quieren un comentario. Estamos transformando una energía «desordenada» en una energía «ordenada». La primera es la energía calorífica de las moléculas de un gas en movimiento caótico y la segunda es la del movimiento rotatorio del eje de una turbina. La experimentación y la ciencia física nos muestran algo que también podemos intuir de alguna manera. Es imposible que la totalidad de la energía de un movimiento desordenado de moléculas microscópicas se transforme al 100% en movimiento ordenado del eje en cuestión. Si tan desordenado es el movimiento original, seguro que una parte importante de esta energía acabará calentando los materiales, la máquina y el ambiente. Esto se traduce en que las transformaciones termomecánicas resultan poco eficientes. Esto es, tienen un rendimiento bastante bajo. Llamamos *rendimiento de un convertidor energético* a la cantidad de energía transformada por unidad de energía de alimentación. El rendimiento de las transformaciones termomecánicas en general es del orden de entre el 30% y el 45%. ¡No sé cuán eficaz ha sido el proceso de intuición que le he pedido al lector! ¡Cuesta crear orden a partir del desorden!

También requieren un comentario otras transformaciones como la electrotérmica que podemos implementar de forma directa o indirecta. A la transformación directa domésticamente le llamamos *estufa*. En este caso, la corriente eléctrica circula por un conductor eléctrico y microscópicamente originan unos choques entre electrones y material del conductor que resultan en un nuevo movimiento desordenado o calor. Hemos transformado energía eléctrica en energía calorífica. La transformación indirecta es más sofisticada y recibe el nombre de *bomba de calor*. Es una máquina térmica tradicionalmente utilizada en el campo de la refrigeración y del aire acondicionado que, con los ajustes pertinentes, es utilizada también como calefactor o para la producción de agua caliente. Se basa en un circuito cerrado de un refrigerante de bajo punto de ebullición que será expandido y comprimido alternativamente. Tras la expansión, su bajísima temperatura le permitirá extraer calor del foco frío y después de la compresión y con una temperatura más alta podrá ceder calor al foco caliente. El rendimiento de la máquina es ventajoso tanto en la opción de enfriar como en la de calentar.

Hemos visto, pues, que la energía tiene formas diversas y que tenemos maneras de convertir energía de un tipo a otro. Cada transformación tiene un rendimiento y es muy importante tenerlo en consideración. ¡Algunos de estos rendimientos son altos, otros son bajos y otros son nefastos! ¡Sumar y restar energías requiere mucha cautela! A menudo razonamos a la vez con energías térmicas, mecánicas o eléctricas y por ejemplo hablamos de cubrir unos usos tradicionalmente térmicos mediante electricidad o cubrir unas necesidades mecánicas con motores térmicos. Alguna vez tiene un cierto sentido hablar de energía total. A menudo, es más correcto pensar en cada transformación real y en las alternativas que nos permiten producir un mismo servicio.

2.1.3. Potencia y energía. Factor de carga. Unidades

¡Ya hemos visto lo que es la energía! Hablemos ahora de la potencia, que se define como energía por unidad de tiempo. ¡Es una buena definición, es rigurosa incluso! Pero debemos decir más, debemos ser más claros. Recordemos que se suele reconocer que entender la diferencia entre energía y potencia es indispensable para abordar el problema energético. Pasamos a un ejemplo fácilmente imaginable.

Pensamos que se nos pide la extracción de 1000 litros de agua de un pozo de 10 metros de profundidad. Disponemos de poleas y cuerdas que sobradamente aguantarían más de 100 kg de carga. Disponemos también de una tina de 100 litros y de un cubo de 5 litros. Para elevar la tina disponemos de un caballo y para elevar el cubo tenemos una persona. Cada viaje, sea de tina o de cubo, dura 1 minuto. ¿Cuánta energía necesito en cada una de las dos opciones para realizar lo que me piden? ¿Qué potencia necesitamos en un caso y en el otro?

¿Cómo lo ves, lector? ¡La respuesta es fácil! La esencia de la respuesta es la siguiente: la energía que necesito en las dos opciones es la misma, tengo que hacer el mismo trabajo, aunque en un caso lo hago lentamente y en el otro lo hago deprisa. ¡La potencia que desarrolla el caballo es 20 veces mayor que la de la persona! La opción tina resuelve el problema más deprisa, para llevar a la práctica la opción cubo no necesito caballo.

En una versión paso a paso diríamos que en la opción cubo:

Cada viaje necesita una energía de 10 m x 5 kp = 50 kpm
Que el número de viajes = 1000 litros / (5 litros/viaje) = 200 viajes
Y la energía total = 50 kpm/viaje x 200 viajes = 10000 kpm
Y la potencia de la persona = 10000 kpm / 200 minutos = 50 kpm / minuto

Para la opción tina:

Cada viaje necesita una energía de 10 m x 100 kp = 1000 kpm
Que el número de viajes = 1000 litros / (100 litros/viaje) = 10 viajes
Y la energía total = 1000 kpm/viaje x 10 viajes = 10000 kpm
Y la potencia del caballo = 10000 kpm / 10 minutos = 1000 kpm / minuto
Por lo tanto la potencia del caballo es 1000 / 50 = 20 veces mayor que la de la persona.

¿Qué os parecen las dos explicaciones?

La primera de las explicaciones intenta comunicar la esencia del problema, mientras que la segunda responde rigurosamente a la pregunta. A algunos lectores les gustará una y a otros otra. Quien se mueva cómodamente en el problema debe estar preparado para utilizar una u otra en función del interlocutor que tenga.

Si en vez de resolver el problema con tinas o cubos lo hago con bombas hidráulicas impulsadas por sus motores, las dos opciones necesitarán una energía igual o similar y en cambio la opción rápida necesitará una potencia del orden de 20 veces mayor que la opción lenta. El dimensionado de la instalación eléctrica para alimentar cada opción es naturalmente función de la potencia. En estas condiciones si alguien te dice «necesito 10000 kpm para bombear agua» casi no te ha dicho nada. Vale la pena que te diga «necesito 1000 kpm/minuto» y dimensionamos la instalación consecuentemente.

Cuando un proceso industrial incluye en un momento dado una tarea intensa como mover una grúa o calentar un material en un tiempo corto, necesita potencia para llevar a cabo su propósito. Estas tareas intensas contrastan con la realización de otras necesitadas también de energía pero que el proceso permite ejecutarlas con más tiempo. El dimensionado de la infraestructura eléctrica de la industria en cuestión deberá calcularse en base a su funcionamiento intenso. Cuando el servicio prestado o el proceso industrial considerado marcan el instante o la intensidad del consumo necesario, estamos ante un problema de potencia. Los ejemplos anteriores deberían explicar y ayudar a entender expresiones frecuentes tales como: «Este es un problema de energía» o «Este es un problema de potencia».

Hay otro concepto, el *factor de carga*, que es bastante simple de usar y es de gran ayuda cuando clasificamos sistemas que transforman energía o cuando realizamos cálculos orientativos. En este caso, el parámetro ya no nos habla del rendimiento físico de la transformación sino de la capacidad o disponibilidad que tiene el convertidor o la central para producir energía en un periodo dado. Se define como la relación entre la energía real producida en un periodo dado y la que produciría si durante todo el periodo trabajara a potencia máxima. Se le podría llamar *factor de energía producida*, pero se le llama de carga debido a ser un término heredado del vocabulario típicamente eléctrico. Es un concepto cercano al factor de disponibilidad definido como relación de tiempo. Es importante notar que el concepto se refiere siempre a un periodo determinado.

Antes he utilizado unidades de longitud, de fuerza, de trabajo o energía, de tiempo e, incluso, de potencia. Siempre podemos elegir qué unidades utilizamos para entendernos mejor. De manera similar que cotidianamente utilizamos el centímetro, el metro o el kilómetro según nuestro discurso, en este caso he utilizado el kpm (energía), el minuto (tiempo) y el kpm/minuto (potencia). En esta ocasión es intuitivo que un kpm es la energía que necesito para aplicar una fuerza de 1 kilo (kp) a lo largo de 1 metro (m), y a partir de ahí el resto del problema participa de esta proximidad cotidiana.

Existe un sistema internacional de unidades y hay propósitos bastante firmes de utilizarlo con preferencia. En este sistema se habla de metros (m), newtons (N), julios (J) y vatios (W) entre otros. La enseñanza en general y la universidad en particular suelen defender coherentemente su uso. Muchos trabajos científicos se realizan afortunadamente utilizando este sistema internacional.

Hay situaciones en las que, por razones prácticas, utilizamos otras unidades. Un ejemplo es el caso energético, donde el kilovatio (kW) y el kilovatio-hora (kWh) tienen su justificación.

El kilovatio (1000 vatios) es una unidad de potencia adecuada para hablar de consumos domésticos: una estufa eléctrica puede tener una potencia de 1 kW, un secador de pelo de 2 o 3 kW y las antiguas bombillas de incandescencia entre 25 W (0.025 kW) y 100 W (0.100 kW). De manera similar, las instalaciones eléctricas domésticas han sido diseñadas para una potencia máxima que puede estar entre 3 y 6 kW. El kilovatio-hora podría definirse como la energía transformada por un convertidor energético de 1 kW trabajando 1 hora. Si bien el kilovatio-hora no es una unidad del sistema internacional, tiene una gran utilidad práctica. Qué fácil y qué intuitivo es multiplicar la potencia del convertidor por el tiempo de funcionamiento y obtener la energía. Domésticamente, tener una estufa de 1 kW encendido 24 horas consume 24 kWh. Si cada kWh me cuesta 0.12 €, (0.12 € / kWh) x (24 kWh) = 2.88 € tal como aparece en la factura de electricidad.

En una factura de electricidad doméstica hay más cosas. Hablaremos de una de ellas llamada *término de potencia*. Toda instalación está diseñada siguiendo unos criterios que la hacen apta para un rango de utilización. Una instalación doméstica tiene definida su potencia máxima y en función de esta se han definido, diseñado y construido todos los elementos que hacen posible el suministro de electricidad hasta la instalación. Entre estos estarán los conductores eléctricos de baja tensión, las estaciones transformadoras, las líneas eléctricas de media y alta tensión e incluso las centrales productoras. El término de potencia es función de la potencia máxima del suministro doméstico y retribuye el uso de los elementos mencionados.

En el ámbito de producción o gran consumo todo tiene la misma simplicidad. En este caso ya no utilizaremos kW y kWh sino algún múltiplo adecuado como: el MW (1000 kW) o el GW (1000000 kW) para la potencia y el MWh, GWh o MWdia para la energía.

¡Con un pequeño esfuerzo, el profano debería conseguir no confundir energía y potencia! ¡No confundir kilowatios con kilowatios-hora!

Al establecer comparaciones de la energía consumida por países o por regiones se suele utilizar la tonelada equivalente de petróleo (tep). Se trata de una unidad de energía que podría definirse como la obtenida por la combustión de una tonelada de petróleo (1 tep equivale a 11630 kWh o a 10000000 kcal).

2.1.4. Aquel pasado renovable

¿Cómo hacían las cosas nuestros antepasados? ¿Cómo eran los balances antes del descubrimiento de las fuentes de energía de la modernidad?

Al planeta tierra llega energía sobre todo del sol en forma de radiación diversa, ya he anticipado algo cuando hemos hablado del problema de la atmósfera. Esta energía primero se atenúa en la atmósfera, calienta moderadamente el planeta y también, ya lo hemos dicho, se convierte en parte en energía química gracias a los vegetales y los océanos. Esta energía química almacenada sobre todo en los tejidos de los vegetales llega a los tejidos animales y humanos siguiendo las conocidas cadenas tróficas o alimentarias.

Durante mucho tiempo, los seres vivos han sido cruciales en la transformación de una energía venida del sol en una energía mecánica utilizable. Digo cruciales y no únicos porque el molino de viento y el molino de agua son bastante antiguos.

El calentamiento desigual que el sol produce en zonas de la atmósfera provoca corrientes de aire o vientos. El aparato o convertidor energético que permite transformar la energía del viento en energía mecánica utilizable es el molino de viento.

Todos sabemos la dinámica de las lluvias y los ríos. Se trata de un mecanismo conocido y observado hace tiempo, mediante el cual el agua del mar realiza un itinerario que incluye evaporación, formación de nubes, desplazamiento de nubes, lluvia, formación de arroyos y ríos y regreso al mar. La energía necesaria es originariamente de origen solar: el sol calienta las moléculas de la superficie del mar y les confiere un movimiento desordenado, como el debido a cualquier calentamiento. Este movimiento se concretará de forma vertical ascendente en la formación de la nube y, como dice la física, su energía, calorífica al inicio, se convertirá en gravitatoria o potencial. Esta última explica la mecánica del retorno al mar por gravedad, en forma primero de lluvia y después de arroyo y de río. Muy pronto la energía del agua que corre río abajo por gravedad fue aprovechada para mover molinos de agua.

Nuestros antepasados también se calentaban y lo hacían normalmente quemando leña o biomasa. El itinerario puede ser descrito fácilmente. La radiación solar es absorbida por los vegetales y almacenada químicamente en sus tejidos que más tarde constituirán la biomasa o sustancia susceptible de ser quemada. La combustión de esta biomasa transformaba su energía química en energía calorífica que para el caso en cuestión representa ya energía útil.

El sol ha sido, durante mucho tiempo, tal vez la única fuente de energía.

La emprendeduría y la ciencia nacientes combinaron estos principios elementales para hacerlos eficaces al servicio de la humanidad. Así vimos: el trabajo humano, la utilización de molinos de agua y de viento, el uso de caballos y bueyes y la chimenea.

La seguridad del suministro energético se basaba en aquel pasado renovable en la estabilidad de las comunidades de los seres vivos implicados fueran vegetales, animales o humanos. ¡Se estaba lejos, tal vez muy lejos de una crisis energética, la sociedad aseguraba su resiliencia y podríamos decir que la armonía de la naturaleza autovigilaba!

2.1.5. ¿Quién consume energía y cómo lo hace?

El hogar con un consumo de entre el 15% y el 20%; el transporte, entre el 40% y el 45%; la industria, entre el 20% y el 30%, y los servicios, entre el 10% y el 15% son los consumidores de energía de hoy. En los últimos años hemos observado unos consumos de energía en estos rangos. Podríamos añadir la agricultura, con un porcentaje inferior al 5% y podríamos contabilizar también lo que se llaman consumos no energéticos o consumos dedicados a la producción de subproductos de los combustibles. La figura 1 muestra los valores de energía consumida en Cataluña por sectores para el año 2019.

¡Hay hogares muy diversos con consumos energéticos muy diversos! En el hogar solemos encontrar electrodomésticos, iluminación, cocina, aire acondicionado, calefacción, agua caliente y otros convertidores que contribuyen al confort del usuario. Algunos convertidores de energía se alimentan de electricidad, otros utilizan un fluido caliente, y para algunos hay más de una opción. Tanto la electricidad como el fluido caliente pueden haber sido producidos dentro o fuera del entorno doméstico. ¡Optimizar el consumo energético de un hogar no es complejo, pero no hay dos hogares iguales!

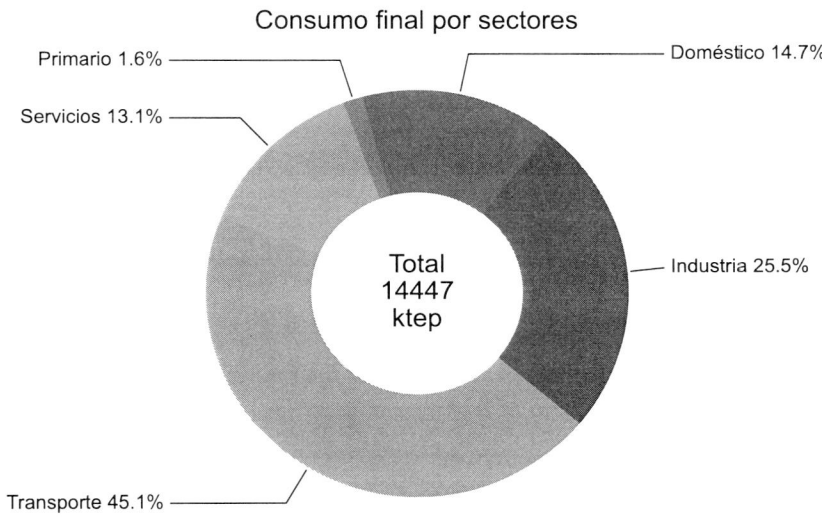

Figura 1. Consumos de energía por sectores. Año 2019. El transporte es un gran consumidor de energía. El consumo residencial es relativamente limitado.

Para fijar ideas intentaremos razonar sobre las cifras de consumo de un determinado hogar que propongo como ejemplo. No se trata del hogar promedio de ninguna región o país, pero es bastante estándar y sirve para el propósito trazado. Hablamos de un hogar que actualmente cubre con electricidad los electrodomésticos, la iluminación, la cocina y el aire acondicionado, y con gas, la calefacción y el agua caliente. Es una opción relativamente frecuente. Los consumos anuales de esta opción podrían ser 4000 kWh de electricidad y 7500 kWh de gas. El detalle de la electricidad necesaria, en base anual también, podría ser: electrodomésticos (2400 kWh), iluminación (600 kWh), cocina (600 kWh) y aire acondicionado (400 kWh). Una segunda opción sería el todo-eléctrico. El consumo total de esta segunda opción se obtendría sumando a los 4000 kWh de la primera, los necesarios para producir eléctricamente los servicios que antes eran producidos utilizando gas. Considerados los rendimientos correspondientes, el consumo ahora podría ser de 4000 + 5000 kWh = 9000 kWh de electricidad. ¡No debería sorprender que los usos térmicos que consumían 7500 kWh de gas puedan alcanzarse solo con

5000 kWh$_{eléctricos}$! Yendo más lejos, si este todo-eléctrico tuviese que incluir la carga de baterías de un vehículo por hogar, recorriendo, como el vehículo privado medio en España, 12000 km al año, debería preverse un aumento de la energía doméstica del orden de 3240 kWh al año. En términos relativos respecto a la primera opción, la segunda opción significa un consumo de electricidad del 225% y con el vehículo un 306%. Más adelante volveremos sobre estos conceptos con algún cálculo esclarecedor y también sobre el mismo ejemplo conforme convenga introducir algún nuevo concepto.

Para hacer balances de energía en el ámbito más global se necesitan unas definiciones que ayudan a concretar. Definiremos pues: energía primaria, energía final y energía útil. Llamamos *energía primaria* a la energía tal como la captamos de la naturaleza. Esta energía seguirá un proceso de transformación y transporte que la convertirán en energía final. Esta *energía final* será puesta a disposición del usuario. Finalmente, el usuario utilizará sus propios convertidores para transformarla en *energía útil*, que puede ser definida como la energía que permite satisfacer el servicio implicado. Hay buenas estadísticas de energías primarias y finales y a continuación doy algunas cifras en ktep para el año 2019 en Cataluña. Ver las figuras 2 y 3.

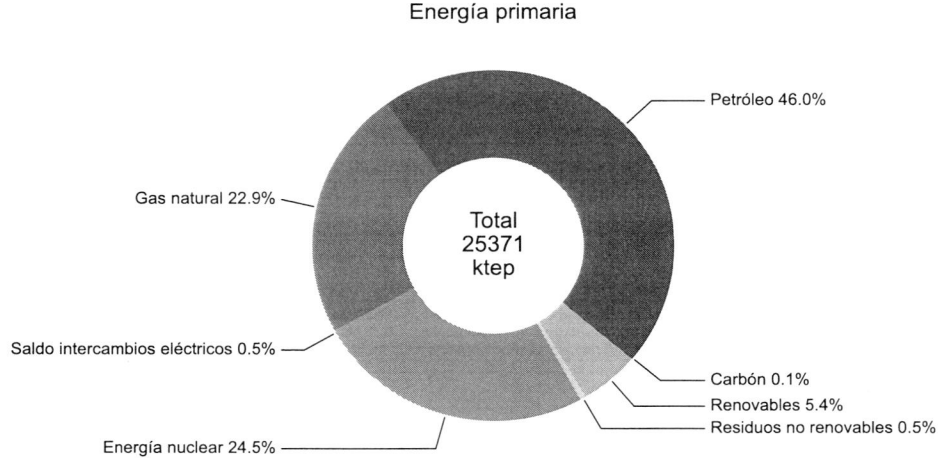

Energía primaria

Petróleo 46.0%
Gas natural 22.9%
Total 25371 ktep
Saldo intercambios eléctricos 0.5%
Carbón 0.1%
Renovables 5.4%
Residuos no renovables 0.5%
Energía nuclear 24.5%

Figura 2. Energías primarias en Cataluña. Año 2019. La energía fósil total representa el 69.1%.

Las diferencias entre unas cifras y otras merecen algún comentario. La electricidad aparece como energía final y no como primaria, el hecho se autoexplica ya que no la captamos desde la naturaleza y en cambio la ponemos a disposición del usuario en su forma final. De manera similar, la nuclear proviene del uranio extraído en la mina, pero finalmente es servida como electricidad. El gas se capta en una forma muy parecida a la de uso final, pero dos hechos explican dominantemente las diferencias. Por un lado, una parte del gas es servido como tal al usuario como el que quemamos en las calefacciones domésticas y otra se utiliza en las centrales térmicas para producir electricidad. Por otra parte, el proceso de ponerlo a disposición del usuario quiere un transporte y un gasto energético de almacenamiento y distribución. En cuanto al carbón, el comentario sería muy parecido al que hemos hecho para el gas. Finalmente, el itinerario del petróleo es realmente complejo y, además, ramificado. Una vez extraído el petróleo es sometido a procesos de separación, refinado y transformación entre los que hay importantes derivaciones hacia la preparación de productos derivados energéticos y no energéticos. Esto explica las grandes diferencias existentes a menudo entre las cantidades de petróleo primario y productos derivados del petróleo final.

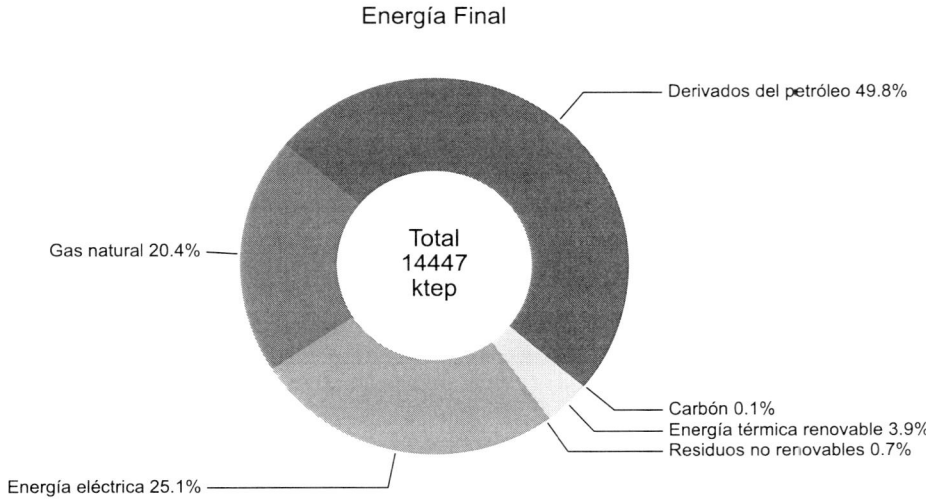

Figura 3. Energías finales en Cataluña. Año 2019

Al igual que ha sido fácil encontrar estadísticas de energías primarias y finales, es más difícil encontrarlas de energías útiles. En efecto, los convertidores que las producen están bajo el control del usuario y por tanto solo el usuario nos puede hablar de cantidades. A día de hoy, y en la lógica que emana del hecho de que estamos produciendo casi toda la energía de forma centralizada para que el usuario la compre, no echamos de menos estas cifras. En un futuro próximo, cuando el ahorro energético sea uno de los pilares de la transición, deberemos incluir por supuesto este último paso de transformación energética en cualquier estudio de optimización global. Para ilustrar el comentario y con cierto paralelismo al que hemos hecho antes en el caso de los consumos del hogar, la tabla 1 muestra unas cifras de una de las muchas maneras de cubrir eléctricamente los servicios producidos hoy en Cataluña por combustibles fósiles. Partiendo de las energías finales en ktep (columna

1), se obtienen sus valores per cápita, algo más comprensibles en tep / habitante y MWh / habitante (columnas 2 y 3). A continuación (columna 4), se muestran los resultados de una de las hipótesis de sustitución del fósil por eléctrico. Concretamente se postula que el 80% de los productos del petróleo se queman en motores de combustión interna y el resto, más el gas y el carbón, en calderas convencionales, y que la sustitución se hace mediante motores y calefactores eléctricos. A pesar de tratarse de una sustitución hipotética, estamos hablando prácticamente de un todo-eléctrico (tabla 1) del que solo se excluyen con porcentajes relativamente pequeños la energía térmica renovable y la obtenida de residuos no renovables (figura 3).

	ktep	tep/hab	MWh/hab	MWh$_{eléctricos}$ / hab de sustitución
Carbón	21.5	0.003	0.034	0.027
Derivados del petróleo	7196	0.97	11.2	5.4
Gas natural	2946	0.40	4.6	3.8
Total fósil	10163	1.37	15.9	9.1
Energía eléctrica	3625	0.49	5.7	5.7
Residuos no renovables	98.2	0.013	0.15	
Energía térmica renovable	561	0.08	0.88	
Total	14447	1.94	22.6	14.8

Tabla 1. Hipotética sustitución de fósil por eléctrico en Cataluña con datos del año 2019. Las tres primeras columnas describen la situación real en 2019, la cuarta recoge los resultados de aplicar la hipótesis establecida.

En estas condiciones y teniendo presentes las hipótesis realizadas, se podrían hacer comentarios diversos. Me limitaré a un par de observaciones. Necesitaríamos 9.1 MWh$_{eléctricos}$/habitante para cubrir con electricidad los mismos servicios que realizábamos con los 15.9 MWh / habitante mediante energía fósil. En este caso tampoco debe sorprender el orden de magnitud de las cifras de la sustitución. El todo-eléctrico que corresponde a esta hipotética sustitución necesitaría un total de 14.8 MWh$_{eléctricos}$/ habitante. Volveremos a utilizar esta cifra más adelante.

2.1.6. Indicadores relacionados con la optimización energética

Hay indicadores diversos que ayudan a evaluar y a presentar el nivel de optimización alcanzado por el proceso de producción y distribución de la energía cuando la pensamos como un bien social. Hablaremos de energía per cápita, de intensidad energética y de índice de desarrollo humano.

La energía anual per cápita es el primero de estos indicadores que se expresa en términos relativos en tep / (habitante x año) y tiene unos valores para el año 2018 de 3.1 tep y 6.8 tep / (habitante x año) respectivamente para Europa y para Estados Unidos. En países como estos suele ser ligeramente decreciente con el tiempo entendiendo que un proceso de optimización energético está en curso y va alcanzando sus metas.

La intensidad energética se define como cantidad de energía primaria por unidad de Producto Interior Bruto (PIB) del país. Es un indicador que muestra la fuerte relación existente entre el consumo energético eficiente y el grado de desarrollo o del estado del bienestar del país en cuestión. En los países de la OCDE tiene valores entre 0.1 y 0.2 tep / 1000 US$, mientras que en países fuera de la OCDE puede valer del orden de 0.5 tep / 1000 US$. Actualmente es ligeramente decreciente en la mayor parte de los países, aunque en el siglo pasado no fue así. En efecto, entonces economía y consumo energético se mostraban como procesos acoplados en todo el mundo.

Existe un Índice de Desarrollo Humano (IDH) que ayuda enormemente a la visualización del progreso de las comunidades cuando mostramos su relación con el consumo anual per cápita de energía, tal como se puede ver en la figura 4. Está centrado en las capacidades humanas como fundamento de las oportunidades que las personas tendrán en sus vidas. Valora temas como el disfrutar de una vida larga y saludable, haber recibido una educación, acceder a los recursos que permitan una existencia digna.

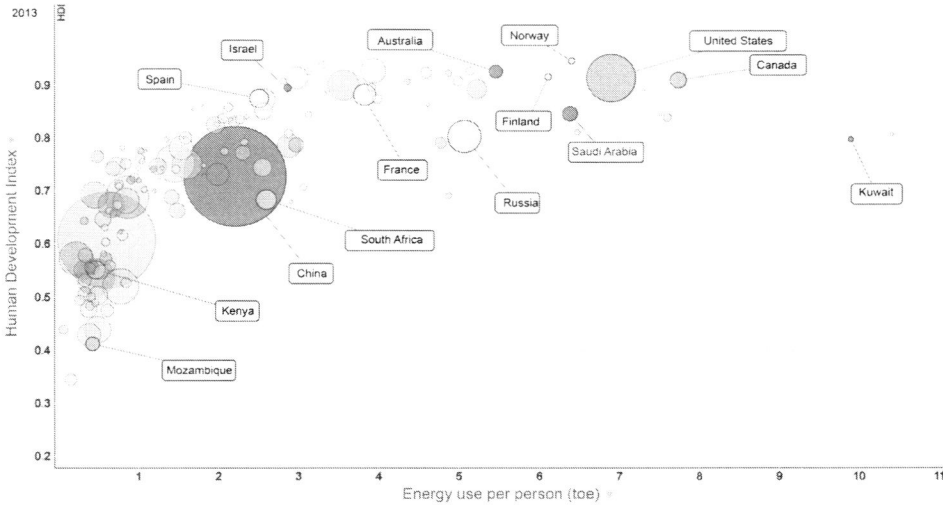

Figura 4. Índice de Desarrollo Humano (IDH) en función del consumo energético per cápita. Los círculos son proporcionales a la población del país que representan.

Para consumos per cápita inferiores a 1 tep (tonelada equivalente petróleo), cualquier aumento del consumo energético personal se traduce en una mejora equivalente en desarrollo humano. Los países del Sur Global se encuentran en estos rangos de consumo. Igualmente queda claro que, para consumos per cápita por encima de los 4 tep, los aumentos de consumo energético apenas producen mejoras apreciables de desarrollo humano. Los países europeos gastan al año del orden de 4 tep / persona, y Estados Unidos del orden de 8 tep / persona.

El uso adecuado de estos indicadores permite ajustar el análisis y el discurso sobre optimización del consumo energético.

2.2. Los convertidores energéticos

2.2.1. Los convertidores fósiles

Hace unos 200 años, el uso masivo primero del carbón y sucesivamente del petróleo y del gas dio lugar a una transformación importante de la sociedad que globalmente podríamos llamar «era del combustible fósil». Durante estos años la combustión fósil ha sido la raíz de la actividad humana y los cambios producidos, notorios la mayor parte, podrían como todo, clasificarse en positivos y negativos. Entre los positivos, habría realizaciones del ámbito de la movilidad, la relación humana, o la industrialización. Entre los negativos, dejadme destacar la contaminación atmosférica y la producción de CO_2.

La energía producida por las combustiones fósiles se utiliza de formas diversas: directamente como energía térmica, transformada en energía mecánica o transformada en energía eléctrica. Adicionalmente la modernidad nos ha llevado a la generación coordinada termomecánica y termoeléctrica llamada *cogeneración*. En el momento en que vivimos, creo que la funcionalidad básica de este tipo de convertidores es suficientemente conocida y en cambio sus dificultades de sustitución adoptan hoy una relevancia extraordinaria. En estas condiciones creo que vale la pena utilizar estas últimas como hilo conductor de la exposición que sigue.

Así pues, hoy es útil reflexionar en torno a los usos actuales de combustibles fósiles y de la facilidad o dificultad de realizar de otro modo la misma función. Si pensamos en sustitución, podemos: o bien sustituir el fósil por otro combustible que no lo sea, o bien sustituir la tecnología de aprovechamiento, es decir, el convertidor energético, sea motor o quemador, por otra tecnología que permita la misma función. La respuesta en el primer caso la deberíamos encontrar en los biocombustibles y la biomasa, de los que hablaremos más adelante, y en el segundo en una serie de tecnologías encaminadas a cubrir los usos térmicos, mecánicos y eléctricos de la energía hoy producida mediante la combustión fósil.

En la industria, los convertidores fósiles de uso térmico son relativamente frecuentes, queman combustibles fósiles con fines de utilizar la energía calorífica producida. Encontramos hornos, calderas y otros convertidores integrados en procesos de transformación como los de la industria química y metalúrgica. Muchos de estos son fáciles de sustituir, pero algunos son difíciles dado su nivel de integración en el proceso involucrado. Este es el caso del carbón en la industria siderúrgica. En este caso el carbón es a la vez combustible y materia prima que se incorporará en pequeñas cantidades en el proceso. Hay otros casos. En cuanto a hornos y calderas, también quieren una consideración. Si bien existen calderas y hornos eléctricos, la conversión eléctricotérmica no tiene todos los pronunciamientos favorables. A menudo se nos presenta como punto final de una cadena de transformaciones energéticas globalmente poco eficientes. Estoy hablando de la transformación térmico-eléctrico-térmica. En un punto de nuestra geografía quemamos para producir electricidad a un bajo rendimiento. Después transportamos la electricidad por una línea eléctrica que se calienta y también tiene sus pérdidas y que más tarde en otro punto del país la re-transformamos en energía térmica en una cadera o en un horno eléctricos. Este tipo de encadenamiento de transformaciones en principio se debería evitar. Digo en principio porque a veces hay razones técnicas que nos hacen seguir un camino que, a pesar de ser poco eficiente, en contrapartida tiene otras ventajas. Hay procesos industriales que solo son viables en un determinado tipo de horno. Optimizar estos consumos energéticos no es complejo, pero quiere algún razonamiento de ingeniería y no se resuelve con pura aritmética contable.

También hay convertidores de energía fósil de uso térmico domésticos. Hoy en el hogar puede que haya más gas que carbón y petróleo, pero todavía encontramos los tres combustibles. Entre los convertidores domésticos encontramos: calderas para producir agua caliente y calefacción, hornos y cocinas. El todo-eléctrico doméstico es técnicamente viable y en algunos casos podemos decir que ya es una realidad hoy, con la bomba de calor aerotérmica para calefacción y agua caliente sanitaria. La energía solar-térmica y la biomasa son puntos a tener en cuenta como siempre con realismo y ambición. Volveremos a hablar de ello

Los convertidores energéticos que desarrollan la transformación termomecánica son bien conocidos. Tal como hemos visto, se trata de una transformación de bajo rendimiento, pero enormemente experimentada a lo largo de la historia reciente. Los motores endotérmicos, sean alternativos o rotativos, constituyen este grupo y se trata de encontrarles un sustituto. Estamos hablando sobre todo de los convertidores de energía involucrados en el transporte. Hoy el transporte de mercancías y personas depende en gran medida de los combustibles fósiles. Consideramos, uno por uno, cada uno de los medios de transporte que utilizan directamente combustiones. Estos son: el automóvil, la motocicleta, el camión, los aviones, los barcos y algunos trenes.

Los automóviles y las motocicletas pueden ser reconvertidos en eléctricos según tecnologías ya disponibles. No se trata de utilizar una ingeniería simplemente viable, estamos hablando de unos productos que ya se fabrican, han seguido su proceso de optimización funcional y tienen en curso, como todas las tecnologías, un intento de mejora económica. Esta es una iniciativa en marcha y eso es enormemente positivo. Un importante escollo está pendiente de ser superado: se debe prever una producción adicional de electricidad para hacer frente al problema y se debe planificar una gestión correcta para el procedimiento de recarga de las baterías necesarias. Sería preocupante que la sociedad, o sus representantes a los que se ha delegado este tema, no considere el punto.

Un pequeño cálculo nos puede ayudar a entender el orden de magnitud de la energía que dedicamos a los automóviles. Se trata de un cálculo de primera aproximación que se concentra en lo que es más relevante. Partiendo de un consumo de gasolina expresado tal como solemos hacer, el ejemplo se referirá a un vehículo que consume 8 litros cada 100 km. Teniendo presente el rendimiento del motor y el poder calorífico del combustible, tal vehículo al hacer 100 km habrá consumido una energía de combustible de 69 kWh que se traduce en una energía mecánica útil de 17 kWh. ¡Recordemos que nunca debemos olvidar los rendimientos! ¿Cómo será el vehículo eléctrico que me permita el mismo servicio? Ahora tendré que producir eléctricamente la energía, almacenarla en una batería, recuperarla y transformarla en energía útil. Para conseguir los 17 kWh útiles que necesito, teniendo en cuenta el rendimiento del motor eléctrico y la eficiencia del proceso de carga y descarga, deberé partir de una producción de 27 kWh. Hagamos un pequeño inciso, si alguien pregunta ¿qué energía necesitas para hacer 100 km, qué contestaría el lector? ¿Diría 17, 27 o 69 kWh? La pregunta tiene un punto de ambigüedad. La respuesta generosa que corrige la ambigüedad es: necesito 17 kWh mecánicos útiles que puedo obtener o a partir 27 kWh$_{eléctricos}$ o a partir de 69 kWh de combustible. Por desgracia, todavía hay textos y discursos que no resuelven este tipo de ambigüedad y caen en los errores subsiguientes. ¡La aritmética de energías y potencias nos hace a veces malas jugadas! Continuemos con el problema. ¡En España hay 25 millones de coches que realizan una media de 12000 km al año! Esto significaría 300000 millones de km (o 3000 millones de veces 100 km) y una energía eléctrica de 82 millones de MWh. Si una central productora de electricidad como Vandellòs-II, trabajando continuamente a una potencia de 1000 MW, produce al cabo del año 8760000 MWh necesitaremos (82000000 / 8760000 = 9,4) aproximadamente la energía de 9 centrales eléctricas de 1000 MW para proveer la electricidad necesaria. Este es un cálculo, que se podría afinar más, y que el lector podría enriquecer a voluntad y adaptándolo a colectividades, agrupaciones y flotas de vehículos específicas. Como cálculo, no tiene más pretensiones que dar una idea de la magnitud del problema. Estamos gastando mucha energía para mover vehículos. ¡Producirla puede convertirse en un dolor de cabeza! Resolver este escollo significa prever cómo se producirá esta energía. Esta producción no es técnicamente difícil: de hecho no necesitamos 9 centrales de 1000 MW, dado que podemos acomodar la producción en el tiempo. Como se dice en el oficio, estamos resolviendo un problema de energía y no de potencia. Sin embargo, podemos tener alguna dificultad notable de implantación.

La sustitución de vehículos es un tema con vertientes que van más allá de la técnica y pueden convertirse en cruciales. Citemos los más relevantes. Estos son: el coste, los relativos a la autonomía y al proceso de carga y los que entroncan con costumbres consolidadas y mentalidades del ciudadano. Un vehículo eléctrico hoy es caro o muy caro. Este es un tema con implicaciones sobre todo sociales. Es bien sabido que cualquier tecnología nueva se estrena con unos costes no optimizados y que, en general, el éxito comercial y el tiempo acaban abaratando sus productos. Este hecho introduce incertidumbre temporal en cualquier reconversión en eléctricos de los automóviles y motocicletas actuales. A pesar de todo, estamos ante una tarea ya iniciada y, en sus aspectos técnicos, bien iniciada. Muchas son las personas que hoy dependen de su vehículo en lo personal o profesional. Si la transición energética les pide una reconversión total a la opción eléctrica, pedirán con razón que se haga a un ritmo razonable y de acuerdo con sus capacidades económicas

El vehículo eléctrico de hoy da prácticamente ya con solvencia las prestaciones del vehículo tradicional. Su autonomía y el tiempo de recarga son quizás sus puntos más débiles. La autonomía puede considerarse limitada, ya que hoy es del orden de unos 400 km. Es poco menos que la de un coche de gasolina. La diferencia hoy es que la carga del depósito de gasolina de un coche tarda unos pocos minutos y la podemos realizar fácilmente en las muchas gasolineras que hay distribuidas por la geografía. La carga de una batería de un coche eléctrico no tiene estas facilidades. Los sistemas corrientemente disponibles son más difíciles de encontrar y el tiempo de recarga es claramente más largo. Todo esto puede mejorar, y seguro que alguien ya está pensando en ello. Alguien está buscando cuál sería la mejor salida para una situación como esta en las coordenadas de hoy. Seguro que quien lo hace lo está haciendo con el espíritu emprendedor natural del momento. Es tal vez la mejor manera de hacerlo, sobre todo la más adaptada a nuestra mentalidad colectiva. Alguien está combinando, con ingenio, conceptos y soluciones técnicas que resuelvan o den la mejor salida a las imperfecciones del proceso de carga actual. Cómo hacerlo para evitar incomodidades como la de cambiar de batería, para evitar inversiones como las de instalar sistemas de carga más sofisticados y para hacer que todo sea compatible con conseguir las mejores prestaciones para el vehículo. El emprendedor siempre está trabajando y por supuesto irán apareciendo soluciones con un buen compromiso entre coste y prestaciones.

Comentemos brevemente también el hecho de que el vehículo particular tiene una relevancia social. Es un hecho muy conocido que arranca de la libertad que da tener un vehículo privado. Quizás el hecho era más evidente hace 60 años, cuando había menos coches, y así indirectamente estamos explicando el interés de muchos en tener vehículo propio. Hay muchos rincones de mundo donde la situación de hoy se parece enormemente a la de nuestro pasado reciente donde todo el mundo ansiaba el coche como herramienta y símbolo de libertad. Hay otros puntos del planeta como Estados Unidos en los que realmente la vida sin vehículo es difícil. Finalmente, la situación en Occidente es verdaderamente curiosa. Por un lado, en muchos lugares se ha logrado cubrir la movilidad con transportes públicos solventes y sin embargo el ciudadano sigue valorando el vehículo propio como algo que da, a más de libertad, poder y prestigio. La simbología utilizada para la publicidad en este ámbito a menudo utiliza el hecho.

En estas condiciones, cualquier acción que precise cambios de costumbres del ciudadano puede tener resultados difícilmente previsibles. Por ejemplo utilizar con eficacia el patinete o la bicicleta eléctrica allí donde otros utilizan el coche es algo que ya vemos y según avanza el tiempo puede convertirse en un hecho a tener en cuenta. Compartir coche de las maneras que nos propongan puede ser también una alternativa con impacto. El emprendedor comienza a mostrar su juego cuando nos ofrece productos e iniciativas. Es difícil decir cómo evolucionará el mundo del automóvil y del uso particular. Si lo dejamos en manos de la emprendeduría que hemos citado, humana y cercana, tal vez esta encontrará una salida óptima. Quizás en unos años o unas décadas sería posible que prácticamente no hubiera coches particulares y solo tuviéramos coche en el momento en que lo necesitamos. ¡Ganando mucha flexibilidad cuando se aquilan quizás acabaríamos gastando solo la energía que necesita nuestra movilidad real! ¡Quizás sea lo contrario y las previsiones mostradas serán una utopía, ya que el coche propio es, en muchos casos, algo muy deseado y la sociedad nos estimula muy fuertemente a ser propietarios de nuestro vehículo!

Este sector debería trabajar sin distracción, pero sin presiones adicionales. Si presionamos al sector haciéndolo único responsable de las emisiones de movilidad difícilmente conseguiremos algo. El tema está en marcha y no parece técnicamente complicado, pero recordemos: ¡hay muchos coches en el mundo y para muchos y debido a razones diversas el coche es algo muy importante! Conviene no olvidar que esta reconversión tiene una conexión con cuestiones de carácter social y que exige producir más energía eléctrica, para lo que conviene prever una solución de entrada.

Tenemos un problema grave con los aviones, que es prácticamente insoluble de forma cien por cien sostenible: funcionan con motores que queman combustible fósil. Podrían funcionar con biocombustible, de hecho, algunas líneas aéreas anuncian que ya los utilizan de forma combinada con el combustible fósil. No hay hoy una tecnología sustitutoria para el motor de avión. Todo se agrava cuando vemos que, además, el gasto en combustible por unidad de masa transportada llega a multiplicarse por 4 o por 5 cuando lo comparamos con el tren de alta velocidad. A la corta, la aviación puede contribuir muy poco a la reducción del uso de los combustibles fósiles. En las distancias donde el avión compite con el tren, el ahorro de energía se logrará utilizando el tren. Hoy parece que por debajo de 800 km o 1 de hora avión, el tren ofrece el mismo servicio a un coste energético claramente ventajoso. Quizás a corto plazo con un ligero progreso del tren estas distancias crecerán. A medio plazo, para ahorrar energía de origen fósil se deberán reducir el número de desplazamientos en avión y este hecho no está previsto en principio a la transición en curso.

Una eventual reducción importante del número y la longitud de los desplazamientos en avión tendría un impacto social. Este es un tema del que ya hemos dicho algo, a raíz de plantear la conexión entre consumismo, energía y estímulo social. ¡El viaje de ocio en avión hoy lo tiene todo para gustar! Nos permite desplazarnos en un tiempo moderado a regiones del mundo que anhelamos visitar. Además, nos permite observar el efecto dinamizador que tiene la iniciativa que genera un espacio de actividad creciente con buenos resultados tanto para los negocios generados, sean en el transporte o en las zonas receptoras con hoteles y restauración… ¡Uno se siente real y claramente a contracorriente cuando hablamos de limitar el número de viajes en avión! Fijémonos en que, en este caso sin embargo, estamos hablando de sustituir y limitar. Esto significa quizás intentar habilitar el tren para desplazamientos que hoy realizamos en avión. Dejar el avión para cruzar los océanos y no los continentes. ¡Es difícil, pero pronto habrá que mover pieza!

Con los barcos tenemos un problema similar y también difícil de resolver: también funcionan con motores que queman fósil. Podrían funcionar con biocombustible con los problemas que le son propios a esta fuente de energía. A medio plazo también deberían reducirse el número y la longitud de los desplazamientos en barco. Este punto es enormemente complicado, dado que el transporte marítimo está altamente consolidado tanto en recorridos largos como en distancias cortas y medias. ¡Además, hay muchas islas en el mundo y merecen ser atendidas! Este tema apenas ha aflorado como crítico por ahora. En un mañana lejano, en un mundo globalizado parece razonable conseguir que las mercancías se fabricaran en proximidad de donde se vayan a consumir. También, al menos, el futuro nos tiene que llevar una logística de transportes que permita evitar transportes injustificados. ¡Quizás estamos todavía muy lejos de este mañana!

El problema de los trenes parece más acotado ya que muchos de ellos son eléctricos. La conversión de los trenes que consumen petróleo, gas o carbón en trenes eléctricos parece un problema técnicamente resuelto.

La producción de electricidad a partir de convertidores que utilizan energía fósil, es altamente relevante. Hablo de las centrales termoeléctricas o térmicas, tanto de las que revierten sobre todo energía a la red eléctrica como las que lo hacen localmente en la industria. Tal como se puede ver en la tabla 2, hoy en España hay una potencia instalada en producción fósil de 40 GW que en 2019 produjeron una energía eléctrica de 80193 GWh. Por cada kWh eléctrico producido a partir de carbón se ha emitido a la atmósfera entre 820 g y 1050 g de CO_2. Si la producción es a partir de gas, la cantidad se encuentra entre 443 g y 490 g. Más adelante volveremos al tema.

Estos convertidores utilizan la transformación termoeléctrica (de hecho termo-mecánico-eléctrica) y su funcionamiento incluye un paso de transformación muy poco eficiente: la transformación termomecánica que suele hacerse en una turbina. Una de las razones físicas del bajo rendimiento de este paso es la magnitud de su calor residual. Por cada unidad de energía eléctrica producida al final por este método,

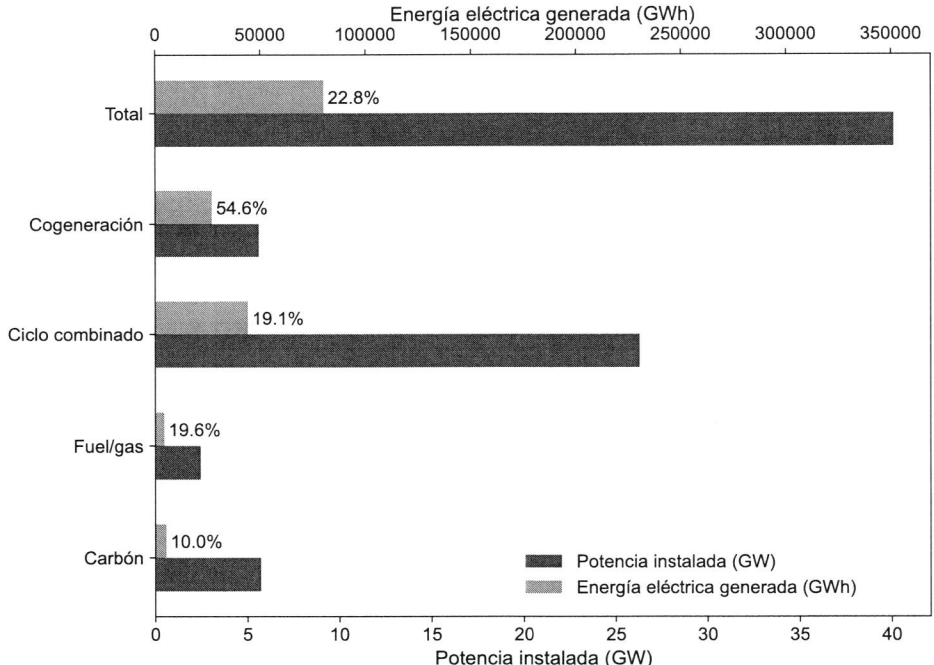

Figura 5. Producción de electricidad en España a partir de combustibles fósiles (Año 2020). Factores de carga.

las leyes de la física termodinámica nos hacen tirar entre 1.5 y 2 unidades de calor residual en principio no aprovechable. El impacto de este hecho, que es físicamente inevitable, en algunas ocasiones se consigue minimizar aprovechando el calor residual para usos que necesiten poca temperatura. Esta iniciativa recibe el nombre de *cogeneración* y está pensada como generación coordinada de energías térmica y eléctrica. Se materializa en el ámbito público en las redes de distribución de calefacción urbana o *District Heating*, y en el ámbito local en la calefacción de edificios industriales y algún otro uso térmico en la industria.

Hay centrales de carbón, de petróleo y de gas. Hoy son sustituibles por otros tipos de centrales productoras de electricidad. Teniendo en cuenta su ubicación geográfica y su función dentro de la red eléctrica, el punto fundamental de la sustitución es conseguir el mantenimiento de las presentaciones de versatilidad de la red a la que están acopladas. Son centrales de producción regulable y como tales actúan. Lo volveremos a comentar cuando hablemos de su sustitución.

2.2.2. Calentamiento global

Para centrar el contexto tecnológico del calentamiento global, es oportuno:

- Recordar los conceptos de *gases de efecto invernadero*.
- Introducir los indicadores utilizados.
- Dar algunos datos sobre emisiones.
- Resumir los contenidos de los acuerdos internacionales.

Tal como he dicho al esbozar el problema de la atmósfera, existen unos gases que, ubicados en ella, dificultan enormemente el tránsito de la energía solar incidente hacia el espacio exterior y dan lugar a que el equilibrio termodinámico del planeta se produzca a una temperatura superior a la que se produciría en su ausencia. Los llamamos *gases de efecto invernadero*. Los más significativos son el CO_2 (dióxido de carbono) y el metano, aunque también hay otros óxidos diversos y ozono. A raíz de hablar del problema de la atmósfera, ya se han introducido brevemente los mecanismos físicos implicados. Si bien solemos razonar la problemática de la atmósfera citando sobre todo el CO_2, vale la pena recordar que los demás también son objeto de preocupación y por lo tanto de análisis.

Los indicadores utilizados corrientemente para evaluar la progresión del problema suelen ser la temperatura media de la superficie de la tierra y la concentración de CO_2 en el aire; entre ambos hay una correlación razonablemente estable. Dicha temperatura, que tenía un valor en el pasado de unos 14 °C, en los últmos 30 o 35 años ha sufrido un aumento 0.8 °C. En cuanto a la concentración de CO_2 en el aire en el mismo periodo el valor ha variado desde 350 ppm hasta 410 ppm.

Es oportuno mostrar algún dato relativo a las emisiones. Empezamos por aquel vehículo privado del que hemos hablado antes que realizaba al cabo del año 12000 km y gastaba 8 litros cada 100 km. Aquel vehículo produce entre 1.2 y 2 toneladas de CO_2 al año. Si pensamos en el conjunto de todos los vehículos de España, estos dan lugar a unos totales de entre 30 y 50 millones de toneladas CO_2. Veamos también unas cifras más globales del año 2019.

	toneladas CO_2 / habitante
España	5.4
Francia	5.0
Alemania	8.4

Tabla 2. Emisiones per cápita

Comparemos los consumos que figuran en la tabla 2. En Francia, no queman tanto fósil en centrales eléctricas como en España, pero tienen quizás más movilidad en carreteras y más actividad industrial. Los datos de Alemania se explican por el hecho que queman mucho carbón. Estas cifras dan relevancia a la necesidad de sustituir los convertidores fósiles.

La producción de energía eléctrica es, hoy en día, una de las actividades que más CO_2 produce. Las centrales que utilizan combustible fósil producen aproximadamente, ya lo hemos dicho, entre 443 g y 490 g de CO_2 / KWh si son de gas y entre 820 g y 1050 g de CO_2 / KWh si son de carbón. Tanto la producción renovable como la nuclear no producen CO_2 de forma directa. En sentido estricto conviene afinar un poco más. En cuanto a las renovables, los procesos de instalación, fabricación de componentes y minería asociada a los materiales implicados producen una pequeña cantidad de CO_2. La literatura técnica la recoge. También en el caso de las nucleares, hay una serie de procesos necesarios que generan una cierta cantidad de CO_2 que conviene contabilizar y referir a la unidad de energía producida. Los procesos en cuestión son: la elaboración del combustible (minería del uranio, enriquecimiento y la fabricación de los elementos combustibles), la construcción de la central, la operación, el acondicionamiento del combustible usado y el desmantelamiento de la central al final de la vida. Si bien en este tema hay profusión de cifras bastante dispersas, me gusta señalar dos trabajos que, a mi entender, resultan especialmente relevantes en el intento de clarificar la cuestión. El primero de los trabajos desarrollado en la National University of Singapore (NUS) y publicado en 2008 supuso una inflexión en la manera de abordar el problema. Los resultados existentes en la literatura técnica hasta entonces fueron analizados con sus fuentes de información. Una serie de resultados previos fueron descartados por falta de rigor o de objetividad en la toma de datos. El trabajo estableció una manera de aportar transparencia al análisis cuantitativo de la producción de CO_2 en los procesos antes citados relativos a la creación de infraestructura o minería y fabricación de componentes. El segundo es más reciente (2014), fue preparado por el Intergovernmental Panel on Climate Change (IPCC) y recopila datos más actualizados oficiales de las emisiones. La tabla 3 muestra los resultados de los dos trabajos.

	Según NUS	Según IPCC
Carbón	entre 960 y 1050	820
Gas-Ciclos Combinados	443	490
Hidroeléctricas	10	24
Nucleares	66	12
Solar	32	41
Aerogeneradores	10	11

Tabla 3. Emisiones de CO_2 en g de CO_2 por kWh eléctrico producido. La diferencia de emisiones entre les centrales con producción directa de CO_2 (gas y carbón) y el resto es considerable.

¡Todavía hay dispersión! Los estudiosos suelen decir que la principal fuente de dispersión es la originada por la duración estimada del ciclo de vida de una instalación. En efecto, tanto en renovables como nucleares, son los procesos ce fabricación de componentes e instalación inicial los que generan la mayor parte del CO_2 producido. Al referirlo al kilovatio-hora generado, es altamente relevante, pues, saber si la instalación o el componente serán operativos durante 10, 20 o 40 años. Las estimaciones mejorarán, pero hoy por hoy, utilizando las cifras menos ventajosas y comparando cualquiera de las relativas a fuentes descarbonizadas con los gramos de CO_2 / KWh producidos por el gas o el carbón, parece perfectamente razonable, en los estudios comparativos de primera aproximación, razonar en base al CO_2 de producción directa.

En el contexto de su convenio marco sobre el cambio climático, las Naciones Unidas han establecido diversos acuerdos internacionales, en las llamadas «Conferencias de las Partes (COP)», destinados a reducir las emisiones de gases de efecto invernadero. Entre ellos destacan los Protocolos de Kyoto 97 y París 2015, y varias de sus actualizaciones en cumbres del clima.

Kyoto 97 fue el primer tratado internacional destinado a este propósito. El objetivo del acuerdo era recoger el compromiso de los países industrializados de reducir sus emisiones un 5.2% por debajo de las del 1990. El acuerdo no ponía límites a las emisiones de los países en vías de desarrollo aunque entre estos estaban China, la India, o el Brasil, que ya entonces tenían niveles de emisión considerables. Para entrar en vigor necesitaba ser ratificado por al menos 55 estados que sumaran el 55% de las emisiones. Esto tuvo lugar el 2005 tras la ratificación por parte de Rusia. Un total de 184 países lo ratificaron. El protocolo establecía también varias herramientas para facilitar la gestión de la cooperación en este ámbito. Entre estas, tenemos: el comercio internacional de derechos de emisión, los mecanismos de aplicación conjunta y los mecanismos de desarrollo limpio. La primera de estas herramientas posibilita la transferencia puntual de derechos de un país al otro. La segunda instrumenta ayudas entre países industrializados y países en transición a economías de mercado. La tercera afecta a proyectos a realizar y financiar por parte de los países industrializados en países en vías de desarrollo, con el objetivo de crear una infraestructura que permita reducir emisiones. El país en vías de desarrollo se convierte en usuario y propietario de la infraestructura generada, y el país industrializado utiliza unos derechos de emisión adicionales.

El Acuerdo de París (París 2015) fue firmado por 195 países, prácticamente por todos los del mundo. Los requisitos de entrada en vigor fueron los mismos que en el caso de Kyoto, las condiciones se produjeron en octubre de 2016, y hoy ya son 185 los países que lo han ratificado. Su realismo político le da más solvencia que la que tuvo en su día el acuerdo de Kyoto 97. La posición vacilante de Estados Unidos, debida a los dos últimos cambios de presidente ha sido un inconveniente para su gestión y plena operatividad. Irak y Arabia Saudí son dos países relevantes que no lo han firmado. El acuerdo utiliza la temperatura media del planeta como indicador de su salud climática y establece como objetivo que esta no supere 1.5 °C de aumento y como límite máximo 2 °C. Para alcanzar este objetivo, cada país propone sus límites de emisión que deberán ser aceptados por la conferencia para entrar en vigor. Todos los estados están obligados a reducir sus emisiones de CO_2 por debajo de los límites establecidos para garantizar el objetivo de temperatura. Se mantienen las herramientas de gestión de la cooperación establecidas en el protocolo anterior. Las emisiones de la aviación y la navegación no entran en estos controles, si bien se reconoce su magnitud. La financiación de las acciones a realizar en cada territorio corre a cargo del propio país salvo alguna excepción concreta. La excepción más relevante es que se prevén mecanismos de gestión de las pérdidas debidas a daños causados por el cambio climático que afecten especialmente a los países más vulnerables. Los estados rendirán cuentas a la ONU para garantizar la transparencia del seguimiento de los acuerdos.

2.2.3. Los convertidores de energías renovables

Uno de los grandes avances de la sostenibilidad energética se encuentra en las energías renovables. Entre ellas, las más relevantes son: la energía eólica, la solar térmica, la solar fotovoltaica, la hidroeléctrica y la biomasa. Hay alguna otra. Las ventajas de este tipo de energía son bien conocidas. ¡La primera de estas es común a todos sus tipos y además es inherente a su denominación: son renovables! Mientras haya sol, habrá vientos, aguas, lluvias, y biomasa y posibilidades de aprovechar su energía. Una segunda ventaja, también muy relevante es que estas energías, tal como hemos visto en parte en el apartado anterior, ni contaminan ni producen CO_2.

Es correcto, en lenguaje corriente, decir que ¡las renovables nos dan energía para siempre! Quien lo dice así se refiere a que siempre tendremos sol, viento, lluvias y madera para quemar y el hecho da una seguridad. Es importante, sin embargo, ser estrictos en la práctica y recordar que los convertidores renovables tienen también un mantenimiento, un ciclo de vida y necesitan de unos determinados materiales para ser construidos y repuestos. Cuando hablemos de cada convertidor aclararemos los detalles que nos permiten asegurar estas afirmaciones globales. Además de estas ventajas de carácter general, hay particularidades ligadas a cada tipo que completan sus puntos fuertes y débiles.

Como puntos fuertes, la energía eólica nos muestra un potencial considerable. Hay zonas de más viento con grandes posibilidades de explotación de esta forma energética y otras con vientos más moderados pero suficientes para un cierto aprovechamiento. No parece difícil ubicar un aerogenerador. Los hemos visto en lugares ventosos inhóspitos y también coexistiendo con otros usos del suelo. Sabemos que no compite ni con la agricultura ni con la ganadería. Algunos países ubican sus aerogeneradores en el mar. Su progreso tecnológico, en los últimos años, ha sido excelente y hoy es correcto establecer que estamos ante una tecnología disponible, bien conocida y con unos costes de producción y mantenimiento razonables.

La intermitencia es quizás el punto débil más significativo de la energía eólica. Su utilización en una red eléctrica como la actual suele necesitar de otras fuentes más estables y plenamente regulables que faciliten su contribución. En España, un parque eólico tiene un factor de carga aproximado entre 20% y 40%. Esto significa que al cabo del año produce una energía equivalente al 20% o al 40% de la que produciría si funcionara todo el tiempo a su potencia nominal. La figura 6 muestra cifras de los últimos años. Concretamente para 2020, el parque eólico español tuvo un factor de carga global del 23%.

Este es un punto importante que desgraciadamente algunos olvidan cuando intentan reducir las contribuciones al mix eléctrico a pura aritmética contable. Una buena gestión de la red eléctrica necesita de una reserva de potencia plenamente regulable que permita la participación de la energía eólica. En los inicios de su implantación esta reserva plenamente regulable era, y aún hoy es, de una magnitud

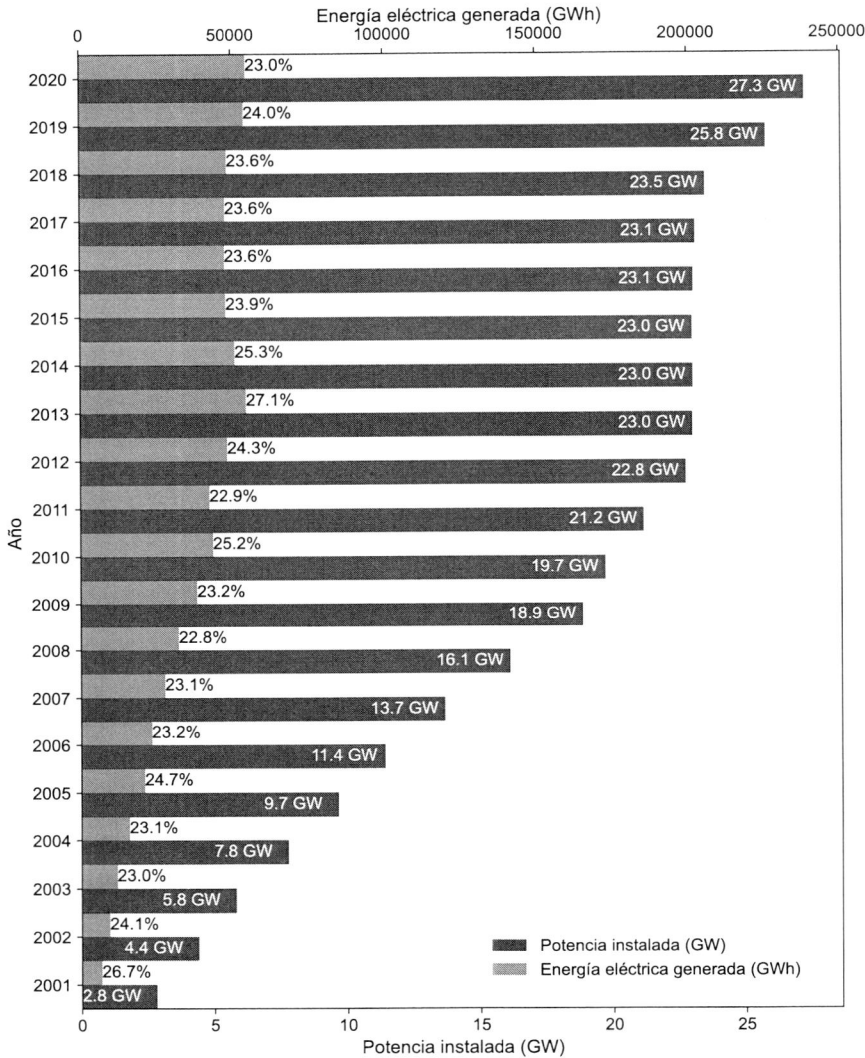

Figura 6. Factor de carga del parque eólico español 2001-2020. Se aprecia un gran incremento de la potencia instalada entre los años 2001 i 2012, mientras que el factor de carga se mantiene estable alrededor del 24%.

considerable y por tanto, la incorporación de nuevas centrales eólicas exige contar con ella. Las consideraciones sobre el ruido que genera, su interacción con la vida de las aves y el impacto en el paisaje constituyen otros puntos negativos a tener en cuenta. Pueden surgir puntos débiles adicionales, si vamos a una utilización masiva de esta energía, como la imposibilidad de nuevas ubicaciones en proximidad del consumo o la escasez de los materiales necesarios para la fabricación de aerogeneradores.

La energía solar tiene como punto fuerte esencial su enorme potencial. Es mucha, es muchísima la energía que nos llega del sol y este hecho debe ser adecuadamente aprovechado. Esta afirmación hace pensar en la conveniencia de preparar para la energía solar una implementación sólida y meditada que permita hacer frente uno a uno a sus puntos débiles capitales. Entre estos encontramos: la baja densidad energética, la intermitencia y el bajo rendimiento en su opción fotovotaica. Pronto hablaremos de ello.

La energía solar, además de ser aprovechada en multitud de procesos naturales como la fotosíntesis o los fenómenos asociados a la lluvia, se utiliza también por iniciativa humana de forma pasiva y activa. La mayor parte de sus usos pasivos están relacionados con la arquitectura y la edificación, y si bien pocas veces entran explícitamente en los balances energéticos, su contribución es fundamental sobretodo en el ámbito de la eficiencia energética. Incluyen elementos tales como: muros de vidrio, masas y aislamientos térmicos, espacios solares o enfriamientos pasivos por circulación natural de aire. Entre los aprovechamientos activos tenemos los de uso térmico y el fotovoltaico. Uno y otro pueden ser domésticos o industriales.

El aprovechamiento térmico de la energía del sol en el ámbito doméstico utiliza normalmente captadores o placas formadas por una serie de tubos paralelos por donde circula un caudal de agua o de otro líquido que se calienta por absorción directa de la radiación solar. Se trabaja normalmente a temperaturas relativamente bajas. Esta agua caliente se destina, mediante un sistema de distribución y algún elemento de almacenamiento, a cubrir total o parcialmente las necesidades domésticas de agua caliente o de calefacción.

El uso térmico industrial suele ser ligeramente más sofisticado para poder trabajar a temperaturas más altas. La clave de esta utilización está en una concentración de la radiación solar previa a la captación por el fluido activo. El sol incide en unos concentradores o espejos, normalmente cilindroparabólicos que redirigen una cantidad importante de radiación hacia el captador donde circula el fluido activo que suele ser aceite o sales fundidas. Dadas las temperaturas de trabajo, el almacenamiento es más eficiente. La energía calorífica producida se incorpora al proceso industrial siguiendo su diseño específico. En este grupo de aprovechamientos térmicos se suelen incluir también las centrales solares termoeléctricas. Estas utilizan un número grande de concentradores con capacidad de dar lugar a un caudal considerable de fluido vivo caliente que valdrá para producir un vapor con calidad suficiente y a partir de ahí electricidad. En Estados Unidos, en California y concretamente en el desierto de Mojave hay varias centrales de este tipo y vale la pena citar algunas de sus características. Véase la tabla 4.

Lugar	Ivanpah	Barstow
Potencia eléctrica	392 MW	250 MW
Energía eléctrica anual	-	617 GWh
Captadores	170000 espejos	2200 colectores
Extensión total ocupada	3500 acres	2 millas^2
En km^2	14.161	3.2
Superficie colectores	-	1500000 m^2

Tabla 4. Características de las centrales de Mojave: Ivanpah y Barstow

El aprovechamiento fotovoltaico consiste en convertir la energía solar directamente en energía eléctrica. La conversión se basa en el llamado *efecto fotoeléctrico*. Propongo que volvamos por un momento a ese mundo microscópico de los electrones buscando, no el rigor físico, pero al menos, una imagen que nos permita reforzar la idea. Hay materiales conductores y aislantes. Los primeros permiten la libre circulación de los electrones; los segundos, no. Entre los conductores, tenemos los metales como el cobre de muchos cables eléctricos… De manera similar, hay un tercer tipo de materiales llamados *semiconductores*. Estos, bajo la incidencia de luz de una cierta longitud de onda, liberan electrones. Los electrones liberados son portadores de la energía incidente ahora en forma de electricidad que aprovecharemos de la manera en que tradicionalmente lo hacemos cerrando el circuito y entrando en la electrotecnia clásica. A más cantidad de radiación solar, obtengo más electricidad. Entre estos semiconductores, tenemos el silicio y el arseniuro de galio como más utilizados en las celdas fotovoltaicas. Llamamos *celda fotovoltaica* a la mínima unidad de captación que suele tener un diámetro desde 1 cm hasta 10 cm y una potencia de 1 W a 2 W. Las celdas se agrupan formando placas fotovoltaicas, que es el producto que se comercializa. Antes de ultimar algún detalle técnico significativo de la energía solar, creo que vale la pena entrar en lo que antes hemos señalado como sus puntos débiles capitales.

Empezamos por la baja densidad energética de la radiación solar. El valor absoluto de la potencia solar por metro cuadrado o irradiancia antes de penetrar en la atmósfera es de 1367 W / m^2. Este es el valor de partida de todo aprovechamiento solar. A partir de ahí vendrán los efectos de atenuación atmosféricos, los de la posición relativa de la tierra respecto al sol, los de los apantallamientos y los de los rendimientos de los convertidores. Se suele considerar un punto débil simplemente porque valores mayores permitirían un mejor aprovechamiento. Los inconvenientes que derivan de la baja densidad energética afloran sobre todo cuando convertimos en solares suministros energéticos tradicionalmente concebidos para otra fuente de energía y querer hacerlo con la superficie de captación disponible. Cuando esta es adecuada a la potencia necesaria, la opción solar podrá ser implementada sin problema. En zonas desérticas de mucha insolación será muy ventajosa. Las dificultades surgirán en la utilización doméstica en zonas altamente pobladas. Para grandes suministros se necesitarán grandes parques solares que pueden ser difíciles de ubicar.

Continuamos con la intermitencia. Esta también afecta tanto a los aprovechamientos térmicos como fotovoltaicos y responde a dos grandes causas: el movimiento de la tierra respecto del sol y el apantallamiento debido a fenómenos atmosféricos como las nubes. El primero genera poca incertidumbre y ha sido estudiado en profundidad considerando ángulos de incidencia y atenuaciones. Se conoce, pues, con relativa facilidad la predicción de la radiación solar en ausencia de inconvenientes meteorológicos en función del día, de la hora y el punto del planeta donde nos encontramos. Estos conocimientos permiten un posicionamiento eficiente del captador o el diseño de un seguimiento automático mediante el cual captadores y concentradores encuentran mecánicamente su orientación óptima en cada instante. En cuanto al apantallamiento por fenómenos atmosféricos, la incertidumbre es la propia de la predicción meteorológica. Sin embargo, hay buenas estadísticas, al menos, de valores de energía solar recibida integrada por metro cuadrado en un año (kWh / (m^2 año)). Para una ubicación como Barcelona, esta cifra, utilizando valores medios de los últimos años, resulta ser 1662 kWh / (m^2 año) en posición horizontal, 1939 kWh / (m^2 año) para la inclinación óptima y podría llegar al valor de 2637 kWh / (m^2 año) en caso de implementar un seguimiento en función de la posición del sol. La intermitencia se manifiesta como punto débil en su utilización en redes eléctricas como la actual, donde presenta inconvenientes similares a los de la energía eólica y necesita el apoyo de otras fuentes más estables y plenamente regulables. La intermitencia se manifiesta también en instalaciones aisladas de la red, si bien el efecto de esta debilidad se reduce mediante baterías eléctricas en el caso fotovoltaico y acumuladores de calor en el caso térmico. A efectos de balances, es importante tener presente la intermitencia solar, ya que da lugar a factores de carga bastante limitados. Los datos observados muestran valores entre 10% y 30%. El factor de carga registrado en el conjunto de toda España para el año 2020 fue de 16.3%.

Otro inconveniente serio es el bajo rendimiento de la transformación fotovoltaica que se sitúa entre el 16% y el 20%. La imagen del fenómeno microscópico, que hemos establecido anteriormente, nos puede ayudar a intuir las dificultades de la transformación. Si solo la luz de una cierta longitud de onda se transforma en electricidad y la luz solar es una mezcla de luces diversas, una fracción relativamente importante de estas luces acabará calentando el ambiente y no sumándose a la transformación. Esta fracción de energía rechazada en la propia celda nos lleva a rendimientos como el mencionado. El rendimiento del captador permitirá calcular los kWh$_{eléctricos}$ que podríamos obtener a partir de una determinada cantidad de kWh$_{solares}$.

El cálculo más relevante en el diseño de una instalación fotovoltaica es el que permite inferir la superficie de captación necesaria. A continuación, se muestran los resultados de un primer cálculo tentativo hecho en la opción de ángulo óptimo y para un rendimiento medio.

$$(1969 \text{ kWh}_{solares}/ (m^2 \text{ año})) \times 0.18 \text{ kWh}_{eléctricos}/ \text{ kWh}_{solar} = 354 \text{ kWh}_{eléctricos}/ (m^2 \text{ año})$$

De forma más tangible: un hogar como el del ejemplo planteado anteriormente, con un consumo anual de 4000 $\text{kWh}_{eléctricos}$ que disponga de baterías suficientes para almacenar la energía eléctrica después de producida y recuperarla cuando la necesite, deberá contar también con una superficie de captación solar de:

$$(4000 \text{ kWh}_{eléctricos}/ \text{ año}) / (354 \text{ kWh}_{eléctricos}/ (m^2 \text{ año})) = 11.3 \text{ m}^2$$

Incertidumbres diversas hacen que este cálculo básico suela ser considerado como un límite inferior y se suelan recomendar otras aproximaciones. Otra opción es hacer el mismo cálculo partiendo de los datos de radiación del mes del año menos ventajoso y orientar los paneles con su ángulo óptimo. Esta segunda, en igualdad del resto de parámetros habría dado una superficie de 21.1 m^2. En la práctica, cada experto cubre las incertidumbres siguiendo su procedimiento de ingeniería y sus justificaciones. Las superficies de captación recomendadas habitualmente suelen ser claramente más grandes que la primera opción y normalmente próximas a la segunda.

$$21.1 \text{ m}^2 / 4000 \text{kWh}_{eléctricos} = 21.1 \text{ m}^2 / 4 \text{MWh}_{eléctricos} = 5.275 \text{ m}^2/\text{MWh}_{eléctrico}$$

O bien:

$$4000 \text{ kWh}_{eléctricos} / 21.1 \text{ m}^2 = 190 \text{ kWh}_{eléctricos}/\text{m}^2$$

Consideraremos pues 5.275 m^2 una primera aproximación del valor de la superficie de captación que permite producir al cabo del año en la latitud de Barcelona una energía de 1 $\text{MWh}_{eléctrico}$. O bien, en las mismas condiciones, por cada m^2 de captación obtendré 190 $\text{kWh}_{eléctricos}$ anuales.

Otro razonamiento que puede ser interesante es el que sigue. Se trata de intentar caracterizar un todo-fotovoltaico ideal y por tanto inferir los m^2 necesarios per cápita para producir al cabo del año la misma energía de esta manera. Obviamente producir la misma energía, ya lo hemos visto, no significa sustituir el servicio dado. Para conseguir la sustitución plena debería complementar la producción con el almacenamiento correspondiente o con el apoyo de alguna fuente de energía vecina o centralizada. En este caso, aprovechamos también los resultados del cálculo mostrado anteriormente relativo al todo eléctrico. Entonces hemos dicho que 14.8 MWh/año era el valor per cápita correspondiente.

$$14.8 \text{ MWh/año} \times 5.275 \text{ m}^2 / (\text{MWh/año}) = 78.1 \text{ m}^2$$

El objetivo de esta parte del texto y de los cálculos que contiene es contribuir a la comprensión de los fenómenos involucrados y captar su significado relativo. Es importante recordar que estamos hablando de órdenes de magnitud. Por lo tanto, si en este contexto, Cataluña dedicara del orden de 80 m^2 por habitante en la captación solar, conseguiría producir al cabo del año, con las limitaciones citadas, toda la energía necesaria. Hemos hecho un cálculo simple que refuerza y aglutina algunos conceptos anteriores. El cálculo parte de un escenario limitado y concreto y no incorpora ni el almacenamiento necesario ni factores de calidad diversos como los que son habituales en los procedimientos de ingeniería, por lo tanto el resultado puede considerarse como una primera aproximación que da un orden de magnitud. Más adelante haremos una valoración. Igual que en otras ocasiones, el lector puede enriquecer estos resultados pensando en otros valores de los parámetros utilizados.

Además de los citados hasta ahora, la energía solar muestra algunos otros puntos a comentar. Hasta ahora hemos visto los más relevantes, tanto fuertes como débiles. Hay más puntos a considerar. Entre los fuertes adicionales, encontramos los que siguen. La versatilidad a la hora elegir el captador adecuado a cada situación es un aspecto positivo, realmente hay captadores ideales para consumos domésticos, hay para consumos medios y grandes, y también los hay para los parques solares. También los costes de producción y de mantenimiento son hoy ya razonables. Los paneles son limpios y silenciosos.

Entre los puntos débiles adicionales, encontramos el impacto en el paisaje y la eventual escasez de los materiales de fabricación. Los parques solares según se planifique la transición energética pueden tener superficies difíciles de ubicar en función del consumo al que van destinados, del entorno y de los usos establecidos del suelo. Pueden entrar y de hecho entran en competencia con la agricultura y el bosque. En efecto, en ocasiones aflora algún conflicto que enfrenta el campo fotovoltaico que necesita el sol para funcionar, con el campo de cultivo que lo necesita para hacer crecer su producto y con el bosque que, entre otras cosas, contribuye a la captura del CO_2. Aunque las cosas son diferentes según el territorio y hoy no parecen críticas, el encaje entre estos tres usos del suelo debe ser considerado. En cuanto a la fabricación de las placas solares, esta requiere materiales como el galio, el germanio, el indio o el teluro. Todos estos materiales hoy parecen disponibles abundantes y baratos. El despliegue masivo de energía solar puede cambiar las cosas y dar lugar a algún encarecimiento añadido o incluso a especulaciones y bloqueos.

La energía hidroeléctrica es antigua y conocida. En su tiempo fue un gran hallazgo. Las centrales hidroeléctricas aprovechan la energía potencial del agua situada en un embalse a nivel alto y la transforman primero en energía mecánica de los álabes de la turbina hidráulica y luego en eléctrica en el alternador. Los puntos fuertes de esta tecnología son atractivos y se añaden a los comunes con todas las renovables. Tecnológicamente es simple, es fácil de poner en marcha y detener, es fácil de automatizar y muchas de ellas pueden ser utilizadas regulando potencia en función de las necesidades y de la disponibilidad de agua. Las turbinas hidráulicas son máquinas conocidas, optimizadas y hay gran variedad para satisfacer puntos de producción de características muy diversas de salto de agua y caudal. Los factores de carga de las centrales hidroeléctricas varían mucho según su ubicación, las políticas de aguas y las sequías. En España tenemos cifras entre 12.3% y el 22.8%. Véase la figura 7.

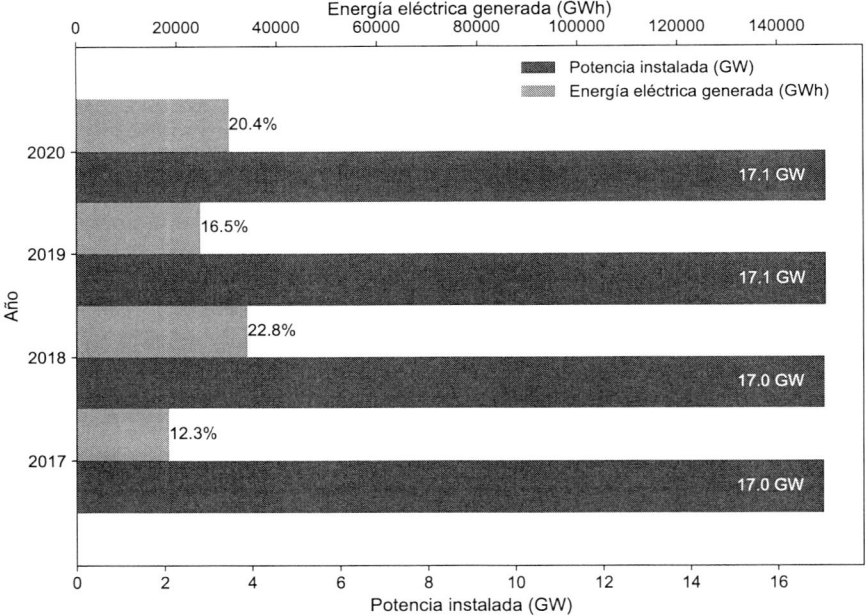

Figura 7. Factores de carga de las hidroeléctricas españolas 2017-2020. Mientras la potencia instalada prácticamente no ha variado, la energía eléctrica generada ha seguido les políticas de aguas y las sequías.

Las políticas de expansión de las centrales hidroeléctricas normalmente van o deberían ir de la mano de las de gestión de aguas. Hay mucho trabajo por hacer en muchos países en este aspecto. El agua es un bien indispensable y vale la pena que, aquellas regiones del mundo que estén empezando a gestionarla con modernidad, lo hagan aprovechando la experiencia de los países más avanzados. Hablo tanto de la experiencia positiva, repitiendo lo que funciona, como de la negativa, evitando errores originados por euforias fuera de lugar. Un subproducto enormemente interesante de las infraestructuras de agua y centrales hidrceléctricas es conseguir regular el caudal de los ríos para controlar inundaciones y asegurar la ecología asociada. Este es un raro ejemplo en el que, paradójicamente, observamos un impacto positivo de la intervención humana sobre la naturaleza.

También tiene algún punto débil. Su dependencia de la disponibilidad de agua es total. Las regiones del mundo que tienen agua en abundancia, suelen utilizar centrales hidroeléctricas preferentemente. Noruega y Quebec son un buen ejemplo. En los momentos de su implantación, produjo algún daño al medio ambiente y desplazamientos de población y de actividad sobre todo agrícola y ganadera. En las regiones donde todavía hay implantaciones a decidir, la controversia estará presente. Otro punto es el riesgo de fallo de la pared del embalse. Los ha habido en la historia con auténticas catástrofes. El progreso nos ha llevado afortunadamente a construcciones más fiables. Poca expansión se espera en el futuro en las regiones del mundo que ya hicieron su implantación en el pasado.

¡La biomasa ha existido siempre, antes se llamaba *leña*! Esta afirmación, a pesar de su aparente contundencia no es exacta, pero tiene una parte importante de verdad. No es exacta porque además de la biomasa forestal, que podría recibir el nombre de *leña*, tenemos la biomasa de subproductos agrícolas, los cultivos energéticos, el biogás y quizás algún otro. Los biocombustibles son sustancias obtenidas en procesos biológicos y que tienen unos poderes caloríficos próximos a los de los combustibles clásicos. Los más comunes son el biodiésel y el bioetanol. Son prácticamente utilizables en los motores actuales. El punto débil de los biocombustibles es la magnitud de la extensión del terreno necesario para producirlos. El vehículo privado medio español que realiza 12000 km / año necesitaría una extensión de 0.320 ha (3200 m^2) de cultivo de maíz dedicadas exclusivamente a producir su combustible. Si se quisiera producir biocombustible para alimentar la totalidad del parque de vehículos privados de España se necesitaría una superficie de 8 millones de hectáreas que significarían tanto como el 65% de las tierras de cultivo. Cuando globalmente intentamos valorar las posibilidades de expansión de la biomasa, los estudiosos nos dicen que esto debe hacerse cuidadosamente. Estamos hablando de algo que localmente puede tener salida y resolver algún problema, no estamos ante ningún gran potencial energético.

También hay consideraciones sociales a hacer, en cuanto a la sustitución de los convertidores domésticos que utilizan combustibles fósiles por otros que utilicen energía solar-térmica y biomasa. Es una sustitución viable y que en algunos entornos nos entusiasma. Llevarla a cabo con realismo y ambición significa tener presente el área de captación solar en el ámbito doméstico y la superficie de bosque o de cultivos energéticos regenerables en la región. Una situación «idílica» mediterránea podría ser la que encontramos en una vivienda rural, que necesite calefacción solo unos pocos meses cada año, con un área de captación solar sobrada y con un bosque cercano regenerable que produce la biomasa (o leña) suficiente para completar los usos térmicos del hogar. Es obvio, la casa y la comarca en cuestión deben aprovechar su situación y sus habitantes tienen derecho al entusiasmo. Si queremos hablar con realismo y ambición de la extrapolación de esta situación idílica, tendremos que afinar los cálculos para las situaciones de otros hábitats de medios rurales y urbanos, del mediterráneo, del trópico y de todas las regiones del mundo.

En el futuro tendremos que tolerar, con más o menos aceptación, paisajes con aerogeneradores y con campos solares. Hoy el ciudadano suele ser algo estricto cuando se trata de ubicar este tipo de instalaciones. En primera aproximación, tenemos que seguir siendo estrictos, dado que el paisaje es un bien de todos que hay que conservar. En función de la solución adoptada localmente, el número de aerogeneradores y campos solares necesarios puede convertirse en algún caso en muy grande. En algún otro caso nos podemos encontrar con comunidades que simplemente no puedan afrontar el problema y otros que tengan que negociar con comunidades vecinas a fin de encontrar una solución de cooperación.

2.2.4. El almacenamiento de energía

Hay varias maneras de almacenar energía. Entre las que son operativas hoy, las más conocidas son: las instalaciones hidroeléctricas de bombeo y las baterías eléctricas. También se almacena energía dentro de determinados procesos utilizando volantes de inercia o instalaciones de aire comprimido. Confiamos que el futuro próximo nos lleve también a una utilización masiva de las tecnologías del hidrógeno que actualmente proporcionan una posibilidad de almacenar energía que podemos calificar de prometedora.

Las instalaciones hidroeléctricas de bombeo son centrales hidroeléctricas reversibles que, al igual que transforman energía potencial del agua en electricidad, pueden hacer inversamente y bombear agua desde un embalse inferior a otro superior y funcionar como almacén de energía. Están concebidas para cubrir horas de gran consumo con energía almacenada en horas de bajo consumo (horas valle). El rendimiento global de la transformación eléctrica-potencial-eléctrica en instalaciones que implican bombeo es del orden del 80%.

Las baterías eléctricas o pilas almacenan energía química. Se basan en la transformación normalmente reversible de energía eléctrica en química en el proceso de carga y de energía química en eléctrica en el proceso de descarga. Permiten alimentar aparatos que consumen electricidad sin necesidad de tenerlos conectados a la red. Las hay de capacidades muy diversas. En el pasado solo había baterías aptas para linternas, juguetes, aparatos de radio, pequeños electrodomésticos o computadoras. Hoy han progresado enormemente y hay baterías válidas para alimentar bicicletas o vehículos eléctricos. Combinadas con los generadores de energías renovables, fortalecen de forma solvente la posibilidad de almacenar la energía producida en horas productivas y con el fin de utilizarla en horas no productivas. El rendimiento global de la transformación eléctrica-química-eléctrica a baterías o pilas es del orden del 70%.

Si volvemos por un momento al suministro eléctrico doméstico del ejemplo que consumía 4000 kWh anuales y lo pensamos como aislado de otros suministros, el número y la capacidad de las baterías necesarias sería función sobre todo de los días de autonomía requeridos. Orientativamente, para tener una autonomía del orden de 10 días en el hogar en cuestión, teniendo en cuenta balances y rendimientos, necesitaríamos unas 60 baterías de 250Ah de 12V.

Conocemos con el nombre de *tecnologías del hidrógeno* a una serie de técnicas relativas a su producción y a su utilización como combustible de forma directa o indirecta. El hidrógeno no está disponible en la naturaleza, por lo tanto, no es propiamente una fuente de energía primaria. Su relevancia en el contexto energético aflora cuando combinamos adecuadamente su producción, que consume energía, con su posterior utilización, que recupera una parte. El resultado de este tratamiento coordinado es que las tecnologías del hidrógeno proporcionan una función de almacenamiento de energía y por este hecho las incluyo en este apartado. Si bien he anunciado que, debido a su nivel de desarrollo y en la celeridad en que necesitamos descarbonizar la producción energética, se habla poco de su avance actual, creo que vale la pena aportar algunas ideas sobre sus puntos fuertes y débiles. Su producción es todavía un punto débil. El hidrógeno se produce o bien a partir de combustibles fósiles, como el gas natural o el carbón, o bien por la electrólisis de agua mediante electricidad. En algunos de los primeros métodos hay una buena experiencia de producción masiva, pero pierden todo interés en el contexto de la descarbonización en el que estamos. La electrólisis del agua mediante electricidad puede ser una opción si tenemos presente un tratamiento correcto para su rendimiento, que es reducido. Hay otros métodos, entre ellos los químicos, los térmicos e incluso los de fermentación. Ninguno de estos últimos es bastante significativo en el contexto en el que estamos. La posterior utilización como combustible muestra también ventajas e inconvenientes. Dos de sus fortalezas son claras y evidentes. La primera es que el quemado del hidrógeno es limpio, dado que el residuo de su combustión es agua. La segunda es que uno de los convertidores energéticos involucrados, la llamada *celda de combustible*, logra muy buenos rendimientos gracias a que transforma directamente la energía química en energía eléctrica sin necesidad de recurrir a una combustión tradicional. Otras ventajas son su elevada densidad energética o su alta temperatura de llama que lo convierte en candidato a ser utilizado en un futuro a la siderurgia. El inconveniente principal está en la complejidad de las tareas relativas a su manipulación. Esto se debe a su facilidad de ignición y de escape o su capacidad para fragilizar metales a utilizar en los recipientes y tuberías que nos permitan manipularlo. Se trata, sin embargo, de un inconveniente técnicamente resuelto en el campo de la industria química y petroquímica en el que hay una experiencia firme y consolidada.

Entre las tecnologías del hidrógeno y en el contexto de la transición energética, es oportuno citar la conversión de electricidad en gas o Power-To-Gas (P2G). El primer paso de esta iniciativa es también obtener hidrógeno a partir de la electrólisis del agua mientras que el segundo es la metanización. Esto es obtener metano a partir de hidrógeno y CO_2. Siguiendo esta técnica, conseguimos que una energía eléctrica creada en cualquier momento pueda ser almacenada en la estructura molecular de un gas conocido como el metano y pueda ser recuperada cuando convenga por métodos también conocidos, como utilizando los convertidores en los que habitualmente lo quemamos. La iniciativa tiene una lógica y un planteamiento interesantes que además ayuda a disminuir la huella de CO_2. Se apoya en técnicas de las que hay una notable experiencia y debería permitir reutilizar algunas infraestructuras existentes del ámbito del gas. Con respecto a la utilización del hidrógeno ya referida, el metano presenta una gran facilidad de manipulación. El inconveniente de la iniciativa es el hecho de que el rendimiento global de la transformación implicada eléctrica-química-eléctrica es del orden del 30%. Este inconveniente sería fundamental y quizás podría desactivar la iniciativa si no fuera porque está pensada no para producir masivamente, sino para valorizar excedentes de energía eléctrica que de otra manera se perderían.

2.3. Las centrales nucleares

2.3.1. Consideraciones generales

Ya hemos anticipado un poco lo que es una reacción de fisión. Vuelve a ser un romper una estructura, en este caso microscópica. Las partículas que componen un núcleo de uranio (neutrones y protones) se mantienen juntas gracias a unas fuerzas (las fuerzas nucleares) muy intensas, pero de un alcance muy reducido. Recordemos que hablamos de fenómenos que tienen lugar en una escala un millón de millones de veces más pequeña que la percepción humana. Cuando rompemos esta estructura gracias a que un neutrón incida en el núcleo de uranio, obtenemos 2 núcleos más pequeños (productos de fisión), varios neutrones (entre 2 y 3) y mucha energía. Todo es tan pequeño que necesito 30000 millones de fisiones cada segundo para producir 1 vatio. Fijémonos en otra cosa: ¡la fisión es producida por un neutrón, pero como resultado de la fisión se producen 2 o 3 neutrones! Si gestionamos este hecho correctamente podemos conseguir que 1 (y solo 1) de los neutrones salidos de la fisión de un núcleo de uranio provoque una nueva fisión en otro núcleo de uranio. Este hecho se llama *fisión en cadena* y se consigue fácilmente diseñando el reactor nuclear con este propósito.

El reactor nuclear es pues un entorno o una máquina donde se desarrolla la fisión en cadena. El combustible en una central térmica llega por un tubo, se quema en un quemador como la caldera de casa y produce calor y humos también como en casa. El combustible en una central nuclear suele ser uranio (óxido de uranio) en estado sólido, dispuesto en el interior de unas barras cilíndricas de un diámetro aproximado de 1 centímetro y de unos 3.5 metros de altura. En un reactor hay unas 40000 barras combustibles. Diseñando y operando el reactor, conseguimos de alguna manera gobernar desde la escala humana o macroscópica este comportamiento microscópico de la materia que nos parece tan lejano. Nuevamente, la confianza en los estudiosos pasa a ser indispensable. La energía desprendida en las fisiones que tienen lugar en las barras de uranio calienta la barra que transmitirá el calor a un refrigerante principal y a partir de este punto la central nuclear se parece enormemente a una central termoeléctrica. El refrigerante principal producirá directa o indirectamente vapor que expansionará en una turbina que moverá un alternador. A efectos de buscar una imagen intuitiva, podríamos decir que ¡una central nuclear es una central térmica con una «caldera diferente»!

¡Esta «caldera diferente» cumple su función esencial de producir vapor y lo hace sin producir ni humo ni CO_2! Las centrales nucleares son una fuente de energía descarbonizada perfectamente útil para colaborar en la limpieza de la atmósfera haciendo frente al cambio climático. Vale la pena recordar qué entendemos por *fuente descarbonizada* con el ánimo de evitar malentendidos. El CO_2 producido por una central nuclear, al igual que antes hemos visto por otras centrales, no es un cero redondo, pero tal como se ha dicho anteriormente es muy correcto considerarlo así.

Hay dos apuntes funcionales que resultan ser oportunos. Son relativos a la disponibilidad y a la flexibilidad de operación. En cuanto a la disponibilidad, el factor de carga de las centrales nucleares suele ser bastante alto. En el año 2019, las cifras de las centrales españolas fueron: 90.1% de media entre un mínimo de 80.71% y un máximo de 99.81%. La flexibilidad de operación de estas centrales se manifiesta en redes eléctricas como la francesa donde son utilizadas, entre otras cosas, para realizar seguimiento de carga y constituyen una potencia que contribuye de forma eficaz a la regulación y que ayuda a producir estabilidad de funcionamiento. En España hoy esto no se hace y es correcto no hacerlo, debido a la limitada potencia nuclear instalada. En cualquier caso, el diseño de las actuales centrales nucleares españolas, incluyendo el de sus sistemas de control, permite perfectamente el seguimiento y hacen que su potencia pueda contribuir a la regulación. Volveremos a hablar al abordar la contribución nuclear al mix energético.

También hay dos apuntes económicos que conviene comentar. Estos serán relativos a costes y participación española. Estudios económicos llevados a cabo por organizaciones solventes establecen que la electricidad de origen nuclear es competitiva en coste con las otras formas de generación con la excepción de la producción con fósil de bajo coste. Estos estudios suelen puntualizar que los efectos de tener unos costes de capital grandes y un tiempo largo de construcción de la central son compensados por unos menores costes de combustible. En cuanto a la participación española, es notable tanto en el coste de la central como en su mantenimiento y operación y en su combustible. Las tres partidas tienen, en efecto, alguna participación española. El coste de las centrales construidas en la década de los ochenta tuvo una contribución española del orden del 70%. Esta cifra podría mejorar hoy dado el progreso de nuestra capacidad de ingeniería y fabricación. El mantenimiento es prácticamente español. En cuanto al combustible, importamos una partida destacada, es decir, el uranio enriquecido, pero la fabricación se hace en España. El tiempo de construcción de las centrales nucleares de generación II tradicionalmente ha tenido una fuerte dependencia del nivel tecnológico específico del país en cuestión y normalmente ha sido largo (entre 5 y 10 años). Estos tiempos se reducen también en centrales de nueva generación. Estas cifras de coste y tiempo de construcción contrastan enormemente con las de una central térmica de carbón, petróleo o gas. En estas el coste de la central y su mantenimiento y operación son limitados y, por el contrario, el combustible totalmente de importación constituye la partida más importante. El tiempo de construcción de la central es claramente más corto.

Las centrales nucleares tienen dos temas que hoy inquietan a muchos y esto conviene tenerlo muy presente: estos temas son su seguridad y el destino final de su combustible usado. Cada vez que fisionamos o rompemos un núcleo de uranio para obtener energía, generamos dos núcleos más pequeños que resultan ser inestables (o radiactivos) y por lo tanto emiten partículas microscópicas y se transforman en otras especies nucleares o descendientes del conjunto de los núcleos originales. Llamamos *productos de fisión* al conjunto de los núcleos descendientes. Conforme el reactor funcionando, se van consumiendo núcleos de uranio y se van generando productos de fisión. El diseño del reactor prevé que estos productos sean generados de forma confinada, esto es, cerrados dentro de la estructura sólida del combustible que, conforme avanza la explotación, se va llenando de sustancia radiactiva. Adicionalmente por diseño, existen también varias barreras redundantes que aseguran que esta radiactividad no llegue al medio y a las personas. La seguridad nuclear tiene como objetivo principal asegurar este hecho.

2.3.2. Seguridad de las centrales nucleares

La seguridad de las centrales nucleares quiere algún comentario previo. Mi vida profesional se ha movido casi siempre en el entorno de la seguridad y la seguridad nuclear. Ambas son disciplinas de ingeniería. La primera se define como lucha contra el riesgo de producir un daño físico a las personas. La segunda concreta esta lucha en el ámbito de las centrales nucleares. Está ampliamente reconocido que ambas conllevan, además de una enorme carga tecnológica, una importante carga humana. En el libro *El camí de la conversa* (Francesc Reventós i Puigjaner), caracterizo los rasgos más relevantes del significado y de los objetivos del estudio del riesgo, así como los detalles inherentes a la lucha contra el riesgo. Allí expongo también las dificultades del debate en torno al riesgo y la necesidad de profesionalizar su tratamiento. La sociedad moderna lo ha entendido así y muchas o casi todas las áreas de la industria tienen sus expertos en prevención que asisten a los técnicos de proyecto y a los responsables de instalaciones y actividades para que su lucha contra el riesgo sea eficaz. Hay más cosas que decir y resaltar de este ámbito. La sociedad moderna ha dedicado un esfuerzo importante a la seguridad pensada como seguridad prevencionista y afortunadamente ha logrado consolidar su éxito con resultados. ¡Hoy podemos decir que tenemos buenos profesionales de la seguridad, hace 50 años este no era el caso! Hablemos de la actividad que hablemos, hoy existen técnicos que dominan la práctica de las consideraciones necesarias para producir una seguridad razonable para las actividades que podrían dar lugar a accidentes. El prevencionismo en el ámbito del riesgo es una actividad muy consolidada y su perfeccionamiento quiere una especialización que va más allá de la ingeniería de la producción que tenemos entre manos. Encontramos, además de profesionales de la ingeniería, de la medicina del trabajo y de los oficios implicados —que quizás son los tres grupos que más aportan—, especialistas con otros conocimientos básicos, como psicosociólogos, expertos en pedagogía de adultos o incluso expertos en leyes. La reflexión conjunta del colectivo multidisciplinar suele concluir en relación a la idoneidad de las medidas tomadas y garantizar para la actividad en cuestión un nivel de seguridad razonable. Cuando la sociedad moderna afirma estar ante un riesgo tolerable en referencia a una tecnología o una actividad concreta es porque ha dado la palabra a la experiencia multidisciplinar citada y esta ha avalado la afirmación. La seguridad de las centrales nucleares dispone, como la mayoría de las áreas de la industria moderna, de grupos de especialistas que cumplen los requisitos mencionados y pueden dar las garantías citadas.

La seguridad de las centrales nucleares tiene un punto de partida que quiere atención. Su objetivo se define en relación a la radiactividad o a las llamadas *radiaciones ionizantes*. Estas son emitidas por sustancias radiactivas y podemos pensarlas como unas partículas muy pequeñas que, según sus características, pueden tener efectos diversos. El objetivo de la seguridad nuclear es proteger a las personas y al ambiente de los efectos nocivos de la radiactividad. La seguridad nuclear debe estudiar y gestionar el riesgo de que la radiactividad llegue a las personas. Una primera manera de acercarse a la caracterización de las particularidades de este riesgo es comparándolo con el riesgo mecánico y el riesgo eléctrico. El riesgo mecánico se explica y se entiende fácilmente, tanto si hablamos de escenarios de accidentes debidos a caídas, golpes, heridas por herramientas de trabajo, como debidos a accidentes de tráfico. Los sentidos y las experiencias propias o ajenas nos ayudan de forma muy directa. La intervención del experto, en el estudio de escenarios de riesgo mecánico, es por supuesto importante, sin embargo, la aproximación intuitiva es una gran ayuda para la comprensión del problema por parte de no-especialistas. Las cosas son un poco más complejas en cuanto al riesgo eléctrico. Simplificando, pero conservando la esencia del hecho, hay dos tipos de accidente eléctrico: la electrocución y la quemadura por arco eléctrico. Aunque los electrones no se ven, la electricidad está en muchos hogares y la experiencia es bastante cercana. El pequeño calambre debido a electricidad estática y la chispa que aparece en alguna anomalía de algún aparato eléctrico son ejemplos de experiencias que ayudan a introducir la descripción de los accidentes de electrocución o de quemadura por arco eléctrico. Los sentidos, a pesar de todo, captan algunos de los efectos de las anomalías en cuestión y ayudan a la toma de conciencia del riesgo involucrado. Cuando el experto explica el accidente eléctrico, tiene buenos recursos comunicativos para ayudar a su exposición. En el caso eléctrico, la confianza en el experto es interesante y recomendable, pero los sentidos y la experiencia ayudan a la comunicación. Las cosas son muy diferentes cuando hablamos de radiaciones ionizantes. ¡Los sentidos ni ven los núcleos radiactivos ni tampoco captan instantáneamente el efecto de la radiación que emiten! No vemos venir la radiactividad ¡Recordemos que todo pasa a una escala un millón de millones de veces más pequeña! ¡En este aspecto, la radiactividad es como el virus! El experto nos ha explicado cómo circula y qué debemos hacer para evitarlo. Solo la confianza en el experto nos capacita para luchar contra él. Igualmente, cuando notamos la radiactividad por la vía de los sentidos, es posible que el daño ya esté hecho. Cualquier explicación que quiera llegar a buen puerto, pues, necesita de una profesionalidad exquisita en el comunicador, y de una voluntad importante en el receptor. El detector de radiactividad, además de sus funciones en el ámbito de la profesión, es a menudo utilizado como una buena herramienta didáctica que ayudará a la comunicación del fenómeno. Las acciones formativas dedicadas a comunicar experiencia directa con la radiación suelen utilizar detectores para que el participante pueda descubrirla y medirla. Estas experiencias se hacen o con radiactividad natural o con fuentes radiactivas de baja actividad, como algunas de las que se utilizan en hospitales y en sectores de la industria. En el caso nuclear, como podemos ver, la confianza en el experto es, no solo recomendable, sino indispensable. Los sentidos y la experiencia ayudan muy poco a la comunicación.

En contrapartida, hay un hecho enormemente positivo relativo a la seguridad de los reactores nucleares que además ayuda realmente a la comunicación. Este hecho es el siguiente: los núcleos radiactivos provenientes de las fisiones son generados de forma confinada, es decir, cerrados dentro la propia estructura sólida del combustible nuclear. ¡La tecnología de los reactores no esparce estos productos como quien esparce humo! La filosofía general de la seguridad de os reactores nucleares consiste en mantener este confinamiento de los productos de fisión añadiendo barreras de seguridad entre los productos ya confinados y las personas, y protegiendo adecuadamente estas barreras. Así pues, y a pesar de las dificultades debidas a su punto de partida, la seguridad nuclear logra estructurarse eficazmente para gestionar la lucha contra el riesgo de forma sólida. Una de las claves de esta estructuración son las barreras de seguridad y sus estrategias de protección.

Las barreras de seguridad son, pues, un concepto clave para la seguridad nuclear. Se trata de un concepto grato y facilitador porque, además de ser fundamental en los desarrollos técnicos involucrados, es excepcionalmente intuitivo y por tanto su explicación puede realizarse de manera simple. Contrasta con otros conceptos más complejos que completan el bagaje de la ingeniería de seguridad y de los que diremos algo en esta misma sección. En general, en los reactores actuales, las barreras de seguridad son tres: la vaina del combustible, el circuito de refrigeración y el edificio de contención o del reactor. La vaina del combustible es una envoltura básicamente de zirconio que rodea la barra combustible y confina o cierra los productos de fisión que se produzcan. Resiste bien temperaturas de hasta 1200°C, aunque en condiciones de funcionamiento normal la temperatura de las vainas es del orden de 350°C. La protección de esta barrera nos obliga a asegurar que su temperatura en condiciones de un hipotético accidente se mantenga dentro del rango establecido. Una serie de desarrollos de ingeniería está involucrada en este propósito. El circuito de refrigeración constituye la segunda barrera destinada, de forma redundante con la primera, a evitar que los productos de fisión lleguen a las personas. Aquí encontraremos también un conjunto de consideraciones y cálculos de ingeniería destinados a garantizar la estanqueidad del circuito en los escenarios accidentales de referencia. Sus tuberías y componentes están diseñados con los criterios de seguridad y sismicidad oportunos. Finalmente, el edificio de contención o del reactor es la última de estas barreras redundante nuevamente con las otras dos. Se trata de un edificio de hormigón postensado con recubrimiento de acero en el interior y con una estanqueidad garantizada. Este edificio está provisto de una serie de equipos destinados a hacer frente al escenario accidental de referencia asegurando su integridad. Cada nivel tiene asegurado su desarrollo de ingeniería de forma independiente.

El estudio de la seguridad de las centrales nucleares es un oficio complejo, pero enormemente interesante y gratificante, probablemente como todos aquellos oficios que se desarrollan con criterio y honestidad. He conocido a muchas personas sensatas que han trabajado en el ámbito de la seguridad de las centrales nucleares. Masivamente estas personas están convencidas de que las centrales son razonablemente seguras. Alguien puede pensar que opinamos así porque el negocio nuclear nos ha pagado el sueldo. Otros pueden pensar que opinamos así porque hemos estudiado en profundidad el riesgo que conllevan y hemos comprobado que este es razonablemente tolerable. Yo me incluyo en el grupo de estos últimos. El oficio en cuestión incluye en general tareas de dos tipos: asistencia al diseño y la gestión de la central y preparación de estudios de seguridad normalmente ligados a la obtención de la licencia de operación.

Entendemos por *asistencia al diseño y la gestión de la central* el conjunto de tareas que lleva a cabo el analista de seguridad con el fin de conseguir que los objetivos de esta se integren con los objetivos más funcionales y productivos de la ingeniería y de la gestión de la central. La seguridad debe aparecer como una función integrada en la actividad general de la central con una alta prioridad. El analista defiende que este propósito se manifieste explícita y eficazmente en todas y cada una de las tareas técnicas a realizar en el diseño y la operación de las plantas.

Los estudios de seguridad son una práctica consolidada y un oficio completo. A pesar de ser tareas específicas, no rompen el carácter integrado de la lucha contra el riesgo. En general, hay de dos tipos: análisis de fenomenologías de accidente y análisis de riesgo. El análisis de fenomenologías, también llamado de comportamiento de sistemas, se centra en escenarios accidentales que se estudiarán en profundidad hasta garantizar que el sistema, sin fisuras, asegura una salida airosa de todas y cada una de las situaciones analizadas. Normalmente se trabaja con escenarios hipotéticos, situaciones que no han tenido lugar nunca y que probablemente nunca tendrán lugar. También se analizan incidentes y accidentes ocurridos tanto en la propia central como otras centrales del mundo. El estudio de unos y otros escenarios concluye, la mayor parte de las veces corroborando la seguridad de la central, y alguna vez estableciendo las acciones correctoras necesarias para que así sea. Uno de los productos finales del análisis de fenomenologías accidentales son los procedimientos de operación y de operación en emergencia. Son unos textos que establecen cómo debe ser operada la central según la situación en que se encuentra. Son una herramienta solvente y fundamental que ha permitido la implementación de una filosofía de trabajo con garantías de seguridad. La obtención de la licencia de operación y la verificación del diseño de la planta se basan fundamentalmente en este tipo de estudio. El análisis de riesgo evalúa la frecuencia estimada del inicio del daño accidental a una determinada barrera de seguridad en función de la fiabilidad de componentes, sistemas y acciones humanas. Esta evaluación, que se realiza a partir de un estudio de faltas, utiliza técnicas aceptadas en ámbitos diversos y se convierte en una gran herramienta para determinar cuantitativamente qué modificaciones de diseño o de procedimiento pueden dar lugar a una mejora más sustancial de seguridad. Los resultados de las tareas llevadas a cabo hacen posible la integración de la seguridad en todos los ámbitos y fases de la vida de una central, en los procesos de mejora continua y sobre todo el establecimiento de una cultura de seguridad que confiere a la lucha contra el riesgo una alta prioridad.

Una exposición breve de aspectos esenciales de los tres accidentes ocurridos en centrales nucleares más conocidos y de las acciones correctoras que originaron en todas las centrales del mundo ayudará a completar esta visión resumida de la seguridad nuclear. Concretamente, hablo de los accidentes de Three Mile Island (1979), Chernóbil (1986) y Fukushima (2011).

El 28 de marzo de 1979 tuvo lugar un hecho negativo que finalmente tuvo alguna consecuencia claramente positiva. Estoy hablando del accidente en la central de Three Mile Island (TMI). La apertura inadvertida de la válvula de alivio de presión del circuito primario dio lugar a una pérdida importante del refrigerante primario que fue una de las causas del accidente. El refrigerante perdido fue recogido en los sumideros del edificio del reactor. Los errores más significativos, sin embargo, estuvieron relacionados con los procedimientos de operación y los factores humanos. Los operadores no pudieron manejar la situación después de diferentes malentendidos sobre el estado de la planta y las acciones a tomar. El combustible nuclear se fundió parcialmente dentro del reactor. La central quedó inservible pero el daño quedó confinado. El impacto sobre la población fue casi nulo. La industria nuclear reaccionó con autocrítica y análisis de las causas que llevaron al accidente. La principal lección que se obtuvo del accidente fue la necesidad de una clara mejora en los procedimientos de operación en emergencia. En los tiempos que siguieron al accidente de TMI, se llevaron a la práctica las lecciones aprendidas en el accidente, y este es el aspecto finalmente positivo. En un tiempo relativamente corto, las empresas operadoras de las centrales nucleares existentes prepararon nuevos procedimientos de operación en emergencia. Estos procedimientos siguen las directrices dadas por los expertos en seguridad nuclear y son lo que conocemos como *procedimientos orientados a síntomas*. Estudios muy completos de simulación permitieron explorar una gran cantidad de hipotéticas secuencias accidentales con sus bifurcaciones. Gracias al conocimiento adquirido, se identificó la relación entre acontecimientos que tenían lugar en la planta según las simulaciones y los síntomas que estos producían en la instrumentación de la sala de control. El siguiente paso fue escribir unos procedimientos de operación que permitían actuar en función de los síntomas. El resultado final de todo el estudio es que, disponiendo de estos procedimientos, el diagnóstico sobre qué está pasando en la planta aflora sin necesidad de que los operadores hagan conjeturas adicionales. ¡El diagnóstico es, pues, producido por el propio procedimiento! En aquellos momentos fue innovador que un producto de ingeniería se concretara en un texto y que tuviera los grandes resultados que tuvo. En efecto, los nuevos procedimientos de operación en emergencia son aplicados a todas las centrales y estas consiguen fortalecer enormemente su capacidad de hacer frente a eventualidades. El aprendizaje y el entrenamiento de los operadores de sala de control, realizado siguiendo los procedimientos y ayudados por los simuladores réplica de la central, alcanza unas cotas probadas altamente significativas que se consolidan día a día. La reflexión y el oficio de analista de seguridad habían convertido un hecho negativo como un accidente en la fuente de una mejora notable en la seguridad a partir de entonces. ¡Hoy, 42 años después de aquel accidente, es correcto decir que lo que falló en TMI, fue corregido y no ha vuelto a fallar nunca más!

El accidente de Chernóbil se produjo el 26 de abril de 1986. El reactor, un RBMK, sufrió un aumento de potencia catastrófico y destructivo. Los materiales radiactivos se dispersaron en el medio ambiente y se quemó el moderador de grafito. El accidente se produjo durante una prueba planificada para probar unas capacidades adicionales de enfriamiento en emergencia. Algunas de las causas del accidente se identificaron como deficiencias de diseño, como el coeficiente de reactividad de vacío positivo o el hecho de que el reactor no tenía el tradicional edificio de contención que tienen los reactores occidentales. Algunas otras causas se relacionaron con la operación, como por ejemplo, no tener en cuenta el margen de reactividad operativa o con el hecho de anular alguna protección del reactor después de haber iniciado la prueba. La mayoría de los especialistas coinciden en que la falta de cultura de seguridad en el equipo humano que gestionaba la planta, y concretamente la prueba, fue la causa más importante del accidente. Chernóbil ha sido el accidente más grave ocurrido en una central nuclear. El análisis del accidente se hizo con especialistas soviéticos e internacionales y el hecho marcó una inflexión en la integración de Rusia a las iniciativas comunes de estudio. Dicha cultura de seguridad ha sido evaluada, reestudiada y promocionada entre los operadores de centrales nucleares de todo el mundo.

Diario ARA 11 de marzo de 2020

El 11 de marzo del 2011, la región de Fukushima sufrió un terremoto y un tsunami importantes. El tsunami concretamente consistió en una ola notablemente más prominente que la mayor que se había registrado nunca en el emplazamiento. Como consecuencia, sus centrales nucleares perdieron la capacidad de enfriar algunos de los reactores en funcionamiento y algunas de las piscinas de combustible gastado. Dos unidades vieron cómo sus reactores se degradaban severamente. El proceso de degradación provocó un deterioro grave de los edificios involucrados y se vertieron cantidades sustanciales de radiactividad al medio ambiente. La causa principal del accidente fue que el tsunami, una ola natural que estaba produciendo de forma directa 20000 muertos, inundó, además, los generadores eléctricos de emergencia y dejó la central sin refrigeración. Estábamos ante un accidente gravísimo de las fuerzas de la naturaleza que desencadenaba un accidente nuclear múltiple. Al día siguiente del accidente de Fukushima había que reflexionar…

… y eso permitió poner en marcha no solo las reflexiones que dictan las leyes y reglamentos, sino también las reflexiones resultantes de la cultura de seguridad y de la práctica de nuestro oficio. El primer paso fue analizar en profundidad el accidente en la central afectada y determinar las causas y las acciones correctoras a llevar a cabo. El segundo fue analizar, para todas y cada una de las centrales del mundo, las capacidades disponibles para hacer frente a los escenarios máximos específicos sugeridos por el accidente de Fukushima. Esta fue una tarea rigurosa que se realizó en los seis meses siguientes al accidente y fue revisada de forma independiente. La información incluía el diseño de las mejoras necesarias para evitar el deterioro y el daño. Finalmente, el tercer paso fue aplicar las mejoras y hacerlas operativas en todas las centrales. Entre un año y un año y medio después, las centrales nucleares occidentales se mostraban objetivamente menos vulnerables.

Así pues, a raíz de cada incidente o accidente que tiene lugar en alguna central nuclear del mundo y por poco significativo que sea, los reglamentos existentes obligan a su operador a investigarlo en profundidad para determinar las causas y establecer y aplicar las acciones correctoras adecuadas. La industria nuclear y las autoridades de seguridad de todos los países participan en la divulgación de estas experiencias a toda la comunidad de operadores de centrales del mundo. Cuando la circunstancia lo pide, esta divulgación da lugar a mejoras de seguridad no solo en la central que ha sufrido el evento, sino a todas las centrales del mundo. A menudo, pues, a raíz de un incidente en una central determinada, son muchas las centrales del mundo que acaban implementando las mejoras en cuestión y por tanto convirtiéndose algo más seguras que antes.

2.3.3. El combustible nuclear usado

El combustible usado y los residuos nucleares necesitan también comentarios adicionales. ¿El combustible nuclear usado es un residuo nuclear? ¿Todo el mundo piensa así? Para entender dónde estamos en este tema, vale la pena intentar aclarar cuáles eran las intenciones de los iniciadores de la tecnología sobre la gestión del combustible. Los planes iniciales preveían dos grandes etapas a alcanzar:

- Construir y operar reactores como los actuales.

- Construir y operar reactores recicladores de combustible usado.

Los primeros trabajarían con uranio enriquecido. Producirían energía y plutonio. También darían lugar a productos de fisión radiactivos correctamente confinados dentro de las barreras de seguridad. Los segundos, normalmente *llamados reactores rápidos* (*fast reactors*) o *sobregeneradores* (*breeders*), quemarían el plutonio producido y reciclarían los productos de fisión radiactivos y los convertirían en residuos de actividad moderada y sobre todo de un tiempo de enfriamiento razonable. Por esta razón, me he tomado la libertad de asignarles el nombre de *recicladores de combustible usado*. Hasta que el uranio no hubiera pasado por estas dos grandes etapas, no se hablaría, pues, de residuos nucleares o cuando menos, de residuos nucleares de alta actividad. Estos eran los planes y, en cuanto a la visión científica del tema, estamos hablando de unos planes todavía vigentes.

La historia llevó las cosas por otro camino. Se construyeron 400 reactores como los actuales distribuidos por toda la geografía mundial, pero al pasar a la segunda etapa del plan solo se pudieron construir 2 y eso fue en Francia. Estados Unidos legisló la prohibición del reciclado del combustible usado y pasó a considerarlo desde entonces un residuo de alta actividad. Las razones que llevan a Estados Unidos a esta maniobra legislativa que contradice los planes de los científicos no tienen ninguna relación con políticas energéticas, sino con estrategias de no proliferación de armas nucleares. En efecto, un número grande de reactores recicladores habría necesitado un número grande de fábricas de reprocesado y la vigilancia de los materiales objeto del reciclado, como el plutonio, habría sido más compleja. Esta decisión norteamericana dejó mal parada la industria de los reactores nucleares. Una industria que nació con el reciclado entre sus temas esenciales se encuentra, de repente, con la prohibición de realizarlo a la corta y con el agravante de que la primera fase había sido realizada y que 400 reactores estaban produciendo y acumulando lo que nunca se tenía que acumular según los planes de trabajo. A partir de este momento, pues, y en relación a la gestión del combustible nuclear, se hablará de *gestión a ciclo cerrado* y *a ciclo abierto*. La primera es la ideada originariamente; la segunda, la resultante de la decisión norteamericana descrita.

La comunidad científica se quejó y denunció el hecho. No estábamos y no estamos ante unos reactores que producían materiales indeseables; estábamos ante unos legisladores que, tal vez a pesar de ellos, cambiaban las reglas del juego una vez comenzados los desarrollos más relevantes. Los científicos siempre han mantenido que tarde o temprano se tenía que reabrir la capacidad recicladora y volver a unos planes próximos a los iniciales. ¿Cuál es la situación hoy? ¿Qué se ha perdido en todo este tiempo? ¿Qué impacto ha tenido este hecho? ¿Qué ámbitos pueden considerarse afectados?

Uno de los ámbitos más afectados negativamente es por desgracia el conocimiento ciudadano. Todos vemos la necesidad de que el ciudadano tenga acceso a un conocimiento razonable del entramado de las cosas que interfieren con su vida. Cuando observamos este entramado encontramos, entre otras cosas, tecnología. Encontramos también economía, sociología, ética y muchas disciplinas que quieren una especialidad y a menudo la ayuda de algún especialista. El ciudadano, en principio, no es ni técnico, ni sociólogo ni economista, pero está más a gusto consigo mismo si alguien ha pensado cuál debería ser su bagaje razonable de conocimiento y si alguien, como los poderes públicos, organiza los recursos necesarios a fin de darle acceso al bagaje mencionado. Ahora estamos ante un tema técnico, otras veces en este mismo texto el tema es humano o social.

Cuando el legislador estadounidense prohibió el reciclado de combustible usado no se hizo, en mi opinión, la pedagogía necesaria para hacer comprender la situación al ciudadano y esto afectó muy negativamente a la conciencia colectiva del hecho. ¿Dónde estaba el ciudadano socioconsciente, entusiasta del reciclado y del respeto al planeta en ese momento? Una decisión influenciada por intereses estratégicos estaba produciendo, tal vez indirectamente, unas leyes que bloqueaban un reciclado programado. Os hablo del año 1977, es decir, os hablo de unos tiempos, en que tal vez la socioconciencia no era una actitud extendida y nuestra sociedad tenía alguna otra prioridad urgente. Entonces, apenas se oyeron voces que reclamaran cumplir con las políticas de reciclado establecidas. Alguna sí. Algunos científicos pidieron que no se detuviera la fase de reciclado. Si bien en ese momento el número de reactores era todavía limitado, quisieron dejar claro que renunciar al reprocesado de combustible usado era un error determinante.

¡Eran unos tiempos extraños, la ciencia lucía socioconciencia como acto de buena voluntad! La socioconciencia explícita de grupos ideológicos casi no intervino. Muchos dicen que el tiempo resuelve problemas, en este caso no fue así. ¿Qué ha pasado en los 40 años siguientes? Mucha, muchísima gente ha internalizado que esta industria produce unos residuos radiactivos de alta actividad y de un tiempo de enfriamiento extremamente largo, lo que no liga con las explicaciones que hemos dado.

Sin embargo, la esperanza de enderezar las cosas es lo último que se pierde. Algunos síntomas de recuperación pueden observarse. Algunos de estos están ahí desde hace tiempo, como la utilización de óxidos mixtos uranio-plutonio (MOX) o las estrategias francesas de largo plazo. En efecto, hay organizaciones y países que utilizan reprocesados restringidos, como los que sostienen la tecnología MOX. Estos reprocesados permiten separar uranio y plutonio para ser reutilizados y en algunos casos entrar en procesos de transmutación de los productos de fisión para convertirlos en productos estables, es decir, no radiactivos. Estas iniciativas han logrado ya hoy una cierta limitación de los volúmenes de enriquecimiento necesarios, los volúmenes de las sustancias de desecho final y sobre todo de la radiactividad de estos últimos. Francia nunca ha renunciado a tener una estrategia que a largo plazo se plantee el reciclado del combustible usado con cierre del ciclo. El esfuerzo dedicado a lo largo de los años ha sido variable, pero hoy existe un contrato de investigación entre el estado y los actores relacionados con el fin de desarrollar el tema científicamente. Las dos estrategias esbozadas, tanto la centrada en la producción de óxido mixtos, como la que preconiza la utilización de reactores recicladores, son quizás los mejores ejemplos de gestión de combustible nuclear en ciclo cerrado.

Otros síntomas actuales son más relevantes. Hoy hay en marcha una iniciativa de desarrollo de nuevos reactores de futuro. Está apoyada por 10 países y recibe el nombre de «Generación IV de reactores nucleares». El grupo, creado en el año 2000, trabaja sobre diseños escogidos para hacerlos operativos hacia el año 2030 y se plantea el diseño con objetivos de sostenibilidad, economía, seguridad y fiabilidad y resistencia a la proliferación. Entre los seis modelos que se están desarrollando hoy, tres de ellos son recicladores de combustible usado. Cualquier renacimiento de la industria nuclear de producción de energía se haría contando con reactores recicladores de combustible usado. También hay quien preconiza la puesta en funcionamiento de estos con la finalidad recicladora como función dominante por encima de la producción de energía.

Con lo que he dicho hasta aquí, confío haber comunicado las razones por las que tan a menudo pido que se hable de combustible usado y no de residuos de alta actividad. Dicho esto, no renuncio a una breve aclaración sobre la gestión de lo que la legislación considera hoy residuos radiactivos de alta actividad producidos en centrales nucleares en un número importante de países. Hablo de países como España, donde se cuenta gestionar en ciclo abierto el combustible usado. Esto significa hacerlo en contraposición a la gestión en ciclo cerrado, citada anteriormente.

Digamos algo sobre la alternativa a ciclo abierto. Un elemento combustible después de unos 4.5 años dentro del reactor ha producido alrededor de 50 GWdía por tonelada de uranio y deja de ser útil para la función que hacía en ese reactor. Por estas razones se considera un residuo. ¿Qué hay dentro de este elemento combustible? Habrá un remanente de uranio, plutonio, productos de fisión. También hay productos de activación que conviene no menospreciar, ya que alguno de ellos es radiactivo. La mayor parte de la radiactividad se encuentra en los productos de fisión.

Cuando el elemento combustible es retirado del reactor, desprende una radiación y un calor residual que, pese a ser a partir de ese momento siempre decrecientes, deberán tenerse muy en cuenta. El primer paso es transferir el elemento en la piscina de combustible gastado. Esta piscina está construida en el llamado edificio de combustible y provista de un canal de transferencia con la cavidad del reactor. Sus sistemas están diseñados para asegurar la extracción del calor residual y el blindaje contra la radiación. Esta fase de enfriamiento en piscina puede durar del orden de 5 años. Normalmente hay una segunda fase en la que el elemento combustible es trasladado a un almacén temporal, ya sea individualizado en el propio emplazamiento de la central o centralizado dando servicio a varias centrales. Los almacenes temporales utilizan contenedores diseñados para cubrir las necesidades de blindaje. El nivel de enfriamiento conseguido previamente hace que la disipación térmica no sea un problema y pueda resolverse por convección natural de aire. Las distancias entre contenedores y su disposición en el almacén vienen sustentadas por cálculos térmicos y de dosis de radiación. Finalmente, se prevén almacenes geológicos profundos para la ubicación definitiva de residuos de alta actividad. En ellos, el residuo sería empaquetado en contenedores altamente resistentes a corrosiones y otros deterioros, y estos serían ubicados en galerías de formaciones geológicas adecuadas. Estudios geológicos cuidadosos deberían permitir garantizar la estabilidad de la solución. La Waste Isolation Pilot Plant (WIPP), ubicada en el sureste de Carlsbad, Nuevo México, Estados Unidos es uno de los pocos ejemplos ya operativos.

2.3.4. Consideraciones de futuro

Antes de cerrar este apartado, vale la pena mencionar dos cosas más: los reactores pasivos y los Small Modular Reactors (SMR). Los primeros son reactores con sistemas de seguridad pasiva. Entendemos por *sistemas pasivos* aquellos que no necesitan ni suministro eléctrico ni acciones humanas para funcionar. Estos reactores resuelven de una forma mucho más sólida uno de los puntos débiles esenciales de los reactores de segunda generación que necesitan ser refrigerados de forma activa incluso después de su parada. Reactores como estos, que están disponibles desde primeros de los 2000, situados en Fukushima en marzo de 2011, habrían resistido el tsunami y no habrían añadido ningún accidente nuclear al desastre natural que hubo. En cuanto a los Small Modular Reactores (SMR), son diseños más pequeños que los reactores convencionales, se manufacturarán en fábrica y se transportarán al emplazamiento donde tendrá lugar la explotación con la flexibilidad que confiere el hecho. Además de ser una alternativa menos costosa respecto a los reactores nucleares convencionales, han sido concebidos eliminando la necesidad de una respuesta externa de emergencia.

2.4. El uso de la energía. Sistemas y conceptos

2.4.1. La red eléctrica

La red eléctrica es una estructura altamente consolidada en nuestra sociedad. La razón histórica de su existencia tiene relación con el hecho de que al inicio de la implementación eléctrica las fuentes de generación, generalmente hidroeléctricas, estaban muy lejos de las grandes poblaciones donde estaba el consumo. Las razones posteriores de consolidación son diversas. La facilidad de convertir la energía eléctrica en energía útil de diferentes tipos con un buen rendimiento podría ser una de las razones. La facilidad de transporte y el perfeccionamiento de las protecciones que permiten actuar automáticamente evitando situaciones de riesgo podrían ser otros.

¡No todo es tan simple y directo como en algún momento nos puede parecer! El consumo y la producción de energía en una red eléctrica deben equilibrarse paso a paso continuamente. En todo momento, la suma de las potencias consumidas en la red de la zona de suministro debe valer idénticamente lo mismo que la suma de todas las potencias generadas en las centrales productoras de energía. Alguien cuida del tema y gestiona lo necesario para que dicha igualdad se produzca. Producimos en el acto lo que realmente consumimos. Normalmente hay unas pequeñas diferencias entre producción y consumo que son debidas a las pérdidas y a un cierto almacenamiento de energía. El almacenamiento es hoy difícil y por lo tanto se utiliza muy poco, a pesar de que alguna vez es muy útil. La demanda de electricidad es función de cosas diversas, las más relevantes son la hora del día, la estación del año y el hecho de encontrarse en día laborable o festivo. Entre las doce del mediodía y las dos de la tarde y entre las ocho y las diez de la noche aproximadamente suelen producirse demandas máximas o picos de potencia mientras que a las cuatro de la madrugada el consumo es mínimo. La operación del sistema eléctrico consiste en llevar a cabo la coordinación necesaria para que los productores de electricidad produzcan en cada instante la energía necesaria y en principio solo esta.

No todas las centrales productoras de electricidad tienen la misma flexibilidad operativa. Las centrales deben estar disponibles para operar y además, las que necesitan combustible deben disponer de él y las que necesitan sol, agua o viento deben contar con estos elementos para producir. Contar con centrales de producción regulable o ampliamente regulable genera estabilidad de funcionamiento y capacidad de maniobra. Un parámetro que caracteriza la versatilidad de una central eléctrica es su tiempo de respuesta en corregir una eventualidad, como un rechazo de carga o el desacoplamiento de una central productora. Una herramienta de trabajo altamente relevante es la programación horaria preparada anticipadamente. Cada tipo de central tiene unas capacidades de regulación y unos tiempos característicos de respuesta. Las hidroeléctricas regulables son quizás las más versátiles y quizás las únicas que podríamos llamar «plenamente regulables», ya que sin grandes obstáculos consiguen trabajar a la potencia demandada en los tiempos requeridos, siempre que dispongan de agua. Las térmicas son también bastante versátiles, quizás con unos tiempos de respuesta ligeramente mayores y también con unas particularidades específicas como la de poder estar rodando a una potencia casi nula a la espera de cubrir adecuadamente un previsible aumento repentino de demanda. Las térmicas más actuales son normalmente ciclos combinados de gas y resultan cruciales en la regulación actual de la red eléctrica española. No tienen limitaciones como la del agua de las hidroeléctricas y muestran una gran flexibilidad de operación. Veamos la figura 8.

En la gráfica de la derecha se representan las producciones totales de potencia para los días 25/11/2019 y 23/12/2019, mientras que en la de la izquierda aparecen las potencias de las centrales de ciclo combinado que contribuyen a cubrir la demanda. El día 25/11/2019 fue un día de un consumo considerable y de unos picos de potencia de 34 GW y 36 GW, cubiertos sobre todo con un rápido aumento

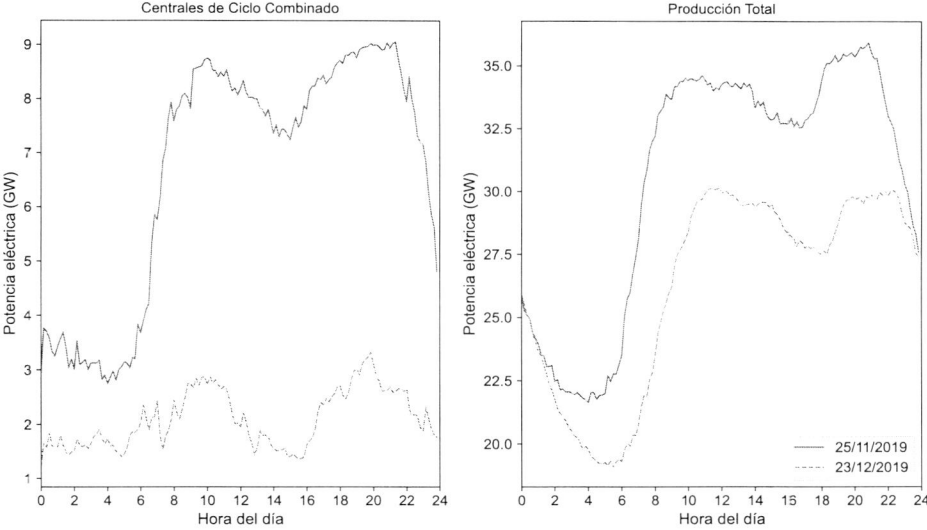

Figura 8. Potencias eléctricas según la hora del día. Datos de los días 25/11/2019 y 23/12/2019. A la derecha se observan los dos picos de potencia total producida sobre las 10 i las 21 horas. A la izquierda se observan las correspondientes contribuciones del conjunto de las centrales de cicle combinado.

de potencia de las centrales de ciclo combinado. El día 23/12/2019 los consumos fueron inferiores, la cobertura necesaria fue muy inferior en potencia, pero adecuada a la circunstancia y cubriendo el objetivo de regulación.

Las capacidades de regulación de las centrales nucleares son poco conocidas en la red española, pero existen, se han practicado en redes como la francesa y pueden ser aprovechadas cuándo y dónde convenga. Sus tiempos de respuesta son adecuados y en su historia reciente la práctica de estas capacicades solo se ha demostrado en España en pruebas periódicas. Hoy y mañana hidroeléctricas regulables, térmicas y nucleares pueden contribuir cada una con sus tiempos y sus posibilidades a garantizar una eficaz gestión de la red eléctrica española. Obviamente, además de contar con herramientas y centrales de unas características, es necesaria la experiencia y la dedicación de un colectivo de técnicos especializados en gestionar tecnológicamente la función. La función de seguir la demanda o seguir carga consiste, pues, en gestionar la red y las centrales productoras necesarias para desarrollar exactamente la potencia demandada teniendo presentes disponibilidades, factores de carga, particularidades, automatismos, acciones manuales y todo lo que convenga para garantizar la producción adecuada.

Existe una información pública y disponible en internet que ayuda mucho a entender la función de la que estamos hablando. En el caso de la red eléctrica española, la web de Red Eléctrica permite observar en tiempo real de forma general cómo la producción y el consumo se equilibran. También de forma más particular, podemos observar cómo hacemos frente a los picos demanda o cómo administramos las bajadas de la contribución del viento. Si bien la información suministrada puede ser captada de forma muy intuitiva, detrás tenemos un contenido técnico bastante elaborado. El seguimiento realizado en tiempo real cuenta con una planificación establecida el día anterior que evita improvisaciones y que se enmarca en los procedimientos del sector eléctrico liberalizado vigente. Esta planificación es horaria y ha sido preparada en función de disponibilidades, predicciones meteorológicas y costes de la energía.

Una red eléctrica con flexibilidad suficiente para seguir la demanda necesita disponer de unas determinadas capacidades. En principio y en un país industrializado, este seguimiento de la demanda exigía en el pasado reciente y hoy todavía una potencia productiva regulable importante. Por un lado, la potencia regulable se suma con la intermitente y equilibra el total de la demanda. Por otra parte, el sistema necesita esta potencia además para garantizar regulaciones diversas y hacer frente a eventualidades que puedan surgir. La regulación de frecuencia y la vigilancia de parámetros funcionales relevantes o la desconexión por indisponibilidad repentina de una central productora son algunas de las situaciones a prever.

Los picos de demanda eléctrica en la red tienen lugar casi irremisiblemente cada día entre las 12 h y las 14 h y entre las 20 h y las 22 h aproximadamente, y suelen cubrirse de una forma que quiere una atención. En primera aproximación, lo harán gracias a un aumento de las potencias de centrales regulables siguiendo la predicción horaria previamente preparada, y más finamente en segunda aproximación, con la rápida puesta en funcionamiento de centrales productoras plenamente regulables. En la red española, en unas pocas horas la demanda puede crecer entre 3 GW y 14 GW sobre dicha carga base que se define como aquel consumo global que tiene lugar 8760 horas del año; es decir, siempre. Esto obliga, pues, a disponer de la capacidad de alcanzar en un preciso instante producciones de este orden de magnitud. Este hecho se resuelve hoy con la entrada de centrales de gas y centrales hidroeléctricas. En otros países y otras redes, se reserva agua en los embalses para la ocasión. Esto también se hace parcialmente en España, pero tiene sus límites, ya que no somos un país de mucha agua. Otro recurso utilizado en redes con una participación nuclear más amplia consiste en tener algunas nucleares a una potencia inferior a la nominal para poder subir en potencia a la hora del crecimiento de la demanda. Esto no se hace en España, donde, debido a la limitada potencia nuclear instalada, esta trabaja siempre cubriendo la carga base; pero, en cambio, en Francia se está haciendo diariamente. En los inicios de la utilización de centrales eólicas, redes como la española preveían, por cada GW intermitente instalado, 1 GW regulable o plenamente regulable para apoyarlo. Así, durante una década, cada vez que se instalaba en la red una determinada potencia eólica o solar acabábamos incorporando, al mismo tiempo, la misma potencia con ciclos combinados de gas. Este punto ha cambiado, podemos decir que ha mejorado gracias al progreso de la programación horaria y de las predicciones meteorológicas, pero es todavía una fuente de dificultades.

Actualmente, en la red eléctrica española solemos tener unos picos de potencia de entre 28 GW y 40 GW, y a pesar de la incertidumbre inherente a su magnitud y localización temporal, se suelen cubrir adecuadamente mediante el uso de las centrales regulables disponibles hoy. La importancia de estas dentro del mix eléctrico actual parece pues, hoy, correctamente dimensionada para resolver la función encomendada. Esta potencia permite hacer frente a los controles y los ajustes necesarios hoy para mantener un funcionamiento correcto.

A modo de ejemplo, comento dos casos reales. En el primero de estos, que tuvo lugar una mañana de invierno en los inicios del año 2019, la demanda creció en 5 horas 14.2 GW por encima del valor de partida. La producción se cubrió poniendo en marcha 4.7 GW de centrales de gas, 1.1 GW de carbón y 4.8 GW hidroeléctricos. Dado que era de día y hacía sol, 1.3 GW fotovoltaicos se sumaron a la contribución y finalmente el intercambio internacional aportó los 1.2 GW que faltaban. El resto de producción tuvo solo unos ligeros cambios: las nucleares siguieron trabajando de base, y las contribuciones de la energía eólica y de residuos y cogeneraciones apenas se modificaron. El segundo es un caso de pico nocturno. En unas 5 horas la demanda subió 5.6 GW. En esta ocasión tanto la solar térmica como la fotovoltaica jugaron en contra, ya que la puesta de sol coincidía con el inicio del aumento de la demanda. Además, la meteorología detuvo en el mismo intervalo de tiempo una cantidad no despreciable de aerogeneradores haciendo que el pico real fuera casi de 1 GW adicional. Todo ello se cubrió con 1.3 GW de gas, 0.24 GW de carbón, 1.6 GW hidroeléctricos y 3.1 GW de intercambio internacional. El resto de centrales no variaron sensiblemente su producción.

Estos ejemplos muestran la necesidad de mantener para la red eléctrica todas sus capacidades de regulación. En cada país y en cada red eléctrica se hacen las cosas utilizando las soluciones más viables. No somos el único país que tiene poca agua y vientos intermitentes. Muchos son los países que tienen situaciones como la española. Globalmente, el mundo industrializado estamos en una situación parecida a la nuestra. Muchos son los países también donde la no interrupción del suministro eléctrico, la llamada *seguridad de suministro*, es considerada un objetivo a cumplir y un indicador de calidad.

Hay más razones técnicas que hacen de la operación del sistema eléctrico una actividad compleja necesitada de una especialización. Por un lado, tenemos los aspectos morfológicos y funcionales de los componentes de las instalaciones, y por otro lado, sus comportamientos dinámicos e interactivos con el consumo, la seguridad, el control y la regulación… La ubicación geográfica de producciones y consumos es también un gran tema que genera estudios, inversiones y dolores de cabeza… Cuando acabamos dimensionando un mix de producción eléctrica y estableciendo su composición es porque un colectivo técnico ha realizado su síntesis y ha previsto disponer de una potencia productiva regulable suficiente. La operación de la red es entonces viable. Las condiciones que dan solidez a la estructura del mix comentado son complejas y están lejos de obtenerse por simples balances de energía. La red eléctrica española hoy dispone de una estructura y una flexibilidad suficientemente buena para llevar a cabo su explotación con éxito. Las capacidades y la versatilidad de la red actual deberían mantenerse o mejorarse. De hecho, la comunidad técnica implicada trabaja con el objetivo de ganar flexibilidad y quiere hacerlo con celeridad. ¡Qué bien, si en los próximos años podemos comprobar un avance notorio en este punto! Por desgracia en muchos discursos simplistas actuales el hecho se ignora sin más consideraciones. La aritmética de potencias, energías y euros es a menudo insuficiente para hacer frente a la problemática que tenemos entre manos.

2.4.2. Recursos energéticos distribuidos

Entendemos por *recursos energéticos distribuidos* la combinación de la producción y del almacenamiento de energía en el ámbito local. La producción distribuida prevé hacerse mediante generadores normalmente de energías renovables y el almacenamiento que podría ser en baterías eléctricas o también en centrales hidroeléctricas de bombeo. El aprovechamiento de estos recursos responde a una voluntad descentralizadora y muestra, como primer punto fuerte, un cambio radical en la filosofía de la inversión y de la gestión de grandes infraestructuras energéticas. Instalaciones de menor potencia y de menor coste ubicadas en proximidad del consumo y gestionadas en función de sus características parecen, pues, muy adecuadas a la solución del problema. La proximidad permite también reducir el impacto actual de las pérdidas por transporte. La iniciativa nace, en primer lugar, como un intento de acercar al usuario a la problemática energética y, en segundo lugar, como una manera de dinamizar el progreso de las energías renovables. Un breve comentario sobre estos dos puntos nos debe ayudar a entender la gran oportunidad del tema en cuestión.

Acercar al usuario a la problemática energética significa darle oportunidad de optimizar su producción de energía y el almacenamiento que considere oportuno para satisfacer el consumo doméstico o industrial. El hecho incluye también la posibilidad de vender sus excedentes a un precio razonable y de una forma fácil. Deberíamos ver este acercamiento al usuario como un punto fuerte de la iniciativa sin olvidar su contrapartida esencial. El usuario pasará a tener bajo control los nuevos recursos, se cuenta con él para gestionar y para invertir. El ritmo de implantación de recursos distribuidos deberá tener presente la capacidad financiera de los recién llegados, que serán seguramente economías domésticas o pequeñas agrupaciones de usuarios.

La iniciativa permite también dinamizar el progreso de las energías renovables, tanto en los generadores domésticos como los industriales. En efecto, facilitando la gestión directa, los generadores renovables se vuelven más ventajosos. La intermitencia de la generación renovable tendrá menos impacto si viene ayudada de raíz por una cooperación entre los interesados y por un almacenamiento local.

En un futuro próximo, se espera que la implementación de recursos energéticos distribuidos dé lugar a una importante descentralización de la red eléctrica y una nueva manera de gestionarla tecnológicamente. Es difícil predecir en este momento qué seremos capaces de hacer y en qué tiempo lograremos una implementación sustancial. Se espera un buen nivel de descentralización, pero a pesar de todo es difícil establecer qué parte de la producción seguirá siendo centralizada. Incluyo en este punto tanto las hidroeléctricas y los parques eólicos existentes, que seguirán operando, como los futuros campos solares de nueva construcción. A largo plazo, en principio, no debe haber dificultades en cubrir la demanda eléctrica con la infraestructura resultante. Durante la transición, la coexistencia de una producción centralizada remanente con unos recursos distribuidos recién implementados dará lugar a una red que convendrá entender y gestionar adecuadamente.

La pequeñez del consumo doméstico hace difícil la gestión de los recursos energéticos distribuidos. Con el fin de hacer más viable esta función, se prevé a función de agregación, que consiste en gestionar de manera coordinada un conjunto suficiente de usuarios energéticos que compartirían recursos como pequeños generadores y baterías para almacenamiento local. Las grandes directrices de la agregación han sido definidas como iniciativa europea y los estados miembros trabajan actualmente para definir un marco regulador adecuado que resuelva requerimientos tanto técnicos como administrativos.

El desarrollo de esta nueva función presenta, además, un punto fuerte adicional. No llega en cualquier momento, sino después de haber implementado contadores digitales o inteligentes en una parte importante de los suministros domésticos. La utilización avanzada de dichos contadores es un punto fuerte de carácter tecrológico para esta iniciativa. Un contador inteligente permitirá recoger en tiempo real datos sobre consumos de los suministros individuales y los del conjunto de agregación y por tanto facilitar las predicciones a realizar y sus validaciones. La información generada por los contadores debe reducir incertidumbres en el pronóstico de consumos.

Los recursos energéticos distribuidos muestran también una excelencia adicional. Por el hecho de ceder protagonismo al usuario, abrimos un campo a la pequeña emprendeduría y a una gestión descentralizada. Si la iniciativa progresa en este ámbito puede dar resultados localmente óptimos. La agregación y la planificación de los consumos domésticos tendrán también un impacto social. Conforme avance la aplicación de los cambios que genera esta nueva manera de organizar el consumo doméstico, el usuario deberá adaptarse al cambio. Esto conllevará involucrarse en la gestión de los nuevos recursos, subcontratar total o parcialmente el tratamiento de las nuevas funciones que le corresponden y probablemente invertir en mejoras incitadas por la nueva solución.

Los puntos débiles del desarrollo de los recursos energéticos distribuidos pueden clasificarse en dos categorías: los inherentes a la producción renovable y los propios de la implementación de la agregación. De los primeros ya hemos hablado en ocasión de presentar cada fuente de producción renovable, pero quieren un comentario adicional. Su efecto será parcialmente mitigado por la agregación y este hecho se debe valorar correctamente. Es importante entender que se trata de una mitigación parcial basada en compartir. En ningún momento constituye la solución completa de puntos débiles tales como las dificultades generadas por la baja densidad energética de la captación solar o la intermitencia de las energías eólica y solar. Los segundos son relativos a las barreras de carácter legal, social y de mercado que surgirán en el proceso. Armonizar la normativa vigente del sector eléctrico con las directivas comunitarias impulsando los grandes objetivos de las nuevas funciones a alcanzar es una tarea que quiere dedicación, comunicación, voluntad política y tiempo. Este punto, a la corta, puede producir una incertidumbre legal que desacelere la implementación. Obstáculos sociales serán todos los que deriven de pedir al ciudadano que invierta, gestione y desarrolle su vida utilizando algo que todavía no conoce. En cuanto al mercado estamos ante una tarea, tal vez laboriosa, que consiste en encajar la iniciativa en un mercado tan consolidado como el eléctrico.

Los recursos energéticos distribuidos son la gran esperanza de futuro. Vale la pena dedicar un esfuerzo primero legislativo y después técnico y de implantación. Las incertidumbres ligadas a estas primeras fases de desarrollo deberían disiparse positivamente para que pronto se conozca el potencial real de la opción. Estamos hablando nuevamente de incertidumbres diversas con componentes reglamentarios y sociales muy relevantes necesitadas también de un esfuerzo colectivo. ¡Los primeros años de estas implementaciones pueden ser los más difíciles!

2.4.3. Eficiencia energética

Entendemos por *eficiencia energética* la práctica que nos lleva a un uso óptimo de la energía evitando pérdidas innecesarias. Rehuyendo usos ineficientes acabamos ahorrando y, a la larga, utilizando mejor la energía. Es un concepto muy intuitivo y que suele entenderse fácilmente. Sin embargo, es un tema técnico sobre el que los estudiosos han trabajado con dedicación. Hay indicadores de la eficiencia energética y alguna buena guía para su usuario. Es importante elegir el indicador más adecuado a cada problema que nos ocupe. Evitar pérdidas en la medida de lo posible es de sentido común. Hoy la rehabilitación de edificios y la eficiencia en el sector industrial son los grandes temas considerados.

La rehabilitación de edificios es una de las actividades de mejora que, en el ámbito del consumo de energía en el hogar, puede aportar un mayor ahorro. Bien es verdad que hay otros campos para el progreso y la modernización, como la optimización del electrodoméstico, pero la rehabilitación de edificios se presenta hoy como un terreno donde vale la pena progresar para ser energéticamente más eficientes en el hogar. El hecho se encuadra en la problemática general de la vivienda, que tiene sus contenidos, sus retos y sus expertos. Si bien hay una tendencia a hablar sobre todo de climatización y aislamiento térmico, que son aspectos muy ligados a la optimización energética, tanto el uno como el otro necesitan ser abordados de forma armónica con todos los otros aspectos de la habitabilidad y del confort. La optimización en cuestión es radicalmente diferente para viviendas de nueva construcción que para las ya construidas. En las de nueva construcción hay una importante libertad de acción para resolver el problema en función de diseños actuales que, sin demasiada dificultad, consigan un buen compromiso entre funcionalidad y coste. En este contexto podríamos destacar iniciativas como la nZEB (near Zero Energy Building - edificio de consumo energético casi nulo), recogida en una directiva europea y pensada como guía de optimización energética. En cuanto a las viviendas ya construidas, muchas de ellas son hoy climatizadas de forma ineficiente y costosa. Cualquier mejora en su eficiencia es problemática y normalmente cara. La única ventaja a la hora de promover un cierto progreso en este ámbito es su inmediatez, el usuario entiende fácilmente las propuestas de mejora y percibe también de forma directa el ahorro que le producen. Si el usuario intuye fácilmente su futuro ahorro, cabe pensar que realizará la inversión necesaria para ejecutar la mejora. A menudo la reforma necesaria es de elevado coste. Las actuales certificaciones de eficiencia energética de edificios son una buena herramienta para conocer la situación actual del parque de viviendas.

La eficiencia energética en el sector industrial es un poco más compleja. El emprendedor al cargo de un sistema industrial suele tener presente el problema de la eficiencia por principio. En el modelo de producción en el que estamos, nos vemos obligados a competir y por tanto a ser más eficientes que los competidores. ¿Hasta dónde llega esta búsqueda de la eficiencia? ¡También es conocido, que en este modelo de producción el dinero es el patrón! Por esta razón, el proceso de mejora de la eficiencia viene normalmente marcado por el coste. Ha habido buenas realizaciones en el campo. Podemos encontrar ejemplos en la optimización de convertidores energéticos industriales como calderas y motores. En ocasiones, se ha desarrollado el aprovechamiento de energía de rechazo o la reutilización del calor residual para calentar algún proceso mediante humos que de otro modo se vierten a la atmósfera. Hay también la utilización de subproductos o valorización de residuos con contenido energético para conseguir limitar el gasto general de la instalación. En menos cantidad, pero con importancia creciente, también se trabaja en la integración de procesos industriales. Si el fluido de rechazo de un determinado proceso tiene las condiciones necesarias para ser utilizado como fluido vivo para otro proceso, integrando ambos se logra una eficiencia y un ahorro grandes. Esto es más difícil de coordinar y llevar a cabo, pero se trabaja en ello. La cultura de la eficiencia energética industrial es desde hace un cierto tiempo un hecho que se va abriendo camino. La existencia de ingenierías especializadas en optimizarla en el entorno de empresa es una prueba. La proliferación de empresas de servicios energéticos, la figura del gestor energético o la auditoría energética son ejemplos del progreso en este ámbito. A pesar del progreso evidente de este tipo de estudios, cabe decir que es claramente más frecuente en empresas grandes que en pequeñas y medianas.

Finalmente, vale la pena recordar que, para profundizar en la actualización de la eficiencia energética, sea doméstica o industrial, hay estudio, decisión y una vez más inversión. En ambos casos se suele hablar de una optimización guiada por patrones económicos y de la que ya hay una cierta experiencia. Los escenarios de futuro pueden introducir conflicto recomendando inversiones más difíciles de realizar tanto en el ámbito doméstico como industrial.

2.4.4. Pobreza energética

La pobreza energética es el conjunto de dificultades que afloran cuando no se consigue mantener unas condiciones de mínimo confort en la vivienda a raíz de la ausencia o la precariedad de suministro de energía o de las dificultades del usuario para hacer frente a los pagos correspondientes. Es un tema con unas causas conocidas ligadas a las características de la vivienda y también a la pobreza o los encarecimientos desmesurados tanto del alojamiento como de la propia energía.

Hay países que tratan el tema como parte del problema de la pobreza y otros que lo hacen de forma específica. Sea como sea, ¡es un tema ético y humanitario! Es un tema que hay que resolver y no hay excusas. Me viene a la cabeza que en un pasado bastante lejano ya se habían observado esfuerzos de iniciativa pública para hacerle frente. Cuando la fuente principal de energía doméstica era la leña, solía estar permitido recogerla sin coste si era para el consumo elemental propio. ¡Realmente no hay excusas!

No es tema de sostenibilidad… aunque es muy conveniente que la solución que se le dé sea sostenible. Creo que es muy importante no confundir ni la relevancia ni el marco temporal de estos temas. No es un tema de sostenibilidad, pero a muchos nos dolería enormemente que alguien utilizara la sostenibilidad como excusa. Creo que es una buena iniciativa que la preocupación por la lucha contra la pobreza energética esté presente en nuestros manifiestos.

3

¿Qué proponemos hacer?

En capítulos anteriores, hemos visto la urgencia de tomar acciones para frenar el cambio climático. Hemos mostrado que es impensable abordar el tema energético sin considerar seriamente los detalles expuestos a raíz del consumismo y de su impacto. Hemos razonado la necesidad imperiosa de dar al Sur Global la consideración que se merece. El análisis de la problemática energética requiere sensatez y ponderación, práctica y ciencia, sociología y tecnología. Requiere sentido común y también esa punta de audacia que permite no subestimar la innovación.

A raíz de lo que he dicho hasta ahora son cuatro, y no tres, los grandes temas de esta transición:

- – Frenar el cambio climático y detener el colapso del planeta.
- – Crear masivamente infraestructura energética renovable y eficiente.
- – Gestionar la sobriedad.
- – Apoyar el Sur Global.

Esta lista, que casi coincide con la de los problemas coyunturales, muestra con la de estos una diferencia notable. Aparentemente he desdoblado uno de los temas en dos y esto es para dar respuesta a la enorme urgencia de las acciones encaminadas a detener el colapso del planeta. ¡Los cuatro grandes temas son importantes, no podemos menospreciar ninguno de ellos! ¡Además, el primero, el relativo a las acciones encaminadas a frenar el cambio climático, es enormemente urgente! Esta es la primera gran propuesta: las acciones encaminadas a detener el colapso del planeta deben ser desacopladas del resto de acciones y ser tratadas con aquel carácter eficaz que exige la urgencia.

Las secciones siguientes abordan el esclarecimiento del entramado de las cuestiones relacionadas y, en algunas ocasiones logran culminar estableciendo qué acciones conviene tomar con el fin de avanzar en su solución que lo será también la de los llamados problemas coyunturales. La solución de cada problema coyuntural depende normalmente de más de un bloque de acciones y el texto ayuda a entender las interacciones. Con ánimo de aproximarnos a lo que está establecido, la propuesta acepta los compromisos de reducción de emisiones actuales reconociendo sus debilidades. Identificando estas debilidades se consigue el doble efecto de aprovechar lo que se está haciendo y al mismo tiempo tener en mente lo que falta para abordar acciones más rotundas en el futuro. La explicación que sigue intenta ser consecuente con el planteamiento anunciado. Así pues, por un lado, resaltará todos aquellos aspectos de la propuesta que tengan un claro valor añadido respecto a la opción vigente y, por otro lado, será menos detallada en lo que se considera planteado con criterios y soluciones similares.

3.1. Reconducción de la utilización de combustibles fósiles

Cuando la sociedad intenta abordar el problema energético sin referencias al conjunto de temas que hemos citado o cuando estas referencias no son elaboradas sólidamente, las dinámicas de la sociedad siguen vigentes, las incertidumbres en cuanto al cumplimiento de los objetivos de emisiones aumentan y el problema climático se hace más urgente todavía. Una observación sobre la cumbre de Paris 2015 refuerza el comentario. De la euforia en su aprobación por los jefes de estado, se pasó en cosa de un año a la retirada de Estados Unidos que ya hemos comentado. Si una predicción a 15 y 35 años vista debe reponerse de un contratiempo como este cuando se cumple el año de su aprobación, cuesta entender cómo se puede reconducir el tema. La incertidumbre sobre el cumplimiento de los objetivos de 2030 hoy es más grande y apenas acabamos de empezar a trabajar. El problema es más grave cuando observamos los motivos y los argumentos, en este caso, estadounidenses. Se trata de una retirada, con una gesticulación política enormemente parecida a la que el mismo país protagonizó en 2001 respecto al Protocolo de Kyoto 97. ¡Parece como si, casi 20 años después, estuviéramos en el mismo punto! En estas condiciones, ¿qué garantías de éxito tiene hoy el Acuerdo de París? Si además nos fijamos en reuniones más recientes como la COP-25, celebrada en Madrid en diciembre de 2019, en esta ocasión aflora un síntoma de lo mismo. La conferencia arranca con el ánimo de dar impulso a la ambición climática, se produce un gran despliegue mediático, y finalmente cierra sin consenso en los aspectos esenciales y por tanto con pocos resultados.

Debemos darle al problema el rango que le corresponde y conseguir márgenes y complicidades para resolverlo. Estamos ante un problema grave y de una magnitud importante: los combustibles fósiles proporcionan hoy el 80% de la energía mundial. Este es un porcentaje enorme y tal vez el dato más relevante de los estudios de consumo energético. Si este porcentaje fuera de un orden inferior quizás estaríamos realizando algún cálculo y analizando alternativas diversas para la sustitución de los combustibles fósiles. Siendo el que es y viendo que fuentes diversas lo confirman, no nos queda más remedio que actuar con contundencia e ¡ir a por todas! Con el fin de dar al problema la categoría que le corresponde, proponemos conferir a la reducción drástica del uso de combustibles fósiles el rango de objetivo primordialmente urgente de la transición energética. Debemos prever márgenes conservadores para nuestras predicciones y encontrar maneras de alcanzar unas reducciones satisfactorias pensando en los objetivos de emisión. ¡Las reducciones deberán ser escalonadas y a la larga más drásticas que las previstas actualmente! Por estas razones considero importante contar con consenso y complicidades amplias para llevarlas a cabo. Los pactos con los responsables del negocio de los combustibles fósiles serán seguramente necesarios.

El rango que le corresponde al problema merece un comentario relativo a la urgencia y la importancia de temas y acciones. A la larga es importante que la humanidad opte por una opción energética sostenible y por tanto 100% renovable. A la corta debemos descarbonizar nuestra producción. Esta descarbonización es urgente y crítica. Esto quiere decir que, si no la realizamos a tiempo y de forma completa, nos viene encima un daño irreversible y grave que puede dar lugar al colapso del planeta. Bien es verdad que la migración hacia las energías renovables ayudará a descarbonizar. Pero, ¿en qué tiempo? ¿Con qué grado de cumplimiento? Y sobre todo ¿con qué riesgo de no llegar? Las tareas urgentes y críticas deben ser tratadas de forma dedicada y específica. Seguiremos hablando de ello.

3.1.1. Aspectos estratégicos y coyunturales

¡Los científicos del medio ambiente nos están pidiendo una reducción drástica del uso de los combustibles fósiles y resulta que hoy el petróleo y también el gas son los productos estratégicos con más influencia en la economía y en el equilibrio mundial! La movilidad de personas y mercancías depende enormemente de gasolinas y productos de los combustibles fósiles. La defensa y hegemonía de países y bloques de países está en muchos casos estructurada en base a a disponibilidad de petróleo. Incluso las alianzas políticas, estratégicas y militares dependen totalmente de ello. Tanto Estados Unidos como Rusia mantienen su estatus de potencia mundial y muestran sus reservas fósiles como garantía de su influencia. Algunos países deben su independencia real al hecho de disponer y explotar reservas petroleras. El poder de países y empresas a menudo se mide por su capacidad de garantizar el propio suministro de petróleo. En el pasado las no-adhesiones al Protocolo de Kyoto fueron un ejemplo a tener presente. A pesar de los buenos discursos y las consideraciones éticas, los analistas del equilibrio mundial nos han hablado casi continuamente de tensiones y guerras debidas al petróleo. Un ejemplo actual puede ser observar cómo la autosuficiencia energética, lograda últimamente por Estados Unidos gracias sobre todo al incremento de las técnicas de *fracking* en la extracción de petróleo y gas, ha provocado cambios directos o a través del mercado en su política en Oriente Medio. Cualquier reducción de la producción de petróleo o de combustibles fósiles deberá acompañarse de razonamientos muy sólidos y acciones que fortalezcan la alternativa propuesta.

¡Qué difícil es, en estas condiciones, dar un paso adelante para seguir el consejo o la recomendación de los científicos del medio ambiente! Parando el consumo de carbón, petróleo y gas daríamos una respuesta y al hacerlo crearíamos un problema grande que no es solamente técnico. Además de técnico, lo es sobre todo de orden geopolítico. Deteniendo dichos consumos produciríamos a la corta una conmoción en los sistemas de defensa de muchos países, en la independencia política de otros, en el empleo de la ciudadanía de alguna zona del planeta, en el abastecimiento de productos esenciales a de otros pueblos de la tierra… Recíprocamente, si no hacemos nada, el cambio climático tendrá consecuencias nefastas. En estas condiciones el problema técnico de sustituir convertidores energéticos pierde protagonismo y hace que las consideraciones estratégicas pasen a ser la primera prioridad. Perder protagonismo o relevancia no significa quedar descartado. Estamos en la interfaz de dos experiencias o competencias igualmente necesarias, la energética por un lado y la del análisis geopolítico de la otra. ¿Qué podemos hacer? ¡Qué triste si ambos expertos se desentienden y se justifican con la conocida frase «este no es mi problema»! También sería triste si el experto en tecnología energética se pone a hacer geopolítica o al revés. Por supuesto, hay que hacer caso a los científicos del medio ambiente, ellos han madurado la recomendación y cuando han considerado que era irremisiblemente crítica, así nos lo han hecho saber. Hacía tiempo que lo decían y sabemos que cada día que pasa es más difícil hacerle frente con solvencia. En estas condiciones tenemos que encontrar salida al tema y señalar quién puede resolver el bloqueo producido.

¿Quién puede decidir qué se puede hacer? La verdad es que, en primera aproximación, no me parece mal que esta decisión la tomen y la acuerden los dirigentes políticos y lo hagan, como se hace, en las cumbres mundiales. Debemos pensar que jefes de estado o de gobierno son los únicos que tienen suficiente poder para avanzar realmente en estos ámbitos. Estamos hablando de ámbitos que incluyen energía, defensa, progreso, independencia política… Debemos creer también que los jefes de gobierno son lo suficientemente responsables para abordar estos problemas con los asesoramientos pertinentes. En este caso el asesoramiento debería ser múltiple. Hay políticos de muchos tipos y no descarto que algunos, ojalá muchos, practiquen una utilización sólida y profunda del consejo de sus expertos. No dudo que el político con cargo ejecutivo dedique normalmente un esfuerzo a escuchar y entender a sus expertos asesores. Podríamos entrar en los criterios de selección que utiliza el político cuando busca una experiencia concreta. Sé que este tema no está totalmente resuelto. Yo mantengo que un asesor en energía debe poder asesorar a partidos y grupos de tendencias diversas, es decir, tanto a partidos de derechas como de izquierdas. Sospecho que el experto en geopolítica haría una afirmación equivalente con sus matices. No todo el mundo piensa así. Insisto en que cuando un jefe de estado o de gobierno necesita que sus expertos sean de su ideología, creo que debería meditar un poco más el hecho. Personalmente, yo recomendaría a los jefes de gobierno que seleccionaran los expertos en energía entre buenos profesionales, y en la duda, y para curarse en salud, mejor que no fueran de la ideología del interesado. En cualquier caso, vamos a creer de momento en el mecanismo establecido pidiendo a políticos que sean escrupulosamente estrictos en su búsqueda de asesoramientos. Cuando un jefe de estado magnifica el consejo de su asesor energético frente al de su asesor geopolítico, nos podremos encontrar en una postura final absolutamente sesgada que ignore una serie importante de hechos trascendentes. La afirmación recíproca, relativa a magnificar el consejo del geopolítico, puede resultar igualmente errónea. Es quizás el momento de recordar que solo son correctas las decisiones que se toman después de un análisis amplio de los riesgos que conllevan. Escuchar a todos los asesores debe permitir una evaluación adecuada de los riesgos de cada una de las muchas alternativas en juego. Probablemente todas conllevan riesgos analizables desde conocimientos del ámbito energético, del geopolítico y de los otros ámbitos que puedan aflorar. Solo si el que toma la decisión tiene presentes estos riesgos de forma adecuada, podrá producir una decisión correcta. Los hechos posteriores, y solo estos, convertirán o no en acertada la decisión tomada. La historia está llena de ejemplos con resultados diversos.

Hay tres aspectos adicionales que vale la pena considerar cuando comentamos las condiciones de contorno de la cumbre. Uno es la diversidad de temas, un segundo la diversidad de representados y representantes, y finalmente otro se debe al tiempo entre el establecimiento de los compromisos y su cumplimiento. En una cumbre, los participantes tienen en mente una variedad de cosas diversas, con sus correspondientes prioridades y opciones. La síntesis de consideraciones sobre energía, convivencia, meteorología, políticas comerciales y otros, puede tener urgencias particulares según la coyuntura y el país. En una cumbre hay participantes de muchos tipos que representan sobre todo a los ciudadanos de su país, pero también a los negocios públicos o privados establecidos, a las alineaciones en bloques de países, los pactos entre grupos de partidos… Finalmente, en una cumbre, se toman compromisos con cumplimientos previstos, en el ejemplo más cercano, entre 0 y hasta 35 años vista. En la cumbre, pues, se le pide al participante que represente, que priorice sin ignorar y que adquiera compromisos para un futuro lejano si lo comparamos con el ejercicio de su cargo.

Es quizás el momento de hacer un inciso sobre la controversia ideología-ciencia. Por un lado, los expertos expresan en los resultados sus aproximaciones analíticas utilizando su lenguaje y, por otro lado, los ideólogos presentan su visión de las situaciones tratadas en su marco de conocimiento. La sociedad necesita ideólogos y científicos y, dada la complejidad de la vida moderna, no creo que se pueda prescindir ni de unos ni de otros. El método y el conocimiento son tan indispensables como la sintonía popular, la sensibilidad ética y el anhelo de personas y grupos para lograr mejoras en la vida real. Una de las funciones del político, en su defensa de las sensibilidades y los anhelos citados, es la sintonía con el pueblo y por esta razón su razonamiento es simple y a veces simplista. Este hecho, que alguna vez se manifiesta como elemento de coacción e incluso de bloqueo del propio razonamiento, a menudo y afortunadamente aflora en su forma más positiva cuando hablamos de un simplismo comunicativo o pedagógico. Quiero dejar claro, en cualquier caso, que la simplificación que el ideólogo incorpora en discursos en los que afloran problemáticas científicas no debe ser considerada peyorativamente siempre que no comporte alguna tergiversación flagrante del conocimiento científico consolidado. El científico suele reclamar que el conocimiento aflore en el debate, no basta con tener información relativa a lo que estamos hablando. Muchas articulaciones en el debate piden, además de la información implicada, un buen conocimiento de las lógicas científicas que entran en juego. Tanto si son propias de las ciencias más físicas como si lo son de las ciencias humanas. Recordemos que todo el mundo puede opinar, pero los expertos, además de opinar, analizan y obtienen unos resultados que a menudo solo son criticables en el marco y en el lenguaje científicos. Cuando ponemos ideólogos y científicos en un solo debate, estamos obligados a conducir correctamente su convivencia. Digo convivencia y no coexistencia, porque la primera es claramente más exigente. Coexistir es simple, convivir reclama tener presente al otro y hacer esfuerzos de entendimiento. Como afirmación de tipo general, una buena convivencia entre científicos e ideólogos debe permitir a los primeros contagiarse de la proximidad de los segundos, y a los segundos, de la autocrítica de los primeros. Continuemos con la reconducción fósil.

3.1.2. ¿Qué parece que se puede hacer?

Parada, pacto y producción energética robusta pueden configurar coordinadamente la solución al problema de la descarbonización. Esto es:

– Parada prácticamente de todas las combustiones fósiles
– Pacto con los productores de combustible fósil
– Sustitución por una producción descarbonizada robusta

Hablamos de la parada en 30 años de prácticamente todas las combustiones fósiles. Hablamos de un pacto con los productores de combustible fósil para que reconduzcan su negocio. Hablamos de una producción de energía que, de una forma robusta, sustituya las combustiones paradas e implemente la descarbonización. Descarbonizar la producción energética significa, producir energía sin emitir CO_2 y por tanto sin utilizar combustiones en su producción. Hoy son operativas dos fuentes de energía descarbonizada: las renovables y las centrales nucleares. Parada, pacto y sustitución son hechos interdependientes. El paro de cada consumo concreto depende de la disponibilidad de un suministro sustitutorio y esta puede parecer la dependencia más determinante. Veremos que hay otras y que dos de ellas resultarán ser extremamente relevantes:

- Para facilitar el pacto con productores de combustible fósil, convendrá contar con una solidez firme en la producción descarbonizada sustitutoria, es decir: una producción robusta.

- Para facilitar la descentralización de la producción eléctrica, será necesario que la producción actual centralizada sea sustituida teniendo presente la nueva y cambiante configuración, es decir: convendrá también una producción robusta.

Estos dos requisitos adicionales de la producción descarbonizada sustitutoria apuntan hacia la necesidad de pensar la transición energética como transición robusta. La robustez nos debe ayudar a cumplir los dos requisitos principales y algún otro que iremos comentando. El primero será desarrollado en esta misma sección, mientras hablamos de reducción y de pacto y establecemos las primeras enmiendas al Acuerdo de París. El segundo lo será a la siguiente sección, donde abordaremos la descentralización. Ambos reaparecerán en el capítulo de consolidación, que dará más detalle de los razonamientos en juego, concretando el caso español y de esta manera intentaremos abordar el hecho de que una exposición estrictamente secuencial de los puntos que configuran la solución global no parece viable. También es oportuno recordar en este momento otra condición muy relevante de la robustez que intentamos implementar. Tengamos en mente que estamos hablando de una robustez sobria. Este es un punto que no hay que olvidar y que iremos configurando conforme avance el desarrollo.

Recordemos qué consumos debemos parar: los combustibles fósiles hoy se utilizan para producir electricidad, para la movilidad y para usos térmicos. De todos ellos ya hemos dado detalles técnicos y alternativas de sustitución en el capítulo de contexto. Las centrales térmicas productoras de electricidad deben detenerse escalonadamente. Su función debe ser sustituida por una producción descarbonizada, funcionalmente válida, preferentemente renovable pero esencialmente descarbonizada. Es indispensable que la sustitución se haga a tiempo y teniendo presente las dependencias antes citadas. Volveremos a hablar de ello en ocasión de discutir la funcionalidad de la red eléctrica.

Eliminar el combustible fósil como fuente de energía para la movilidad es complejo. En primera aproximación, consiste en migrar hacia el vehículo eléctrico sin olvidar sus necesidades de energía. Recordemos la magnitud del hecho y las cifras mostradas para el caso español: 82 millones de MWh eléctricos anuales son necesarios para la completa sustitución del vehículo privado. Recordemos también las dificultades que pueden aflorar al cambiar el concepto de movilidad o de mentalizar al ciudadano para que coopere en facilitar la evolución hacia otro modelo más adaptado al futuro de la sociedad.

Finalmente, deberíamos hablar de los usos térmicos. Reservar a corto plazo los combustibles fósiles para usos térmicos domésticos e industriales para sustituir a medio plazo para energía de la biomasa y solar térmica parece una tarea ya iniciada pero difícil de culminar. Utilizar electricidad para usos térmicos es una opción para muchas situaciones siempre que tengamos presente lo dicho con referencia a los rendimientos. La transformación de los usos térmicos domésticos es un tema técnicamente bien encarrilado y sus dificultades radican sobre todo en la gran cantidad de viviendas carentes hoy de unas condiciones que permitan una optimización razonable. El todo-eléctrico en el hogar es tecnológicamente un hecho, pero su implementación masiva quiere un esfuerzo superlativo. En cuanto a los usos térmicos industriales, el hecho es más complejo. Ante todo, se trata de un consumo elevado ya que, globalmente los países industrializados, es del mismo orden que el consumo eléctrico industrial. Todas las opciones están abiertas en principio, hablo de biomasa, solar térmica y electricidad. El todo-eléctrico industrial está lejos de ser un hecho y, en algunos casos, no será viable. Transformar en eléctricos los usos térmicos industriales de forma masiva tendría también un impacto en el consumo eléctrico resultante y por lo tanto debería ser considerado.

Hay otros puntos, algunos son menores y otros son más complejos. Estos van desde los aviones y barcos, hasta los combustibles de los cohetes para viajar al espacio. La última sección de este capítulo da algún detalle al respecto. La solución que permite la parada y sustitución de las combustiones es, por tanto, compleja y se necesita la complicidad de actores muy diversos para establecer cómo y con qué intensidad somos capaces de ponerla en marcha.

3.1.3. Pacto y primera enmienda

Hablemos ahora de pacto. Los acuerdos firmados, y concretamente el Acuerdo de París 2015, son confusos cuando entramos en detalle. En efecto, parece como si no se considerase necesaria una complicidad explícita de los productores de petróleo, gas y carbón para cumplir con los compromisos pactados. La cumbre hace frente común cuando acuerda las tasas de emisión, pero no lo hace cuando da a entender que el negocio fósil debe detenerse por razones ecológicas y no busca explícitamente una manera de hacerlo en consenso. Comentarios colaterales llegan a decir que una parte muy importante de los combustibles fósiles existentes debe permanecer inutilizada y pocas palabras se dicen para tratar de establecer cómo podría hacerse una extinción escalonada o laminada de su uso. En consecuencia, la transición que emana de París 2015 parece creer que el mecanismo establecido será definitivo para conducir dicha extinción sin más normativas. Personalmente soy escéptico. Por un lado y como afirmación de tipo general, más vale convencer que imponer. Por otra parte, hay una larga experiencia, en estados y territorios diversos, sobre prohibir y grabar directa o indirectamente productos energéticos con resultados insuficientes.

Si queremos convencer, y sobre todo a la vista de la diversidad de actores que encontraremos, conviene profundizar primero en la presentación objetiva de la situación. Si bien ya se ha demostrado que el problema de la atmósfera y el cambio climático es crítico, no hemos conseguido comunicar el hecho de forma efectiva a un amplio sector de la humanidad. Aún hay quien niega la inminencia del colapso del planeta. Incluso los vértices de las dos superpotencias no parecen del todo convencidos en la necesidad de descarbonizar. Se debería trabajar más aún. Este trabajo pasa por gestionar y actualizar los datos de la capacidad de los bosques y océanos del planeta para hacer frente al reciclado del CO_2. Para que esta gestión sea correcta y transparente, se debería conseguir que el problema fuera reconocido como crítico y este reconocimiento pasara a formar parte del bagaje cultural del momento: nadie debería dudar de que la reducción de las combustiones fósiles debe ser drástica. Todavía hay trabajo de fortalecer la confianza y la comunicación. Se debe dedicar un esfuerzo importante a la pedagogía del punto. Todos los pactos en materia energética deberían venir acompañados de una tarea explicativa que presente el problema, el acuerdo alcanzado y que motive al receptor para que la percepción del tema sea un hecho.

Estamos ante un tema incierto, crítico y urgente en el que vale la pena sumar los esfuerzos disponibles hoy para ser eficaces sin fisuras. Hablemos primero de incertidumbres. Las más notables son las debidas al negacionismo y a la crisis del coronavirus. El hecho de que haya tantos países y organizaciones que nieguen el deterioro de la atmósfera o que su causa sea el exceso de combustiones fósiles es un escollo complicado de salvar que nos obliga a prever márgenes importantes. Encontrarnos en plena lucha por recuperar la normalidad perdida a raíz de la pandemia es una dificultad adicional. Hablemos también de lo que tiene el problema de crítico y urgente. Tenemos el colapso del planeta encima con todas sus consecuencias negativas para la humanidad y se debe actuar con celeridad. Si no hubiera esta urgencia podríamos meditar más la alternativa o los ritmos de aplicación de las medidas establecidas y dedicar unos años o unas décadas a tantear cuál es la mejor solución. Hoy, sin embargo, y a la vista de que la cantidad de hielo en el ártico disminuye año tras año y que Europa recibe sus primeros huracanes tropicales, cuesta mucho defender que tengamos tiempo para seguir esperando nuevos resultados de los estudios del tema.

La primera aproximación da lugar ya a una imagen rotunda. Los combustibles fósiles, ya lo hemos dicho, hoy constituyen el 80% de la energía mundial. ¡Estamos hablando de una sustitución difícil! Si de verdad queremos en 30 años reducir, e incluso eliminar, el uso de estos combustibles, debemos utilizar con ponderación y sensatez todas aquellas fuentes de energía descarbonizada que permitan la sustitución de la producción por combustiones fósiles. ¡Durante estos 30 años no caben titubeos, si de verdad queremos alcanzar nuestro objetivo ecológico! Una vez alcanzado el objetivo, no antes, será la hora de culminar la lucha. Primero viene la descarbonización, primer objetivo ecológico, y luego la culminación renovable, segundo objetivo ecológico. Si la fracción de fósil utilizado hoy no fuera tan desmesuradamente grande, y el número de países negacionistas fuera reducido, tal vez podríamos valorar y comparar otros caminos o maneras para hacer lo mismo.

Este último párrafo permite configurar una primera enmienda en París 2015. Primero tendremos que descarbonizar, asegurar que esto tendrá lugar en 2050 y después culminaremos el todo-renovable en un tiempo razonablemente corto. Conforme avance el tiempo y, a la vista del progreso alcanzado, podría definirse la fecha de la segunda meta. Si dejamos claro que el objetivo a cumplir en el 2050 es la descarbonización, ganamos en realismo y mantenemos toda la ambición climática. Con esta precisión, el uso meditado de la energía nuclear, que iremos caracterizando como elemento de transición conforme avance el texto, se convierte ya de forma más explícita en un elemento importante para dar mayor probabilidad de éxito en la difícil descarbonización. La enmienda debería incidir en su redactado general para que fuese más explícito al pactar el paro fósil y la descarbonización. El redactado debería permitir también evitar interpretaciones laxas de los compromisos de emisión. Todos deberíamos entender 2050 como la fecha en que el planeta quedará liberado de las combustiones fósiles. Los firmantes del acuerdo deberían proponerse más estrictamente el cumplimiento de la descarbonización de la producción energética mundial.

Antes de seguir adelante, conviene tal vez subrayar especialmente una expresión utilizada al proponer esta última solución. He dicho «tenemos que utilizar con ponderación y sensatez todas las fuentes de energía descarbonizada». Una sustitución drástica y urgente no puede descartar ninguna fuente de energía descarbonizada, y cualquier cosa que hacemos pensando en la humanidad se tendrá que hacer con ponderación y sensatez. Una sustitución drástica utilizará tanto las tecnologías que aporten soluciones al problema inminente como al problema a la larga. Una actuación con sensatez respetará a países y personas. Con ponderación significa también haciendo el esfuerzo de entender la urgencia, la seguridad y la durabilidad de la solución propuesta. Con sensatez significa compaginando soluciones reales a la corta con soluciones estables definitivas. Estoy hablando de compaginar energías renovables y energía nuclear. A la larga todo debe ser renovable, a la corta todas las tecnologías descarbonizadas disponibles deben contribuir para asegurar el cambio propuesto. Estas últimas afirmaciones no gustan a dos tipos de actores: los que vetan la energía nuclear y los que no quieren o creen que no es viable negociar con el petróleo.

La nuclear es, en efecto, una energía descarbonizada apta para contribuir desde hoy mismo con contundencia en la sustitución de los combustibles fósiles. Ya hemos reafirmado el carácter descarbonizado de esta energía en el capítulo de contexto. Si de verdad nos importa el éxito del paro de las combustiones fósiles no podemos descartarla. Si de verdad creemos que es urgente dicha sustitución, vale la pena pedir a quienes vetan la utilización de esta energía que reconsideren su posición. Esta es una razón relativamente firme para utilizar energía nuclear durante la fase de descarbonización. Entre los que no están por negociar con el petróleo, encontramos a los propios petroleros y afines y también a los que dicen tener otros métodos para detener las combustiones fósiles. Los primeros suelen dudar de la urgencia del calentamiento global y suelen también argumentar partiendo de visiones muy rígidas de la libertad de empresa. Los segundos suelen fiarse o de la capacidad de la sociedad en grabar, limitar y prohibir o de la capacidad de la diplomacia en convencer sin la ayuda de una fortaleza consolidada.

3.1.4. Hablemos de los productores de fósil

Entrando en el tema de los productores de fósil, conviene hacer una serie de aclaraciones. Hay una gran diversidad de países considerados productores, desde los que son potencias mundiales como Rusia y Estados Unidos, hasta aquellos que prácticamente deben su vida a la explotación de los combustibles fósiles. Estos últimos, en un escenario de parada fósil, seguro que reclamarán como poco la viabilidad de su futuro y el derecho a una transición justa. Sería absurdo no tener presente este hecho de entrada. Hay una casuística mayor entre los países productores de combustible fósil en función de su nivel de desarrollo, de sus perspectivas de futuro inmediato y de su salud económica y democrática. Hay que convencer a todos estos grupos de que su negocio, que hoy mueve el mundo, no es compatible con la vida futura del planeta y que, por tanto, lo deben dejar en un tiempo relativamente corto. Hay que convencer a las dos grandes potencias para que hagan posible el pacto. ¡La negociación global puede ser muy difícil! ¡Necesitaremos diplomacia y además fortaleza! Para afinar la estrategia necesitaremos la colaboración de expertos en geopolítica que ayuden a mejorar la cohesión de lo que estamos esbozando. Hoy el plan es solo un planteamiento o apunte preparado con la modestia que estamos obligados a tener, y que se concreta en algunos comentarios sobre actitudes a evitar y puntos a considerar.

Entre las actitudes evitar encontramos la que nos podría hacer pensar que nos basta con tener científicamente razón. Entender las razones que califican de indispensable la reducción drástica de las combustiones fósiles es un punto importante dentro de la transformación buscada. Es fundamental comprenderlo y divulgarlo, pero es también irremisible dedicar un esfuerzo en convencer y por tanto lograr consenso y evitar posverdades incómodas. Otra actitud a evitar es la que puede llevarnos a ignorar la dimensión mundial del problema. Quien piense que legislando en casa y esperando que la solución se extienda puede encontrarse con una total involución de la situación. En efecto, si un grupo de países prohíbe el uso de combustibles fósiles, el grupo que quede fuera de la iniciativa acabará implícitamente boicoteándola incluso sin tomar ninguna acción específica. Esta hipótesis nos llevaría a un fracaso de la iniciativa. ¡Recordemos que el clima no tiene fronteras!

Entre los puntos a considerar, podemos conceder que los fósiles sean aún válidos para unos cuantos negocios y durante un cierto tiempo. ¿Para qué negocios y durante cuánto tiempo? Esta aplicación laminada de los principios de parada y sustitución permitiría iniciar la negociación con aquellos productores que aprecien la posibilidad de progresar en un tiempo limitado utilizando su recurso o también la de obtener algún beneficio de la explotación de sus fósiles a la corta. Los fósiles podrían ser aún utilizados como energía que facilite tareas dedicadas a la emancipación del Sur Global. Al hablar de este volveremos sobre el tema. También podrían ser utilizados en los temas aplazados en París 2015 como los transportes aéreo y marítimo. El carbón podría seguir de forma limitada en la siderurgia hasta que la investigación encuentre una alternativa. El gas podría planificar su extinción de forma armónica con la puesta en funcionamiento de la iniciativa P2G. Esto le permitiría un cierto aprovechamiento sobre todo de infraestructuras existentes.

La temporización de esta extinción laminada del uso del combustible fósil quiere también unos comentarios adicionales sobre los países productores. Si los productores implicados son países en vías de desarrollo con intenciones de utilizar su producto para salir de su situación, este hecho puede ayudar a centrar y temporizar la negociación. Si el país en cuestión tiene en marcha la fórmula «petróleo para el pueblo» con pagos directos a la población, o está gobernado por algún grupo que se considera propietario del negocio, o está en quiebra o en deuda, el problema se complica, pero debería de utilizar los mismos puntos a considerar. Si el país implicado basa su defensa en su petróleo podríamos pensar en una excepción acotada. Recordemos que se entiende por *defensa* la organización de unos medios y la preparación de unas acciones coordinadas con el objetivo de resolver conflictos que necesiten del uso de la fuerza para hacer frente, preferentemente en forma disuasiva a agresiones exteriores. La defensa de un país se puede basar en un petróleo que tiene el país, pero no quemará si no hay conflicto y este es el punto que permite acotar la magnitud del problema y conceder que el país implicado organice.

Cuando hablamos de Estados Unidos y de Rusia, también hay cosas a comentar, claramente diferentes y no necesariamente más simples. Estados Unidos firmó el

Acuerdo de París en el tramo final de la administración Obama, se retiró en el periodo Trump y ahora Biden va camino de recuperar la postura anterior. Algunos pasos ya se han dado. Sin embargo, si nos fijamos en la realidad concreta del país, veremos que el negacionismo está muy arraigado, que la producción fósil mueve una parte muy importante de la economía y que el *fracking* ha llevado a un resurgimiento notable del fósil.

Los resultados de las últimas elecciones citadas parecen positivos si pensamos en los acuerdos climáticos, pero convencer al vértice del país no basta. Recordemos que en Estados Unidos los negacionistas tienen un peso equivalente al de los motivados a afrontar el calentamiento global. ¡Rusia también es un productor especial con una gran capacidad exportadora de gas! Por un lado, ha firmado el Acuerdo de Paris 2015 pero por otra parte evidencia un interés notable en seguir produciendo y vendiendo gas. La postura de las dos potencias añade incertidumbre al problema.

3.1.5. Segunda enmienda

La segunda enmienda esencial a lo establecido en París 2015 podría recibir el nombre de «enmienda para una descarbonización robusta» y tiene como primer objetivo fortalecer el grupo de países partidarios de la descarbonización. Es una enmienda más compleja y más difícil de escribir toda vez que tiene como meta de medio plazo contribuir a que los combustibles fósiles dejen de ser indispensables para mover el mundo. Es complicado, pero nos permitirá razonar el requisito de solidez identificado anteriormente. Hemos dicho que, para facilitar el pacto con productores de combustible fósil, necesitamos una solidez firme a la producción descarbonizada sustitutoria. El texto de París 2015 se deberá enmendar de manera que aliente a los países firmantes a consolidar una fortaleza en su producción energética descarbonizada. Esta fortaleza, que iremos caracterizando seguidamente, ayudará a la diplomacia en su propósito de expandir el carácter descarbonizado a todos los países del mundo y a facilitar el pacto con los productores de combustibles fósiles. En efecto, si un mix adecuado basado en fuentes de energía descarbonizada garantiza el abastecimiento en condiciones robustas y competitivas con os combustibles fósiles, el pacto es más viable. No basta con hablar de una sustitución realizable, si realmente queremos que este punto sea un punto fuerte en la negociación; las garantías de sustitución deben ser claras, sobradas y disponibles desde muy temprano. Es muy difícil convencer a alguien de que abandone su negocio si su producto tiene unas prestaciones y un precio tentadores para todos incluyendo tu gente y el Sur Global. Solo aportando diversidad y solvencia en la producción energética podremos mostrarnos vigorosos y convencer. Hoy, solo un mix de energías renovables con una importante contribución de energía nuclear puede satisfacer este requisito. El vigor y la robustez son clave si tenemos el propósito de ser realmente tomados en consideración. Se trata de una estrategia pensada para ayudar realmente al paro del fósil y hacerlo sin dañar al Sur Global. Fijémonos en que, en este caso, el aval de la energía nuclear del que hablamos aquí, es más táctico que otra cosa. Si la humanidad y los productores de combustible fósil fueran altamente socioconscientes, o tuvieran un alto sentido «planetario» quizás conseguiríamos convencer con otros argumentos.

Es un hecho que existen países, organizaciones y personas negacionistas. Esto es que niegan lo que tiene de crítico del calentamiento global. Dado que el clima no tiene fronteras, las acciones de estos grupos afectan y pueden seguir afectando al resto del mundo. En primera aproximación podríamos pensar que solo los que no han firmado el Acuerdo de París 2015 son negacionistas. Esto daría unos números aparentemente optimistas. ¡Parecería como si 191 países apoyaran la descarbonización! ¡Contengamos euforias! En París se firmó un texto que limitaba las emisiones. ¡Ahora corresponde garantizar el cumplimiento estricto de los compromisos! Quizá alguno de los 191 firmantes no aceptará este realismo. Algo habría que hacer para convencer a los productores de combustible fósil. Algunas medidas se deberían tomar para hacer frente a eventuales «agresiones» comerciales que puedan establecerse si un grupo de países potentes siguen consumiendo combustible fósil y por tanto abaratando su producción y oferta.

El pleno acuerdo de Estados Unidos y de Rusia con esta segunda enmienda es indispensable. Ambos países ejercen unas hegemonías fundamentadas, entre otras cosas, en sus reservas de combustibles fósiles. La diplomacia de la cumbre, que debe convencer a negacionistas y exportadores de petróleo, debería comenzar integrando plenamente a los países que practican hegemonías de este estilo. La cumbre debe reforzar su socioconciencia con una fortaleza energética que le ayude a ser oída. No se trata de intentar una nueva hegemonía, esto sería incluso ingenuo. Se trata de poder hablar con los que hoy son hegemónicos para estimular y dar tiempo para que reconfiguren sus hegemonías y las hagan compatibles con la descarbonización real. Cuando la energía nuclear confiere fortaleza al mix formado por renovables y nucleares, además de ayudar a muchos países a salvar el colapso, pasa a ser una baza para la diplomacia.

Sería deseable que todos los países estuvieran en el mismo grupo y todos lucharan a favor de la descarbonización y contra el cambio climático. La diplomacia y las cumbres deberían conseguirlo. Sin embargo, tenemos que estar a punto y tomar acciones si no es así. Debemos tener en mente que todos aquellos hechos del futuro que sean razonablemente probables deben ser considerados. Cuando un país productor de combustibles fósiles es negacionista, lo es pensando en su consumo y también, muy probablemente en la venta de su producto a otros. La postura socioconsciente será más fuerte cuando más robusta y sobrada sea la capacidad de producción descarbonizada. Esto será útil frente al país productor de fósil y frente al que eventualmente pueda sorprender torpedeando la economía ajena mediante productos que sean baratos por razones «fósiles». Todo apunta hacia una situación en la que encontraremos los países del mundo distribuidos en un grupo prodescarbonización y otro fósil-dependiente.

¿De qué manera podemos poner las cosas un poco más fáciles para los propósitos de la lucha contra el cambio climático? Si el grupo prodescarbonización puede ofrecer al país en duda centrales que produzcan energía descarbonizada y atractiva en precio y prestaciones, compitiendo con la oferta del grupo fósil-dependiente, la negociación será más sencilla. Cuando más robusta y diversa sea la oferta, más garantías tendremos de que los países en duda se adhieran de forma efectiva a la causa de la lucha contra el cambio climático. La oferta debe ser estratégica y versátil, y debe incluir tecnología renovable y centrales nucleares. Debe recordarse que las centrales nucleares son seguras, no son para siempre, y son fundamentales para ayudar a extender la descarbonización. Debemos ofrecer a estos países que quieren salir de su situación, una opción descarbonizada de hacerlo con celeridad y a un coste competitivo.

La estrategia puede culminar en un pacto con el productor de combustible fósil en unas condiciones suficientemente buenas pensando en los objetivos de la lucha contra el cambio climático. Al igual que hemos creado unas condiciones objetivas para conseguir que nuestro producto sea atractivo para el país en duda, también lo puede ser para el productor de fósil. La estrategia propuesta le permitiría entrar en el grupo de países prodescarbonización y consolidar rotundamente un pacto altamente valioso para la vida del planeta.

¡Contengamos euforias! No es la primera vez que utilizo esta frase. En el mundo hay bastantes países exportadores de combustibles fósiles y también bastantes que pueden encontrarse en un futuro próximo en una situación de indecisos respecto al tema que nos ocupa. Sería ingenuo pensar que la estrategia permitiría convencer a todo el mundo, pero creo que no sería correcto cruzarse de brazos en una situación como esta. ¿Quién se cruza actualmente de brazos? Todo aquel que ignora la dimensión mundial del problema y se limita a hacer una transición pensando exclusivamente en su país o su región está de lleno en esta postura. La propuesta de consolidar una fortaleza en ingeniería y producción energética, en cambio, abre un horizonte con una probabilidad de éxito que no tendríamos utilizando solo la diplomacia.

Si conseguimos que un número grande de países se avengan a implementar una política energética basada en un mix descarbonizado y robusto… Si estos países se planifican para cubrir las demandas respectivas con el citado mix… Si el plan de trabajo incluye a la corta nucleares y renovables, y a la larga 100% renovables… Si los países del Sur Global pertenecen al grupo y han incluido la creación de infraestructuras en sus planes de implantación… Si el vigor de la producción energética permite una transición suave desde la realidad actual hasta un mañana descarbonizado… Si la transformación se ha llevado a cabo con retroalimentación del progreso social alcanzado… Si la planificación temporal de la transición ha permitido la autoreestructuración de la emprendeduría…

Si se dan condiciones como estas, y además ofrecemos al productor laminar la extinción de su negocio siguiendo lo que antes se ha dicho, este productor puede verse empujado a aceptar la propuesta. Las consideraciones científicas y ético-planetarias constituirían la culminación de la aceptación. Como se suele decir, para convencer hay que tener razón y además fortaleza.

Creo que es importante mover pieza en el sentido apuntado. Movimientos como este aportan un realismo y un optimismo que se muestran necesarios si queremos hacer frente a los resultados de nuestras observaciones. He hablado del tema con profesores, estudiantes y técnicos de países que en el futuro próximo pueden estar dudando y a pesar de la pequeñez de mi poder de encuesta, ¡sospecho que estamos fallando como luchadores contra el cambio climático, como ecologistas socioconscientes y como partidarios de utilizar el conocimiento en la creación de conciencia! ¡La oferta fósil-dependiente, hoy por hoy, nos está adelantando! He hablado también del tema con ideólogos y políticos y el balance de estos contactos no es «ni positivo ni negativo sino todo lo contrario». El débil retorno obtenido ha sido uno de los hechos que me han motivado a escribir este libro.

Hablando de un pacto con los productores de combustible fósil hemos terminado entendiendo la necesidad de una fortaleza de ingeniería en el mundo prodescarbonización y de que unas centrales nucleares contribuyan en el propósito. Determinar la potencia nuclear necesaria será, pues, diferente para cada país y también será función de cómo se distribuyan los países en los bloques mencionados. En estas condiciones, el tema deja de ser un tema exclusivo del propio país. Tendremos que analizar cuál es el mejor compromiso entre necesidades de la demanda energética local y la fortaleza y cohesión del grupo prodescarbonización. Mientras el conjunto de países fósil-dependientes sea grande, necesitaremos robustez y por tanto necesitaremos centrales nucleares. Solo así conseguiremos que la descarbonización resulte más invulnerable. Más adelante completaremos la caracterización de la citada fortaleza, ya que esta depende también de consideraciones que serán presentadas en las próximas secciones. Creo que, en cualquier caso, es oportuno recordar que la fortaleza descarbonizadora deberá configurarse de forma compatible con las necesidades generales de la transición y con la sobriedad requerida. Podemos anticipar que estamos hablando más de capacidad de producción que propiamente de producción. Esto quiere decir que la propuesta podrá ser implementada de una forma modesta pero sólida produciendo solo lo que necesitamos, pero mostrando que fácilmente tendríamos la capacidad de producir más y de hacer frente a las eventualidades que puedan surgir.

3.1.6. ¿Problema geopolítico o problema energético?

Estamos ante un problema a la vez geopolítico y energético. Es un problema mundial con matices para cada estado. Todos entendemos que el clima no tiene fronteras y este hecho refuerza la universalidad del problema. También se debe tener en cuenta, que cada país y cada estado tiene su situación y punto de partida particulares. Estamos proponiendo reducir la utilización de combustibles fósiles por la vía del pacto y de la consolidación de un mix energético robusto. Si bien el pacto es de todos, la producción de energía está estructurada hoy según cada estado y habrá que contar con los estados para que se organicen y apoyen la estrategia mundial.

La postura de Estados Unidos y de Rusia es extremamente relevante en este punto. Ninguna de las dos potencias mundiales puede decir hoy que apoye al 100% la necesidad irremisible de reducir a cero las combustiones fósiles en 30 años. Podríamos pensar que la acción más eficaz en la transición energética que nos proponemos sería, tal vez, sentar a los máximos representantes de estos dos países y conseguir su apoyo.

Recapitulemos una vez más al carácter táctico de la robustez del mix. No estamos diseñando una producción exclusivamente en base a una demanda, sino que la queremos tal que, además de cubrir la demanda, dé fuerza a la negociación por la vía de hacer posible que los fósiles dejen de ser indispensables. El mix energético sin fósiles debe ser robusto en todos los países del mundo. Cada país deberá garantizar que, además de cubrir la demanda interna, contribuye en términos de robustez al requisito mundial.

Si esta robustez, ya lo hemos dicho, se debe conseguir combinando la utilización de energías renovables y centrales nucleares, cada país del mundo tendrá que encontrar su fórmula específica que le permita cubrir a la vez el objetivo propio de demanda energética y su contribución solidaria al objetivo mundial de robustez. Todos los países necesitan una altísima penetración de energías renovables y cada uno de ellos necesitará un número de centrales nucleares que permita el cumplimiento de los objetivos mencionados. Los países con necesidad de crear la salubridad básica que haga posible la vida necesitarán una cantidad considerable de centrales nucleares. Otros países podrán pasar con menos.

Europa debería tener un protagonismo en esta reconducción y tres circunstancias europeas recomiendan el hecho. La primera es que Europa casi no tiene petróleo, tiene una cantidad de gas limitada y tiene una conciencia bastante generalizada de ir parando el uso del carbón. La segunda circunstancia la encontraremos en su capacidad tecnológica y su nivel de desarrollo general. Finalmente, la tercera, que podría considerarse consecuencia de la segunda, es que en Europa hay una conciencia social suficientemente desarrollada que consolida un respeto bastante general de los intereses planetarios y la hace firme candidata a alcanzar un nivel de sostenibilidad considerable en estas primeras décadas de movimiento globalizado.

En base a estas afirmaciones, Europa tiene hoy una ocasión clara para ayudar de forma efectiva a la humanidad. Europa debería fortalecer hoy su europeísmo constitutivo y convertirse en un ejemplo contribuyendo de forma contundente a los intereses planetarios. A Europa le corresponde pues detener el uso de su carbón con diligencia mostrando fidelidad a la primera de sus circunstancias europeas. Le corresponde también mantener su capacidad tecnológica, su diversidad y robustez en la producción energética. Europa, consecuentemente, por un lado, debería progresar en la implementación de energías renovables y, por otro, mantener las centrales nucleares necesarias para complementar las renovables y fortalecer la robustez mundial descarbonizada. Finalmente, también, conviene que Europa utilice su conciencia social considerable para implementar un buen nivel de sostenibilidad. Esto significa adelantarse a las realizaciones de la media de los países del mundo. El papel de Europa, que iremos precisando en la continuación del texto, sería pues convertirse en un ejemplo, un asesor o un mediador en la transición energética en general y en la reconducción del uso de los combustibles fósiles en particular.

La reconducción de la utilización de combustibles fósiles ha resultado ser un tema con una carga geopolítica grande y extremamente prioritario. Sin reconducción fósil, simplemente no hay transición energética. Si como energéticos no sabemos integrar los requisitos que pide la geopolítica del hecho, la transición energética es nula.

Estos últimos párrafos cierran la descripción de la esencia de la reconducción fósil. Dos ideas adicionales completarán la estrategia involucrada, una relativa a las incertidumbres específicas de futuro próximo y la otra relativa a comentarios sobre el proceso de llevarla a cabo. La primera será objeto de la siguiente sección y la segunda se expondrá más adelante en el capítulo de «Consolidación de la propuesta».

3.1.7. Incertidumbres específicas de futuro próximo

Desde el inicio de este texto, he dado una importancia significativa a la incertidumbre asociada a las transformaciones necesarias sean infraestructurales o sociales. En el caso de la reconducción de la utilización de combustibles fósiles, estas parecen evidentes vengan originadas por negacionismo, por coronavirus o por la postura de Estados Unidos y Rusia como potencias mundiales. Adicionalmente, algunos temas aplazados pueden convertirse en fuente de nuevas incertidumbres.

Ni la sustitución, ni mucho menos el paro de los aviones actuales son actividades previstas en la transición en curso. La aviación es uno de los campos donde parece que vamos camino de seguir consumiendo fósil, lo que solo parece razonable si al mismo tiempo se intenta reducir el número y la longitud de los viajes. Convendría, pues, habilitar el tren para hacer algunos desplazamientos que hoy hacemos en el avión. ¡Dejar el avión para cruzar los océanos y no los continentes!

Tampoco los barcos actuales van camino de ser sustituidos en la corta. De momento parece que podrían seguir consumiendo combustibles fósiles mientras se reconvierte el sector. Hay alguna iniciativa de propulsión naval por otros medios, pero todo parece todavía remoto. En un mañana lejano, parece razonable conseguir que una buena mayoría de los productos manufacturados, sobre todo los de uso habitual o rutinario, se fabrique en proximidad de donde se tenga que consumir. El futuro debería proporcionar una logística que permita evitar transportes injustificados.

Reconozco que es difícil proponer algún avance en el ámbito de aviones y barcos. ¡Todo viene muy contracorriente, pero hay que ir pensando en ello y alguna realización debería llegar a puerto dentro de la propia transición actual! Es importante entender que, si aviones y barcos no aparecen hoy a las propuestas, se debe a la complejidad y a las dimensiones del problema. Es complejo porque son muchas las actividades que dependen de aviones y barcos. En cuanto a las dimensiones, aviones y barcos queman mucho fósil, pero otros consumidores queman mucho más y la opción vigente prioriza la parada de estos últimos. En estas condiciones valdría la pena pactar, al menos, una limitación razonable del volumen de actividad del sector para conseguir que no se convirtiera en un área de expansión descontrolada del fósil.

Otro de los puntos donde parece que seguiremos utilizando fósiles es en fabricaciones donde el combustible se integra en el proceso involucrado, como el caso del carbón en la industria siderúrgica. Estamos utilizando acero en todas partes, solo lo sabemos fabricar utilizando carbón y hoy hay pocas opciones a punto para sustituirlo. En paralelo con la transición energética, se debería llevar a cabo una investigación prospectiva para dar al tema una salida válida.

Finalmente, si migrar el vehículo de turismo hacia su opción eléctrica es complejo, hacerlo para camiones, tractores, excavadoras y maquinaria pesada lo es mucho más aún. Si hablamos de los combustibles de los cohetes para viajar al espacio, las soluciones están muy lejos. Satélites y sondas del espacio son una necesidad para el funcionamiento de las comunicaciones, y su gestión y mantenimiento exigen hoy algunos viajes utilizando cohetes propulsados por motores que consumen combustibles fósiles y que hoy no tienen alternativa. Hoy se habla poco del camión eléctrico. Pronto habrá que preguntarse si el tema empieza a moverse y si las realizaciones correspondientes forman ya parte de la actualidad.

La reconducción de la utilización de combustibles fósiles introduce en la transición energética un importante número de incertidumbres específicas.

3.2. Implementación de la sostenibilidad energética

Tal y como hemos anunciado, la clave para lograr una sostenibilidad energética efectiva es, por un lado, crear una infraestructura energética renovable y, por otro, ahorrar energía. La infraestructura a crear debe estar adaptada al estilo de vida del futuro de la humanidad. El ahorro y la eficiencia exigen no solo preconizar actuaciones de consumo energético más moderado, sino también modificaciones en instalaciones diversas tanto domésticas como industriales o de movilidad. Este ahorro a medio y largo plazos necesita de una inversión a la corta que haga posibles los desarrollos necesarios.

3.2.1. Infraestructura renovable

Deberíamos construir o instalar generadores de energía renovable a un ritmo razonablemente alto. Deberíamos conseguir además que estas instalaciones estuvieran en proximidad y bajo un cierto control del usuario y dispusieran de un almacenamiento que les diera la versatilidad necesaria. Debemos conseguir transformar la producción y el consumo de energía utilizando recursos energéticos distribuidos. ¿Qué significa construir a un ritmo razonablemente alto? ¿Quién marcará este ritmo? ¿La disponibilidad de financiación? ¿La conciencia del usuario? ¿La ayuda de la administración?… El ritmo de creación de estas infraestructuras, como veremos, vendrá marcado por razones altamente significativas y específicamente propias de la sostenibilidad.

La sociedad del futuro y su producción energética deben ser el resultado de un mutuo proceso de adaptación. Será, pues, el avance de este proceso el que marque el ritmo de construcción de las nuevas infraestructuras. Obviamente la disponibilidad de financiación, la conciencia del usuario, la ayuda de la administración y otras circunstancias tendrán también su influencia. ¡El todo-renovable no puede salir de la cabeza de un pensador, por muy sabio que sea! Como todo en la vida, puede haber una planificación de principio, pero lo que es fundamental es la retroalimentación de la práctica. Estamos hablando de una adaptación mutua que será probablemente diferente de lo que pueda anticipar el pensamiento. No estamos construyendo un todo-renovable a medida ni de cómo es la sociedad hoy, ni tampoco de cómo imaginamos que será dentro de unos años. Lo queremos a medida de cómo se vayan configurando la sociedad, sus infraestructuras y los usos de estas en el futuro. Está claro que, primero hay que arriesgar un poco a predecir lo que queremos, y luego debemos estar atentos sobre todo para corregir en función de lo que vaya haciéndose realidad. Globalmente no nos podemos entretener, pero si aceptamos que objetivos adicionales nos marquen el ritmo, podemos caer en el error de menospreciar la finalidad primordial que es la sostenibilidad futura. Estamos en puertas de una transformación del territorio y de las costumbres de sus habitantes y este es un hecho que quiere cautela. Por un lado, hay que respetar las inercias que, de forma natural, desaceleran cualquier proceso de cambio del día a día de las personas, pero por otro se debe tener muy presente que tenemos una necesidad imperiosa de lograr una nueva manera de entender la producción de energía y la vida.

Hay realizaciones industriales renovables en funcionamiento o en proyecto que muestran ya hoy una buena proyección de futuro, como los campos solar-fotovoltaicos asociados a industrias de tipo medio. Su razón de ser fundamental emana del gran potencial de la energía solar. Además, alimentan procesos que utilizan la energía en forma de electricidad, ubicados en naves industriales con extensiones de cubierta o tejado adecuadas a la captación de la potencia solar necesaria y trabajan sobre todo en horarios laborales, es decir, durante el día y por tanto en horas de sol. Perseverar en la proliferación de este tipo de infraestructura es un punto a potenciar y a hacer realidad. De manera similar, hay realizaciones domésticas, como la que se pueden implementar en una casa mediterránea unifamiliar, bien aislada térmicamente y provista de una superficie de captación solar suficiente y que muestra condiciones análogamente efectivas. Insistir también en la expansión de estas instalaciones es nuevamente algo altamente eficaz.

Sin embargo hay muchas situaciones absolutamente lejanas a estas, donde el todo-renovable muestra serios problemas de implementación. Suministrar energía a viviendas de áreas densamente pobladas es complicado por razones de superficie de captación. Recordemos los 20 m² que necesitaba un hogar consumiendo 4000 kWh año. Recordemos que, en aquel caso, además de la citada superficie de captación, necesitábamos baterías suficientes para almacenar la energía eléctrica una vez producida y recuperarla cuando fuera necesario. En muchísimos hogares este hecho es impensable. Todo se agrava más aún por el hecho de que los consumos domésticos tienen hoy sus máximos en horas donde no hay sol.

En algún momento hemos dicho también, utilizando resultados de una situación ideal, que 80 m² por habitante, en la latitud de Barcelona, podría ser una primera aproximación a la superficie per cápita a dedicar a una captación solar que permitiera producir al cabo del año toda la energía necesaria. Recordando las hipótesis que hemos hecho entonces, comparamos ahora esta superficie con los m^2 / habitante para diversas poblaciones y áreas obtenidas a partir de sus densidades de población. Consideramos la tabla 5.

Población	Densidad población (habitantes / km^2)	Superficie per cápita (m^2 / habitante)
L'Hospitalet de Llobregat	21365	47
Barcelonès	15633	64
Cataluña	239	4181
España	94	10683

Tabla 5. Densidad de población y superficie per cápita en diversas áreas

Es obvio que la superficie disponible per cápita debe ser tal que permita el conjunto de usos que hacen posible la vida de los habitantes, esto significa incluir: viviendas, calles, carreteras, talleres, cultivos, oficinas, locales de ocio… Si el límite inferior ideal para la captación solar es en algunas zonas ya del orden del disponible, queda claro que el habitante de esta área o población tendrá dificultades para conseguir la función. Este es el caso de l'Hospitalet o el Barcelonès donde seguro convendrá aportar ingenio y pacto con territorios vecinos para resolver el problema. Estas cifras señalan unas dificultades en áreas densas y valorizan los campos solares a ubicar en áreas seleccionadas específicamente con este propósito. También nos apuntan que el gran potencial de la energía solar deberá ser captado no solo en todos los tejados de edificios del país, sino también y quizás sobre todo en campos solares. Las cifras muestran, sin embargo, y este punto es importante, que las dificultades en cuestión no son insalvables. Fijémonos en ellas, analicemos los valores de m^2 / habitante para el conjunto de Cataluña o de España y veremos que, con una ordenación correcta del territorio, estamos ante un problema de gran envergadura, pero asumible. Esta es una razón más que nos recuerda que la implementación renovable y distribuida debe ser el resultado de un proceso de mutua adaptación entre la sociedad y su infraestructura de producción de energía renovable. Promover instalaciones piloto que intenten resolver con innovación y sensatez estas situaciones difíciles es una tarea urgente si pensamos que la mayor parte de la humanidad vive en zonas densamente pobladas y manifiesta claramente su voluntad de seguir haciéndolo. En todo el mundo hay áreas con densidades de población iguales o superiores a las de l'Hospitalet o el Barcelonès que exigen ingeniería y ordenación territorial.

Además del hecho territorial, que resulta ser muy relevante, conviene no olvidar un hecho ya citado anteriormente. La fabricación de paneles solares y de baterías eléctricas necesita de la utilización de una serie de materiales calificados de escasos. Este es un punto que aflora de vez en cuando, pero no con la contundencia necesaria. Cualquier transición energética debería fomentar un tratamiento adecuado de este problema. No basta con incentivar la instalación de paneles solares. El incentivo debería complementarse con actividades de investigación con el fin de optimizar su funcionalidad y de diversificar los materiales necesarios tanto para paneles como para baterías. Incluso, llegado el caso deseado de un uso masivo de aprovechamiento solar fotovoltaico, tal vez se deberían tomar acciones para garantizar el suministro de sus materiales indispensables.

Hay un hecho que nos ayuda en esta transición y conviene valorarlo. Este hecho consiste en el autoconsumo y la venta de excedentes de energía. Para entender el hecho recordamos que a día de hoy producimos prácticamente toda nuestra energía eléctrica de forma centralizada, pero aspiramos en un futuro a convertir nuestra producción en algo altamente descentralizado. La versión actual es viable gracias a disponer de unas infraestructuras, básicamente líneas y redes eléctricas, que facilitan el transporte de la energía entre los puntos donde se produce y donde se consume. En la versión del futuro, el gran transporte de electricidad no será necesario ya que todo se producirá en proximidad. En el estado actual de las cosas existe ya una experiencia en el autoconsumo y la venta de excedentes. Esto se está haciendo de forma limitada y generalizar estas estrategias debe ser una buena ayuda que facilite la migración de la situación actual hacia una estructura descentralizada.

Mientras dure esta transición, las comunidades energéticas podrían vender sus excedentes de electricidad, revertir a la red eléctrica para ser utilizados por otros usuarios u otras comunidades. Durante la transición y conforme crezcan los recursos distribuidos, las necesidades de producción centralizada deberían ser en principio decrecientes, aunque convendrá establecer una planificación. La red eléctrica, parcialmente descentralizada, debería mantener sus capacidades de regulación para hacer frente a las nuevas dinámicas de uso que vayan apareciendo. A raíz de hablar de la parada de las centrales térmicas, hemos recordado ya la necesidad de que la producción actual centralizada fuera sustituida teniendo presente la nueva y cambiante configuración y cumpliendo unos requisitos. El paro escalonado de las centrales térmicas coincidirá en el tiempo con la descentralización de la producción, y el hecho requiere una coordinación que permita seguir cubriendo los picos de potencia, seguir garantizando regulaciones de parámetros eléctricos y haciendo frente a los problemas generados por la ubicación geográfica de los cambios implementados. El autoconsumo y venta de excedentes, en cualquier caso, si se toman las precauciones necesarias, juega en principio positivamente en la transición.

¿Cómo deben ser las comunidades energéticas? ¿Cómo deben ser para ser eficaces y cumplir con el fin que se les encomienda? ¡Ya se trabaja en ello y conviene seguir! Al hacerlo aflorarán fácilmente aspectos sociales y de infraestructura muy significativos. Es también el momento en que el usuario, probablemente asesorado por técnicos, urbanistas y arquitectos en general, establezca sus exigencias. Constituir comunidades de este tipo y con estos requerimientos dará lugar a cambios sociales. ¡La sociedad tendrá que cambiar! ¡En el futuro nuestra manera de vivir deberá adaptarse a la manera en que sabemos producir energía renovable! ¡Al igual que en el pasado los cazadores-recolectores un día se convirtieron en agricultores y ganaderos! ¡Como afirmación de tipo general, muchos estamos de acuerdo! ¡Hagámoslo! Preguntémonos primero: ¿hasta qué punto la sociedad puede cambiar? ¿En qué condiciones cambios importantes, como los que parecen estar sobre la mesa, podrían llegar a un final satisfactorio? ¿De qué manera podemos ayudar a conducir estos cambios, para que realmente se hagan con firmeza, sin retrocesos y en un tiempo razonable?

Hay un debate próximo, con algunas connotaciones similares que nos puede ayudar a acotar la cuestión. Se trata del debate sobre la densificación urbana. Fue iniciado hace tiempo y ha tenido resultados diversos, pero vale la pena seguirlo. Es un debate enrevesado y dominantemente técnico, si bien involucra aspectos culturales y ciudadanos. El discurso de los especialistas en densificación nos muestra cómo la complejidad del tema es anterior a la actual transición energética. Implícitamente embargo, nos está diciendo que hoy, una vez puesta en marcha la transición, su debate ha sido reabierto con una contundencia notable. Volvamos a los rasgos esenciales de la densificación. Recordemos las excelencias de la ciudad compacta frente a la ciudad difusa. La ciudad compacta puede lucir la proximidad a los servicios, ahorro de recursos, eficacia del transporte público y en general facilitar la vida en comunidad. La ciudad compacta parece tener todos los pronunciamientos favorables y, sin embargo, parece evidente que las ciudades reales a veces son compactas, a veces son difusas, y a veces son algo entremedio. Las razones que nos llevan a esta situación son tan naturales como la propia vida. La libertad del ciudadano le puede llevar a renunciar a alguna de las eficacias de la ciudad compacta a cambio de la proximidad a la naturaleza o de alejarse de ruidos diversos. Los grandes rasgos constitutivos de las ciudades reales hoy son el resultado de un largo proceso donde ha incidido, además de las políticas territoriales, las recomendaciones de los urbanistas y las decisiones ciudadanas con sus componentes ideológicas y todas sus naturales libertades y coacciones.

¡La sociedad debería cambiar para hacer avanzar la transición energética! ¡La sociedad tiene también otras razones de cambio y algunas de ellas son extremamente importantes! Recordemos que, por un lado, estamos en plena revolución tecnológica y por otro lado queremos una mayor resiliencia. La primera de estas razones nos hace considerar la innovación en comunicación, robótica y digitalización y los correspondientes cambios en la infraestructura productiva. La segunda quiere superar la vulnerabilidad evidenciada en la crisis del coronavirus. La revolución tecnológica va camino de tener un gran impacto en la estructura industrial, en el empleo y en el día a día de nuestra sociedad. Como en todas las revoluciones, se confía en que, a la larga, salgamos globalmente beneficiados, pero a la corta parece que las dificultades serán enormes. Tenemos que estar preparados para asumir cambios que hoy son inciertos de pronosticar. Tampoco podemos olvidar que, si queremos una mayor resiliencia, deberemos llevar a cabo iniciativas diversas como repatriar fabricaciones esenciales o proteger la agricultura de proximidad. A raíz de este último punto, el futuro nos puede llevar a algún litigio entre tierras de cultivo y campos solares que naturalmente convendría evitar de raíz. La sociedad y su infraestructura energética deben adaptarse una a otra.

Sin embargo, la sociedad raramente ha cambiado a golpes de reglamento y los responsables de activar el camino legislativo que facilite estos cambios deben tenerlo presente. El legislador debería pensar tanto en los casos que hoy ya muestran una buena proyección de futuro, como los que en la actualidad muestran serias dificultades de adaptación al todo-renovable y establecer un marco regulador estable. ¡Este es un punto difícil de resolver! Para los primeros, los reglamentos deberían permitir una rápida solución de diseño e instalación de infraestructura renovable y distribuida. Para los segundos, que curiosamente son mayoría, se debe ofrecer algo específico y esto no se improvisa. Los reglamentos actuales están dando una respuesta suficiente a los casos antes señalados como casos que muestran una buena proyección de futuro o casos simples tanto industriales como domésticos. ¡Se puede trabajar en la solución de estos casos y esto se va notando!

¡Qué poco se ocupa la sociedad de aquellos ciudadanos y negocios que en la actualidad muestran serias dificultades de adaptación al todo-renovable! A veces parece que implícitamente te están diciendo: ¡vete de esta ciudad tan compacta que no tiene espacio para construir campos solares! Hay muchas ciudades compactas que en su historia reciente han logrado importantes mejoras en áreas diversas ligadas al bienestar, y lo han hecho gracias a su cualidad de ser compactas. La tarea de conservar las citadas mejoras y hacerlas compatibles con un futuro todo-renovable es compleja. La complejidad puede ser aún mayor si combinamos el problema de la captación de energía con la movilidad. Reducir el tráfico parece lo más razonable, pero ¡qué diferente es compartir vehículo en un entorno compacto y en uno difuso! Será necesario empezar a trabajar con aciertos y desaciertos, corrigiendo implementaciones y errores, repitiendo soluciones exitosas y consolidando lo más conveniente. Será necesario estimular la emprendeduría para conseguirlo o tal vez será necesaria la renuncia a alguna comodidad. Seguramente, la ciudad compacta deberá asociarse con municipios vecinos. Durante el proceso de adaptación quizás algún ciudadano y algún negocio se irán de la ciudad compacta… Estamos ante un proceso muy conectado con otras consideraciones urbanísticas y por tanto de una complejidad notoria. Es también un proceso con un agravante rebuscado: el problema afecta en unos aspectos a los habitantes y negocios de ciudades densas y en otros a los de ciudades más difusas y medios rurales. Este último punto complica la búsqueda de solidaridades fructíferas. Tenemos que ponernos manos a la obra para encarrilar correctamente el problema y asegurar el camino que nos lleva al todo-renovable.

El desarrollo de recursos energéticos distribuidos se encuentra, en este momento, en una coyuntura enormemente interesante. ¡Hay incertidumbre, pero hay buenas perspectivas! En coyunturas así solo hay una manera de avanzar y es trabajando, observando y corrigiendo. Hablamos de trabajar en desarrollos reales. Hablamos de observar las capacidades obtenidas. Hablamos de corregir y ajustar según comparamos resultados con previsiones. Estamos hablando de correcciones y ajustes tanto técnicos como sociales. Entre los técnicos habría por ejemplo la mejora de la tecnología de captación solar, y entre los sociales podríamos contar el reconvertir el tipo de uso del suelo en algunas zonas o el desplazar alguna parte de la población con el fin de integrarla a alguna comunidad energética conveniente. Cuando preguntamos a los desarrolladores de estos recursos una predicción de realizaciones para el futuro próximo y su calendario de puesta en operación, debemos entender que la respuesta es difícil de concretar hoy.

Trabajar significa empezar con el desarrollo legislativo y reglamentario. Convendría hacerlo con colaboración con los afectados y en un tiempo razonable y sin olvidar la casuística que en este caso puede ser extensa. Reglamentar algo nuevo es una tarea compleja que quiere una dedicación especial y una dosis importante de realismo predictivo. ¡Es el momento de recordar que los afectados somos probablemente todos!

Se debería continuar con el diseño de las instalaciones intentando hacer frente al reto y a las dificultades generadas sean por la baja densidad energética de la captación solar, por las particularidades de la ciudad compacta, o por las razones que sean. Ya hemos hablado de ello. Un aspecto importante que genera un trabajo innovador es la utilización constructiva de la información *online* relativa a los suministros, salvando problemas tales como la confidencialidad de datos. Hay trabajo que hacer en este ámbito. La creación de comunidades energéticas siguiendo los reglamentos de agregación de la demanda es una de las tareas con más contenido del proceso.

Una de las grandes directrices europeas en este ámbito radica en conseguir la intervención y la habilitación del ciudadano para que tome decisiones en la nueva estructura. En la tarea de preparar reglamentos, el ciudadano está representado por el político que dará su opinión y también consultará al desarrollador de la ingeniería, al arquitecto y a los expertos que convenga. ¡Qué bien si en este proceso se cuenta también con aquel emprendedor que pueda aportar el dinamismo necesario a toda nueva realización a cambio de obtener un beneficio razonable! ¡Qué bien si este emprendedor tiene, como hemos dicho en otra ocasión, unas dimensiones adecuadas a la función que se le está encomendando! El proceso de creación de agregaciones de usuarios necesitará, pues, de un seguimiento específico para garantizar los planes previstos y eventualmente hacer frente a reticencias que dificulten la implementación. Conforme avance el proceso se deberá comprobar, no solo su progreso, sino también el hecho de que se mantenga la capacidad de predecir cómo quedará la red eléctrica y como mejorará su flexibilidad gracias a las implementaciones realizadas. Conforme avance el proceso, se debería poder corregir con más evidencias la predicción de potencia plenamente regulable que necesitará en cada momento en la red.

La implementación de recursos energéticos distribuidos puede constituir hoy en Occidente una auténtica inflexión histórica a recordar años a venir. Ciudadanos, políticos y tecnólogos deberían estar a la altura que la circunstancia exige para hacer posible la transición. ¡Qué complicados pueden llegar a ser los próximos años de desarrollo, implementación y retroalimentación!

En el ámbito de la implementación renovable es importante no olvidar una serie de iniciativas que son modestas, pero que, bien llevadas, pueden convertirse no solo un buen ejemplo de sostenibilidad y socioconciencia sino también una solución localmente válida. Es importante consecuentemente, profundizar con rigor y realismo en su utilización en zonas que aseguren el equilibrio entre área de captación solar en el ámbito doméstico, superficie de bosque regenerable o de cultivos energéticos en la región y necesidades del colectivo implicado. Las zonas medianamente pobladas, en nuestras latitudes, suelen disponer de bosques relativamente extensos. Por un lado, estos bosques contribuyen a la absorción de CO_2 y pueden producir leña o biomasa forestal y también madera para otros usos. Por otro lado, nos conviene que la zona de bosque se mantenga limpia y con una carga térmica limitada para que el riesgo de incendio esté razonablemente bajo control. También es importante que no peligre su capacidad de regeneración natural. Gestionar un bosque con criterios sostenibles es una tarea quizás no muy compleja, pero por supuesto multifrontal. Nuevamente la gestión no puede seguir criterios dominados por la eficiencia y la economía. Un bosque debería ser el resultado del compromiso que permitiera el cumplimiento razonable de lo que está en juego.

Por todo lo dicho en este apartado, es importante que el todo-renovable se alcance de forma sólida por mutua adaptación entre sociedad e infraestructura energética y de forma desacoplada de la descarbonización. Si a una tarea compleja como esta le añadimos la presión que supondría tener que responder en fecha además a objetivos de descarbonización, probablemente dificultaríamos los cumplimientos en juego. Si por el contrario, distinguimos la descarbonización y la culminación, como dos grandes etapas con creación de infraestructura energética renovable y eficiente, aumentamos las garantías de éxito global. La descarbonización se haría utilizando todas las fuentes descarbonizadas disponibles, asegurando los hitos medioambientalistas. La culminación completaría la creación de infraestructura energética renovable y eficiente iniciada hasta alcanzar un todo-renovable armónico con la sociedad cambiante.

3.2.2. Ahorro y eficiencia

Este ámbito de eficiencia y ahorro energéticos nos lleva a prever actuaciones que limiten el consumo energético y también a modificaciones en instalaciones domésticas, industriales o de movilidad. Esta iniciativa debería permitir fortalecer los objetivos de sostenibilidad trazados en la creación de infraestructura de producción renovable. Las acciones encaminadas a limitar el consumo por la vía de incidir sobre los hábitos de los usuarios, tienen una gran proximidad con lo que más adelante trataremos con el nombre de *acuerdos de sobriedad*. Dado que estas acciones de mentalización y de concienciación del usuario de la energía y del ciudadano en general afloran a lo largo de todo el texto, en este apartado me ciño a temas de crear infraestructura. Comentemos, pues, a continuación algunos aspectos de la optimización del ahorro energético en el entorno doméstico, industrial y de movilidad. Digamos también de paso que, en este apartado de ahorro y eficiencia, la propuesta coincide bastante con la opción vigente y por tanto, de acuerdo con el comentario general realizado anteriormente, solo destacaremos aquellos aspectos de la propuesta que muestren alguna diferencia notable.

El proceso de optimización técnica de los consumos domésticos es una tarea ya iniciada en la que vale pena continuar trabajando con empuje. Si en el hogar encontramos electrodomésticos, iluminación, calefacción, agua caliente, cocina y refrigeración, nos corresponde revisar cada una de estas áreas y profundizar en su optimización desde el punto de vista de ahorro de energía. Cabe decir que la mayor parte de estas optimizaciones son acciones que han sido iniciadas y tienen ya un grado de madurez. El etiquetado de los electrodomésticos por iniciativa europea tiene más de 20 años. Las revisiones obligatorias a calderas domésticas son una práctica habitual. Las bombillas de hoy son claramente más eficientes que las de un pasado relativamente reciente… Las cosas son más complicadas cuando su corrección quiere una reforma y una inversión considerable. Los expertos suelen decir que, siguiendo los reglamentos vigentes de edificación, la vivienda de nueva construcción suele resolver correctamente el compromiso entre aislamiento térmico, confort razonable, coste de la instalación y consumo de energía de climatización. El problema es mayor cuando abordamos el acondicionamiento de la vivienda existente. Realmente son muchas las viviendas difíciles de remodelar con el fin de lograr una climatización eficiente. Existe una normativa para hacerlo y es importante recordar que la certificación energética de la vivienda proporciona pautas para abordar el tema. Existe también un impulso institucional que, vista la magnitud del problema tal vez tendrá que mejorar. La rehabilitación de edificios va alcanzando sus metas. Su seguimiento es difícil como todas aquellas mejoras que dependen del usuario.

El estudio de las necesidades energéticas de los procesos industriales nos recuerda que ya hoy tenemos maneras de ser más sobrios. Es un tema en el que tenemos que reconocer que ya se está haciendo algo y en algunos casos con contundencia. Casi siempre la motivación de este tipo de limitación ha sido económica y la iniciativa ha sido de ahorro directo. El problema aflora cuando intentamos generalizar la acción para que tenga un impacto real en el objetivo de sostenibilidad global propuesto. Un ejemplo claro es el del acabado de un producto. Muchos acabados vistosos y estéticamente atractivos que resultan ser definitivos para vender productos, son energéticamente costosos. ¡Esto está pasando y es enormemente difícil de regular! ¡El acabado y los componentes estéticos de los productos de consumo son a menudo el hecho que decanta al comprador hacia una opción u otra! ¡La publicidad suele destacar estos rasgos frente a los más funcionales que, a menudo, son similares a los que ofrece la competencia! ¡Qué complicado será convencer al innovador que utiliza esta práctica! ¡Quizás habrá que hacer las cosas de otra manera! Aquí, la planificación del ahorro puede entrar en conflicto, nuevamente, con la emprendeduria en general, que puede estar basando la venta en el carácter estético del producto.

La iniciativa llamada *cogeneración* merece un comentario. Si bien nace aprovechando una energía que en el pasado era un residuo, muchas de las implementaciones realizadas utilizan combustibles fósiles. Estamos ante una situación que conviene tener presente desde el primer día, a la larga las cogeneraciones deberán serlo de biomasa, y solo a medio plazo y según las circunstancias pueden ser razonables cogeneraciones que utilicen otros combustibles.

Un comentario parecido puede realizarse en relación a la valorización energética de residuos que, a pesar de todo, es un arma de doble filo. Por un lado, propone un reciclado, y por otro va contracorriente con el tema de reducir los contenidos energéticos de los productos manufacturados. A medio plazo, la debemos considerar una iniciativa perfectamente avanzada y bastante innovadora como para merecer un impulso y, por lo tanto, contar con ella dentro de las estrategias de transición energética. Es importante tener en mente, sin embargo, que paralelamente estaremos haciendo esfuerzos para que los productos fabricados incluyan un contenido en energía más limitado y esto llevará muy probablemente a residuos con menos poder calorífico y menos retorno en energía.

¡Hay que trabajar con más contundencia para limitar nuestros transportes y viajes! ¡Qué poco hemos hecho globalmente hasta hoy! Podemos empezar el tema por lo que parece más positivo, es verdad que en muchos países el transporte público de personas en desplazamientos cotidianos y rutinarios constituye un auténtico punto fuerte, funciona bien y se tiene conciencia de la importancia de su uso. En este ámbito, el momento actual nos pide una atención a una iniciativa que podría y debería tener muy pronto un gran impacto. Al igual que la energía más verde es la que no gastamos, el desplazamiento más «eficaz» es aquel que no hace faltar realizar. ¡Hablo de la iniciativa de trabajar desde casa y evitar los desplazamientos en la oficina! Creo que son muchas las tareas que hoy se pueden hacer en teletrabajo y que, si así se hiciera, notaríamos un impacto positivo en el servicio de trenes y autobuses, en el consumo de combustibles, en la contaminación y en la sobriedad de la sociedad en general.

Muy diferente es la dinámica de los viajes, sobre todo los de ocio. Reducir el número y la importancia de los viajes parece uno de los puntos a considerar si de verdad queremos poner en marcha acuerdos contundentes de sobriedad. ¡Aquí estamos en una situación diametralmente opuesta a lo que sería deseable! ¡Hoy se viaja mucho más que hace 25 años! El viaje de ocio se ha convertido en un espacio de actividad creciente con buenos resultados tanto para los negocios involucrados, tales como aviones, barcos, trenes, aeropuertos… como para las zonas receptoras del turismo con hoteles, restauración, gobiernos y colectivos locales… incluso para los que preconizan la «venta» de experiencias en sustitución de la venta de cosas… El viaje de ocio y el turismo están de moda. ¡Muchas son las regiones del mundo que han puesto en marcha su emprendeduría para hacer viable y solvente esta industria que en algunas zonas ha llegado a producir euforias colectivas! Limitar nuestros transportes y viajes, producirá por supuesto conflicto con estímulos sociales diversos. No solo la emprendeduría se verá afectada, sino los estímulos de tiempo libre y de familia. ¡Qué difícil será avanzar en este ámbito!

3.3. Acuerdos de sobriedad

3.3.1. ¡Este es un tema complejo!

¡No vamos a hablar de sobriedad energética solamente, vamos a hablar de sobriedad de un ámbito mucho más amplio! ¿Por qué? Debemos hacer frente a un tema que, a pesar de tener un impacto importante en la problemática energética, es apenas citado en los discursos sobre la transición. Debemos prever la mitigación de los efectos que el productivismo tiene sobre el consumo de energía. Los estudiosos nos ayudan a entender que el productivismo y el despilfarro energético están relacionados de una manera muy cercana. El productivismo es causa raíz del despilfarro, pero también es efecto. ¡Hemos visto como ambos se potencian mutuamente! También hemos visto el vínculo del productivismo con lo anteriormente descrito como estímulo social consolidado en la sociedad global. Incluso hemos llegado a detectar y señalar que estamos en una sociedad donde parece como si poder gastar energía fuera un derecho de alto rango y, en consecuencia, poner dificultades al hecho podría ser considerado un ataque a la iniciativa emprendedora.

Estos lazos tan inmediatos, a veces nos confunden y nos llevan a separar problemas que no son nada separables. Bien es verdad que, como afirmación de tipo general «separar problemas es empezar a resolverlos», pero en este caso, esto no es viable. Si resolvemos el problema energético hoy, pero dejamos que la sociedad continúe con su talante productivista, mañana tendremos nuevamente un problema energético. Llevamos años y años con denuncias verbalmente contundentes contra el consumismo, la voracidad energética, el desperdicio de bienes de futuro, las agresiones al medio… Bienvenidos los discursos y bienvenidas también las acciones que se llevan a cabo para resolver o encarrilar todas y cada una de estas transgresiones, pero la corrección no será satisfactoria si, por un lado frenamos voracidad, despilfarro y agresiones, y por otro lado perdonamos el consumismo. Estudios solventes nos dejan ver que la sociedad mundial no está ni tiende hacia un equilibrio saludable, justo y equitativo. Hablo de un equilibrio en el que se produzca sobre todo para vivir. Este es quizás el equilibrio que firmemente desea la humanidad. Hoy desgraciadamente los más débiles son numerosos, muchos no tienen los mínimos indispensables para vivir y ni están ni se sienten protegidos constructivamente por el sistema.

¿Estamos proponiendo algo radicalmente nuevo? Probablemente no; hay textos de siempre denunciando estos hechos y también hay intentos diversos desde el mundo ideológico, científico y político. ¿Qué pasos adelante se han dado? ¿Por qué estos pasos no han sido más contundentes? ¡Se han dado pasos contra la voracidad energética! Se ha fomentado el transporte público y entre todos pagamos el de los rincones más castigados. Aunque no todos, ¡muchos hemos huido de ir en coche propio en todas partes y cuando queremos! ¡Se han dado pasos contra el despilfarro de bienes de futuro y contra las agresiones al medio! Hoy tenemos una protección del paisaje, una tímida ética de la minería y unas modestas ayudas a las energías renovables. ¡Se han hecho unas cuantas cosas!

¿Se han dado pasos contra el consumismo propiamente? ¡Sí, pero con menos afán! Se ha dicho que perturba nuestras vidas y decisiones. Se han potenciado espacios donde ubicar el discurso de los que ideológicamente opinan en contra y lo manifiestan. Se ha aceptado un código ético que hace de la publicidad hoy algo un poco más humano que lo que teníamos ayer.

Si el productivismo ha sido claramente identificado como causa raíz de un amplio conjunto de dificultades, nos interesa saber ¿qué se ha hecho contra el productivismo? Solo muy indirectamente ha sido ligeramente reformado o maquillado. Bienvenidas las consideraciones realizadas en el campo, pero la humanidad necesita, más que nunca, un paso adelante más claro y más contundente que los que se han dado hasta ahora.

Alguien puede decir que las cumbres sobre el cambio climático, los pactos sobre políticas de residuos o incluso los Objetivos del Desarrollo Sostenible ¡son acuerdos de sobriedad! Conceptualmente podemos admitir una parte de estas afirmaciones, es importante no menospreciar acciones que van en la buena dirección. ¡La complejidad del tema rebaja automáticamente la ambición de esta sección! Sé que es difícil terminar esta parte del texto tal como me gustaría, esto es, con un nivel de concreción equivalente al de las secciones anteriores. Esto no parece viable. El tema se escapa de las manos con facilidad. Por un lado, existen expertos en sobriedad, pero por otra parte existe una gran cantidad de gente involucrada con el problema energético, que absolutamente no consideran que la sobriedad tenga alguna relación con la transición. Muchos de los expertos en sobriedad describen sobre todo de qué manera quieren romper con el presente del planeta, pero de sus textos cuesta sacar algún punto que permita predecir en qué términos se podría producir un consenso o una aproximación.

3.3.2. El estado estacionario del planeta

El concepto de *estado estacionario* nos puede ayudar enormemente a entender el tema que nos ocupa. Un sistema está en estado estacionario cuando sus propiedades esenciales no varían en el tiempo. El concepto es significativo en campos muy diversos, personalmente lo he utilizado sobre todo en ámbitos tales como la termodinámica o la transferencia de calor, pero es intuitivo captar que también es válido en economía, sociología y todas aquellas ciencias que tratan de la predicción de comportamientos dinámicos y caracterizan ideas tan universales como el equilibrio o la estabilidad.

Es un hecho que de una pared caliente de un calentador eléctrico extraeremos más calor cuanto más temperatura tenga. Pero también es verdad que no podemos aumentar indefinidamente la temperatura de la pared, ya que el material del que está formada se puede acabar fundiendo o deteriorándose y una pared a temperatura alta puede significar un riesgo de accidente para las personas que se encuentren en proximidad. La optimización razonable de esta transferencia de calor la encontraremos a una temperatura moderadamente alta que garantice la integridad del material afectado, constituya un riesgo tolerable, permita una extracción suficiente de calor y estabilice el caudal de fluido calentado y la temperatura a valores estacionarios y razonables para el proceso.

El mundo de la ingeniería y la vida misma están llenos de optimizaciones semejantes a la del ejemplo anterior. En el mundo de la economía también son frecuentes las alusiones y los estudios que utilizan el concepto de *estado estacionario* que suele aparecer como el resultado de una optimización. Hay textos científicos abundantes que tratan en profundidad los grandes conceptos y parámetros utilizados.

La humanidad y el planeta donde vivimos son finitos y su funcionamiento puede ser optimizado razonablemente. Hay estudiosos que han producido una información sistemática que puede ser de utilidad para facilitar el debate y el progreso en el tema de la sobriedad. Hay una literatura científica que nos cuenta dónde estamos y qué grado de madurez tienen los estudios correspondientes. Hoy tenemos también algunos indicadores que facilitan poner al alcance del gran público las estrategias a debatir y a llevar a cabo. ¡Sabemos también un poco como podría ser un mañana equilibrado que, por supuesto sería más ecológico y más solidario! Algún estudioso también nos ha desvelado que alcanzar para todos y cada uno de los habitantes del planeta el nivel de confort del que ya dispone el ciudadano de Occidente hoy, ¡no parece viable! ¡El ciudadano de Occidente deberá vivir de forma más sobria! Esto se tendrá que explicar, se tendrá que entender… ¡El progreso en este ámbito puede ser difícil y, en cualquier caso, deberá venir avalado por el mejor conocimiento científico disponible!

3.3.3. ¿Qué se está haciendo?

¿Qué se está haciendo para detener o frenar el productivismo-consumismo? ¡Alguien podría contestar que nada! ¡O que, explícitamente nada, y un poco de razón tendría! El que responde así fácilmente es tratado públicamente de antisistema que no aprecia los gestos de confluencia y de compromiso realizados por grupos ideológicamente diversos. Tan injusto sería no apreciar estos gestos como contentarnos con las acciones pactadas hasta hoy como únicas actuaciones destinadas a frenar el productivismo.

Existe un número considerable de acciones indirectas que se llevan a cabo como políticas públicas y tienen un cierto impacto en el frenado del consumismo. Sin embargo, pocas veces la voluntad de frenar el consumismo se muestra de forma explícita en declaraciones públicas. Es justo reconocer que muchas de las metas que nos hemos fijado en los ámbitos de medio ambiente y residuos tienen un impacto de progreso en la lucha contra el consumismo-productivismo. Cuando «reducimos, reutilizamos y reciclamos» estamos haciendo algo útil que hay que aplaudir y, en función de sus resultados, mantener y mejorar o incrementar.

Además, como política pública se está haciendo también una cierta pedagogía de la sostenibilidad y del compromiso personal. La sostenibilidad, tanto la global como la energética, se lleva a cabo mediante acciones personales y colectivas. Tanto unas como otras son absolutamente necesarias y esto se está comunicando al ciudadano utilizando una pedagogía que incluye información y motivación, y nos hace avanzar en el propósito de conseguir el compromiso necesario con respecto a acciones personales a realizar. El término *sostenibilidad* aparece hoy repetidamente en la vida cotidiana y esto es un síntoma de que el concepto se abre camino para consolidarse como parte del contenido de la ética del momento. De aquí se deriva un cierto autoconvencimiento del ciudadano con su compromiso personal consecuente. Al igual que en muchas visiones personales, estamos ante algo en parte autónomo, y en parte inducido por consignas y políticas públicas.

La preocupación por la sostenibilidad nos lleva al concepto de *Desarrollo Sostenible*. El agotamiento de los recursos y la degradación del ambiente dieron lugar, hace tiempo, a un debate con notables pasos adelante y una consolidación como iniciativa dentro de la organización de las Naciones Unidas. De este ámbito son los Objetivos del Milenio en el pasado reciente y los vigentes Objetivos de Desarrollo Sostenible. Estos últimos son un conjunto de principios que deben hacer posible la sostenibilidad mundial entre los años 2015 y 2030. Fueron negociados y acordados por un extenso grupo de países que incluye prácticamente todos los del mundo. Contiene temas muy diversos.

¿Qué entendemos por *Desarrollo Sostenible*? El Desarrollo Sostenible consiste en casar la sostenibilidad con los principios conocidos del desarrollo. Aparentemente parece una buena salida, y quizás lo está siendo como primer paso adelante. Se trata de combinar unos buenos reglamentos que permitan detener despilfarros varios con un saber hacer típico de la sociedad de siempre. Esto debería llevarnos a una alternativa interesante. Entiendo que ha habido debate y una cierta confluencia. Entre los partidarios del desarrollo sostenible, hay políticos enfervorizados en la confluencia entre posturas distintas o decididos a utilizar el bagaje en cuestión para maquillar sus posturas de siempre. Algún pacto entre partidos, sean derechas o izquierdas, ha participado en la movida. Entre los críticos, además de los radicales de ambos signos, hay científicos del ámbito de la economía y las ciencias sociales. Es la crítica de estos científicos la que nos llega con más solidez y serenidad. Estos, como a menudo hacen los científicos, por un lado reconocen en la iniciativa aspectos positivos e innovadores, y por otro lado hacen balance crítico de las aportaciones. Entre los aspectos positivos, destacan la contribución en potenciar el respeto al medio ambiente y a las generaciones futuras. En cuanto al balance de las aportaciones, señalan sus ambigüedades como dar por hecha la compatibilidad entre sostenibilidad ambiental y crecimiento económico tradicional.

A pesar de las críticas, el llamado Desarrollo Sostenible está en boca de muchos. Está encajado en los programas de muchos partidos políticos y es, ya lo hemos visto, objeto de grandes acuerdos en el marco de las Naciones Unidas. No sería justo no reconocer el hecho como positivo respecto a los contenidos que podíamos observar en un pasado no muy lejano. Siguiendo la opinión de los expertos, entiendo que la iniciativa aún puede mostrar su progresismo en muchos ámbitos y podemos decir que tiene alguna traza de sobriedad manifestada sobre todo en sus alusiones al empleo y el consumo responsable. En contrapartida, en el texto aprobado aparecen frecuentes manifestaciones de las excelencias del crecimiento económico.

3.3.4. ¿Qué dicen los estudiosos de la sobriedad?

Llegados a este punto y con el ánimo de entender qué propuestas podrían tener éxito, es importante captar la opinión de los estudiosos de la sobriedad. Estamos intentando escuchar un grupo científico relativamente pequeño. Ellos mismos dicen que no son economistas, ni ambientalistas, ni sociólogos. Son un colectivo que utiliza la aproximación científica y sus bagajes básicos en estas y otras disciplinas para intentar explicar la coyuntura que vive el planeta y producir una recomendación sobre su evolución deseable. Sus resultados quizás no constituyen hoy una propuesta completa, estructurada y consensuada pero la solidez de sus argumentos y declaraciones es reconocida como científica para un amplio sector tanto de adeptos como detractores.

Tienen claro que la humanidad debe encaminarse hacia un funcionamiento estacionario en riqueza y población, dado el entorno finito en el que nos encontramos y la fragilidad de nuestros ecosistemas. Los recursos naturales deben ser analizados para entender sus limitaciones y dar lugar a unas restricciones razonables de uso. Son críticos con la economía clásica. Sus críticas comportan planteamientos más o menos profundos. Algunos claman constituir propiamente una alternativa. Otros se limitan, más modestamente, a establecer conceptos o indicadores que ayudan a mostrar las dificultades del funcionamiento armónico de la sociedad con el planeta. Son críticos también con el llamado Desarrollo Sostenible y destacan la incapacidad de este en combatir el consumismo. Lamentan que el saber popular no entre en matices y lo considere simplemente progresista.

En el pasado reciente he tenido ocasión de seguir y analizar exposiciones divulgativas de ofrecimientos anunciados como: decrecimiento económico, economía ecológica, economía verde, análisis de los límites del crecimiento, economía circular, índice del planeta feliz, simplicidad voluntaria… Todos estos ofrecimientos, cada uno de ellos con su grado de elaboración, hablan de: frenar el consumismo, respetar el planeta, entender los límites de la actividad humana, pensar en la felicidad social y la prosperidad sostenible … Todos ellos son bastante explícitos en el objetivo de superar el consumismo… ¡Es tal vez el momento oportuno para escucharlos y tener más presentes sus contenidos! Considero que los autores de estos pensamientos son propiamente estudiosos de la sobriedad y reclamo que los tengamos mucho más presentes en el debate iniciado.

La llamada economía ecológica me ha parecido especialmente relevante en el contexto en el que estamos. ¡La economía ecológica es, para mí, este pensamiento muy ecléctico en sus formas y todavía muy anárquico y poco consolidado! Los científicos que lo representan también dicen de sí mismos que no son economistas, sino compiladores de estudios multidisciplinares con el objetivo de defender científicamente la sostenibilidad social y ambiental. *Defender científicamente* significa defender con estudios y conocimiento y no simplemente con posicionamientos ideológicos. En esta defensa, se suelen analizar las capacidades de la humanidad para vivir dentro de los límites que nos ofrece el planeta. Para llevar a cabo este tipo de estudios, entre estos científicos encontramos biólogos, físicos, químicos, economistas, ingenieros y todo tipo de profesionales de la ciencia. Normalmente son críticos con todo aquel que se empeña en la eficiencia como valor dominante y tal vez único a tener presente, y en este sentido, la señalan como contraria a la ética más natural. Es imposible, dicen, encontrar la sostenibilidad a través de la concepción de mercado de la economía convencional. Son críticos con el llamado *crecimiento económico* y proponen acotarlo siguiendo los desarrollos ambientales y estudios de los recursos naturales. Declaran que su visión es de progreso, pero insisten en desligar este progreso del crecimiento. Sus desarrollos incluyen consideraciones a la equidad humana en general y la equidad entre generaciones. Esto es lo que yo he entendido leyendo estas exposiciones divulgativas y ayudándome con conversaciones con especialistas de este ámbito.

3.3.5. ¿Qué creo que podemos hacer?

¡Estamos aquí para dar un paso adelante y producir sobriedad! ¿Por qué hablo de sobriedad? Hay matices. Podría estar hablando de sostenibilidad o de anti-consumismo como todo el mundo. Pero he pensado en utilizar, al menos en este texto, una palabra que englobe los dos términos con el ánimo de ajustar un poco más mi pensamiento. Una acción o un producto son sostenibles cuando son compatibles con la gestión de los recursos que utilizan y no hacen temer por su agotamiento. En cuanto al consumismo es, ya lo hemos dicho, la compra y la acumulación de bienes y servicios que en principio no necesitamos. Una vida o un acuerdo en sobriedad incluyen, para mí, sostenibilidad y anticonsumismo. A menudo, muy a menudo las acciones sostenibles afortunadamente facilitan el anticonsumismo.

Estamos aquí para frenar los efectos que la falta de sobriedad tiene sobre el consumo de energía y también, si es posible, para evaluar qué incertidumbre de aplicación tiene la cuestión. Hasta ahora esta sección ha presentado la complejidad del problema, la descripción de las realizaciones en curso y de la opinión de los expertos en sobriedad. Hasta ahora los expertos han cubierto las fases de denunciar las malas prácticas tanto públicas como privadas y recomendar estilos de vida intrínsecamente sostenibles y anticonsumistas, es decir, sobrios. Es importante no infravalorar lo que se ha hecho hasta ahora. En efecto, las tareas de concienciación no tienen vuelta de hoja, se están llevando a cabo y así tenemos que seguir mientras la sociedad global mantenga su posicionamiento actual. Es también importante entender que hay todavía mucho por hacer y que además de las acciones de concienciación social realizadas convendría emprender las acciones de gobierno pertinentes que reforzaran el objetivo trazado. La historia nos juzgará cuando se confronten los resultados de ambos tipos de acciones.

No es fácil frenar el productivismo de forma directa. A veces empezamos hablando de él y acabamos debatiendo aspectos generales de la sostenibilidad. Hay razones para ello. En efecto, estamos en el círculo producción-empleo-consumo que tiene una lógica propia que nos debe hacer entender la raíz de la dificultad. Cualquier modificación que queramos llevar a cabo sobre el consumo deberá tener presentes sus interacciones con la producción y el empleo, y por lo tanto deberá prever una solución integral del problema. Esto quiere decir, el tema deberá ser tratado con las herramientas y los actores establecidos para ello y también con los expertos que conocen su dinámica.

Todo es más complicado aún debido a la coyuntura en la que aflora el problema. Por un lado, estamos en puertas de una revolución tecnológica basada en unas tecnologías que pueden poner en peligro el empleo severamente en los próximos años. Por otra parte, la escalada vertiginosa de la obsolescencia de los equipos es hoy, ya por sí sola, un problema notable. En efecto, ordenadores personales, teléfonos, televisores y algunos electrodomésticos caducan hoy, no porque dejen de funcionar, sino porque dejan de ser compatibles con los nuevos desarrollos. ¡Qué difícil es gestionar una reducción del productivismo en estas condiciones!

¿Cómo le decimos al emprendedor que no nos fuerce a comprar lo que no necesitamos? ¿O que no fabrique lo que no queremos? ¡Es complicado, pero se está haciendo y se tendrá que hacer más! En varias ocasiones hemos citado al emprendedor de negocios y hemos destacado sus cualidades de encontrar espacios de negocio dentro del entorno que forman la sociedad y la cambiante tecnología. Hoy podemos encontrar ya efectivos de la emprendeduría incentivados para luchar a favor de la descarbonización o en tareas de reciclaje, y a partir de ahí podríamos ensanchar este ámbito con otras iniciativas antiproductivistas. ¡Hay trabajo que hacer!

¿Cómo le decimos al sindicato que un número importante de puestos de trabajo, hoy dedicados a producciones que generan un consumismo abusivo, deben desaparecer? ¿Cómo le decimos que son el futuro del planeta y la ética quienes nos lo piden? Esto también es complicado, pero se está haciendo y ¡se tendrá que hacer más! Los sindicatos son ya hoy conscientes de que las actividades de economía circular deben progresar y que en un futuro próximo se espera que alcancen una proporción notable y creciente.

Estas son las premisas de un pacto de futuro que quizás no es inminente pero tarde o temprano se tendrá que establecer. Observo síntomas de que tanto los sindicatos como las organizaciones empresariales piensan en ello, pero de momento el tema no parece nada cercano. No en vano la economía circular no llega hoy al 10% de la economía mundial. Así finalmente las iniciativas de gobierno destinadas a frenar el consumismo se limitan hoy a acciones de concienciación del consumidor.

Más a menudo utilizamos formas indirectas de limitar el productivismo. ¡Bienvenidas! Antes que nada, hay que decir que no son nada nuevas y que algunas tienen una historia significativa. Enumeramos las más relevantes. Se puede limitar el productivismo desde: la negociación sindical, la gestión de la calidad del producto, las políticas de defensa del consumidor, las políticas de km0, o intensificando aspectos concretos de las políticas de medio ambiente y residuos. Seguro que hay más.

3.3.6. Dificultades adicionales

Antes de seguir adelante creo que es importante evaluar la magnitud y la interconexión del problema, aunque sea cualitativamente. Esta evaluación nos permitirá entender algunas de las dificultades adicionales existentes en la implementación de la sobriedad. Cuando hemos estudiado los diferentes estímulos que recibe el ciudadano en la actualidad, hemos determinado que una parte muy importante de la humanidad responde directa o indirectamente a lo que he llamado *estímulo consolidado*. Se trata de un estímulo de nuestra sociedad occidental que nos empuja a producir más y mejor y es, en cierto modo antagónico, la socioconciencia. Esta nos pide que limitemos el consumismo y adoptemos un perfil de sobriedad para nuestra vida. El producir más y mejor, en contrapartida, está muy arraigado en nuestros rasgos culturales básicos. En este contexto, el arraigo social y efectivo de este estímulo aparece como una dificultad a salvar para avanzar en el ámbito de la lucha contra el consumismo.

Coincidir en el tiempo con los otros dos problemas coyunturales citados en este texto es una dificultad de envergadura considerable. Este hecho aflora tanto cuando pensamos en descarbonizar como cuando tratamos con el Sur Global. Recordemos que la descarbonización quiere un paro fósil en un tiempo limitado y el Sur

Global necesita de un apoyo efectivo a su emancipación. Una humanidad pendiente de realizar el paro fósil a tiempo será seguramente menos apta para cooperar con el Sur Global o con la reducción del consumismo.

Caminar hacia un mañana ecológico puede tener un impacto considerable sobre la actividad de los habitantes del planeta, sobre la capacidad de generar recursos vitales, y por tanto indirectamente sobre la demografía. Bien es verdad que la población mundial está mostrando ya algún síntoma de estabilización. No tenemos las tasas de crecimiento del pasado reciente pero todavía crecemos. El planeta es bastante diverso como para encontrar países de muchos tipos. Seguro que algunos deberían reducir su actividad en el tiempo que transcurra entre hoy y la consolidación del mañana ecológico. Este hecho podría llevar a la necesidad de una reducción de su número de habitantes en unas pocas generaciones. No es la primera vez que hechos como este tienen lugar y en muchas ocasiones del pasado no han sido resueltos de la forma humana, cívica y democrática que deseamos. Si de verdad queremos llegar al mañana ecológico, debemos tenerlo presente. Parece que hoy se ignore esta controversia. ¡De hecho, algunos analistas energéticos lo tratan, pero son muchos los que ni tratan ni recuerdan la conexión entre demografía, productivismo y consumo de energía! El tecnólogo en general y los expertos en tecnologías energéticas deberíamos encontrar una manera de instrumentar una importante coordinación con los especialistas en sobriedad.

La lucha contra el productivismo está necesitada de un entendimiento mundial. Aquí también encontramos un negacionismo de la sobriedad del que volveremos a hablar. Es un hecho relevante, ya hemos dicho que, si algún país o algún gran grupo queda fuera de los pactos que se puedan establecer, solo por el hecho de estar fuera, ya restringirá la eficacia global de los acuerdos. Esta es una dificultad mayor. Son muchos los países que dicen que el consumo de sus ciudadanos es responsable y que los poderes públicos ayudan a mantener la actividad propia dentro de los límites que lo hacen razonablemente posible. Son también muchos los países y grupos negacionistas de la sobriedad que niegan la necesidad de insistir en el tema o conceden importantes excepciones a negocios de país o de grupo. Esta dificultad se hizo patente al redactar y acordar los «Objetivos de Desarrollo Sostenible» (ODS), y debido a ello estos no son propiamente un acuerdo de sobriedad. No lo son, pero con alguna mejora podrían acercarse.

Cuando hemos hablado de cambio climático, partíamos de un consenso científico relativamente amplio. Son muchos, aunque no todos, los científicos expertos en el tema que ven el problema como crítico y que, consecuentemente, aconsejan una reducción drástica de las combustiones fósiles. Cuando hablamos de frenar el consumismo-productivismo o de acuerdos de sobriedad, el consenso es menor.

¿Por qué razones este consenso es menor? Hay razones ideológicas y razones de urgencia. Ambos tipos de motivos deberían ser considerados.

Los grupos ideológicos suelen estar de acuerdo cuando utilizamos términos tales como *consumo responsable*, por ejemplo. Este término, ampliamente bien entendido y aceptado, evoca el de *producción responsable* y hasta aquí todo el mundo está de acuerdo. Los problemas surgen cuando intentamos decir algo más, cuando intentamos precisar qué entendemos por sobreproducciones o sobreconsumos, o cuando sugerimos acciones para intentar limitarlos o cuando razonamos sobre el impacto que estas limitaciones tendrían en general sobre las futuras recesiones económicas con las que se puedan involucrar. El diálogo entre grupos ideológicos en el intento de frenar el consumismo choca frontalmente con el hecho y raramente llega más allá de recomendar un consumo responsable. En algunos entornos he escuchado a quien correlaciona las dificultades actuales de corregir el hecho con el agotamiento definitivo del modelo de sociedad actual. En otros entornos de signo político contrario he visto cómo se argumenta en base al replanteo del capitalismo (*capitalism reset*). Según estos últimos, los directivos de la empresa del futuro llevarán a cabo su gestión rindiendo cuentas, no solo en el consejo de administración sino también a los *stakeholders* que incluyen la comunidad, los empleados, el planeta y el mundo financiero. Ninguna de las dos opciones parece tener hoy la clave de una solución completa de la situación.

Hay una consideración importante que, en mi opinión, a menudo es olvidada. Cuando hablamos de frenar el consumismo casi siempre pensamos acciones de concienciación y raramente en acciones de mejoras reglamentarias o acciones de gobierno específicas para avanzar en este punto. Se ha hecho poco, se está discutiendo, a veces se han hecho cosas que no se han visualizado eficazmente… Tratar la sobriedad significa sobre todo ocuparse de lo que se puede hacer en el ámbito global para incentivar que el estímulo de producir sea la propia vida. Tratar la sobriedad significa reconducir la emprendeduría para que su innegable fuerza se convierta en motor de una mejora continua en el contexto de un planeta en estado estacionario.

En cuanto a las razones de urgencia, no es nada nuevo señalar esta como uno de los aspectos que más incide en el intento de consensuar su tratamiento. ¡En muchos entornos de trabajo nos encontramos a menudo en que los temas se clasifican en urgentes y muy urgentes! No puedo negar una punta de ironía en esta afirmación, pero me cuesta decir que no hay urgencia en lograr un consenso sobre acuerdos de lucha contra el consumismo. Si comparamos la urgencia de un eventual acuerdo de sobriedad con la de un acuerdo firme para hacer realidad la lucha contra el cambio climático es obvio que este último es extremamente urgente y el otro es simplemente urgente. En este contexto me gusta hablar del acuerdo o de los acuerdos de sobriedad como algo más importante que urgente. ¿Será uno o serán varios acuerdos? ¿Qué liderazgo será el óptimo para conferirle garantías? ¿Cuáles serán los actores y cuáles los contenidos? La eficacia de estos acuerdos debe estar por delante de su urgencia.

3.3.7. Contenidos, actores y liderazgo

La situación pide consensuar el contenido de los acuerdos de sobriedad con ambición y realismo. Una propuesta que parece razonable es pactar una reforma de los ya citados ODS para que contuvieran en el futuro un acuerdo de sobriedad más efectivo. Los países podrían preparar con tiempo preceptos prácticos que guiaran la implementación de un consumo y una producción responsables en todo el mundo. Tendrían también tiempo de poner en marcha pruebas piloto de proyectos que fortalecieran el objetivo antiproductivista para poder discutir y acordar con más conocimiento.

Parece que la emprendeduría se encontraría en el centro del problema. Abrirle nuevos campos e intentar reconducirla y articularla con objetivo de llevar a buen puerto la sobriedad global podría ser un propósito del acuerdo. Seguramente existen otras maneras de motivar a los humanos. Buscar una motivación válida para una sociedad sin crecimiento demográfico, pero con un proceso de mejora continua sería un reto colectivo enormemente interesante. ¡Cuando observamos globalmente el momento actual, en primera aproximación nos parece como si el emprendedor estuviera haciendo implícitamente la hipótesis de que el espacio de actividad seguirá creciendo, la demografía seguirá creciendo, todo seguirá creciendo! Soy consciente del hecho y de la imposibilidad de entrar en un proceso siempre expansivo de actividad debido a los límites del planeta. El experto suele matizar las afirmaciones anteriores y solo las acepta en primera aproximación. En efecto, hoy el sistema ya limita, en cierta medida y por supuesto de forma imperfecta, la utilización de la competitividad como estímulo del progreso social. En momentos como el actual, correspondería perfeccionar esta limitación y conseguir adaptarla más a una sociedad que quiere evolucionar y encontrar razonablemente su estado estacionario. Un acuerdo de sobriedad debería conseguir que ni el gran emprendedor ni la suma de los emprendedores de dimensiones medianas o pequeñas tuvieran la posibilidad de acelerar considerablemente el ritmo de vida de la humanidad. ¡Alguien puede decir que esto ya se hace! Dentro de cada estado y de forma limitada probablemente sí. Pero es evidente que hay multinacionales y que también hay estados donde el gobierno sigue las directrices de los grandes grupos de poder. La reconducción de la emprendeduría es, pues, la base de un acuerdo de sobriedad. A veces pensamos que el emprendedor es simplemente alguien que se quiere enriquecer, por supuesto existe este emprendedor, pero también existe otro mucho más positivo y razonable. Hablo de aquel que piensa lo que a otros nos parece impensable y lo pone al servicio de un objetivo. Es aquel que produce progreso y no necesariamente crecimiento. Si ponemos esta emprendeduría al servicio de la sostenibilidad y de la lucha contra el productivismo, la sociedad sacará un gran provecho. Efectivos importantes de la misma se pueden dedicar perfectamente a la descarbonización, al reciclaje, a la implementación de los dictados de la socioconciencia y a otras cosas muy positivas.

Dado que el objetivo general de la iniciativa es frenar razonablemente el consumismo, la energía y el medio ambiente no tienen por qué ser protagonistas, si bien, en mi opinión aparecerán en la medida en que puedan facilitar la tarea de establecer acuerdos de sobriedad. Para constituirse en una ayuda real, la sociedad debería perseverar en el desarrollo de las recomendaciones de la ciencia medioambiental y de la transición energética. Las recomendaciones de la ciencia medioambiental pueden ser muy útiles si se concretan en una legislación avanzada que se constituya en un buen punto de partida para la sobriedad. Las recomendaciones de la transición energética, ya lo hemos visto, piden un ahorro, aunque a menudo no se haga bastante explícitamente. Tanto la transición propuesta como la llamada opción vigente proponen alcanzar un mañana ecológico que, para hacerse viable, debe ser más sobrio. La lucha contra el consumismo es indispensable en cualquiera de los casos. El contenido de estos acuerdos no puede obviar la ordenación del territorio en el ámbito mundial y asumir y reforzar lo que se acuerde al respecto cuando se hable del Sur Global.

Sabemos que la humanidad necesita avanzar en la mentalidad global de compartir. Un liderazgo adecuado debería permitir establecer en qué dirección tenemos que mover pieza, cuáles serían los actores del pacto y qué pasos serían aceptables en los necesarios acuerdos de sobriedad. Este punto se refiere a un cambio social que debería llevarse a cabo como transformación sólida, probablemente lenta y, por supuesto, armónica con la evolución natural de las cosas. A primera vista puede parecer difícil mover pieza. Pero seguro que hay ámbitos en los que se pueden dar pasos adelante que permitan introducir criterios de sobriedad utilizando políticas industriales y fiscales. No es nuevo observar que la sociedad está en plena efervescencia intentando asimilar los cambios que implícitamente le propone la tecnología. Esto permitiría analizar y conducir estos temas para sacar un provecho razonable para la implementación de la sobriedad. Muchos avances en robotización, digitalización y nuevas tecnologías están simplificando todo tipo de procesos. Esto incluye procesos no solo industriales, sino también administrativos, domésticos, de comunicación y de servicios. Esto nos hace considerar simplificaciones ambiciosas que a menudo responden a criterios de eficacia, pero también a criterios más humanistas o de participación y de progreso cultural. Todo ello debería fortalecer nuestra libertad, la democracia, y los medios para propagar los conocimientos y facilitar la comprensión mutua. Es el momento de consensuar que esta innovación tecnológica se lleve a cabo al mismo tiempo y de forma coordinada con una implementación seria de la sobriedad.

El liderazgo en la implementación de la sobriedad es un punto importante y, en mi opinión, no puede recaer ni en expertos en energía ni en geopolítica. Los primeros podrían caer en magnificar eufóricamente los desarrollos tecnológicos y quizás ignorar detalles relativos a los mecanismos del funcionamiento económico. Los segundos podrían practicar una equidistancia incómoda en función de las fortalezas de los países en juego. Esta vez, yo creo que deberíamos ser coordinados por expertos en economía-ecológica y expertos economía-clásica Los primeros son maestros en sostenibilidad y en la salud de los ecosistemas. Los segundos son buenos conocedores de los conceptos a poner encima de la mesa y de sus mecanismos. El liderazgo participado de estos dos últimos debería llevar al resto de actores a un diálogo constructivo pensando en ganar terreno para el futuro común. La necesidad de este liderazgo es para mí fundamental.

Si buscando garantías de cumplimiento, queremos tratar de urgente lo urgente y de importante lo que es importante, parece recomendable no empeñarse en quererlo todo a la vez. La inminencia de un colapso del planeta por calentamiento global nos obliga a insistir en acciones contundentes para frenarlo. El pacto sobre la reducción de las combustiones fósiles es, pues, radicalmente urgente, mundial e indispensable. La urgencia de este pacto desplaza la oportunidad de conferir a los acuerdos de sobriedad el mismo rango acuciante. Hoy corresponde ser fieles al refrán popular «quien mucho abarca poco aprieta» para garantizar de éxito la globalidad de las acciones previstas. Un acuerdo de sobriedad, en el contexto mundial actual, difícilmente puede construirse de forma amplia y sólida.

El éxito del avance en el ámbito de la sobriedad exige, pues:

- Conseguir que se tome en consideración, con realizaciones concretas en el ámbito público, la visión del problema de los expertos en economía ecológica.

- Perseverar en la pedagogía de la sostenibilidad y del anticonsumismo recordando su conexión con la transición energética.

- Incorporar acuerdos de sobriedad más avanzados en futuras revisiones de los ODS.

- Perseverar en todas aquellas acciones más modestas que hacen aflorar la sobriedad sin prisa, pero con solidez, con acuerdos inteligentes y con contenidos refinados.

3.3.8. Sobriedad, incertidumbre y predicciones energéticas

El gran tema de la sobriedad queda, pues, cerrado con lo que ya se ha dicho. Las conclusiones del tema son las ya expuestas. El objeto de los párrafos que siguen es solo volver a conectar con algunas consideraciones energéticas que conviene no olvidar. La falta de sobriedad produce incertidumbre en cualquier predicción de consumo a medio y largo plazo. Los esfuerzos predictivos sobre cómo evolucionará la demanda energética en los próximos años son complejos. La humanidad está aprendiendo a crear riqueza a la vez que ahorra energía. ¡En algunos casos ya lo sabemos hacer, pero no somos todavía maestros en el tema! Debemos creer que estamos aprendiendo. Hoy globalmente, conscientes o inconscientes, más bien estamos haciendo todo lo contrario. Sindicatos y organizaciones empresariales de momento han mostrado buena disposición para plantear la reducción del productivismo, pero por ahora el tema no es todavía una cuestión prioritaria.

Cualquier predicción de futuro debería prever márgenes que aseguren cubrir la incertidumbre existente. Así cuando nos pidan evaluar la previsión de demanda energética, el pico de potencia o la fracción de potencia plenamente regulable necesaria, deberíamos responder dando no solo los valores más probables de estos parámetros sino también su caracterización estadística o en su defecto una evaluación cualitativa del margen necesario. Esto significa estimar valores conservadores y bandas de error para generar las correcciones adecuadas. Fijémonos cómo, quizás sorprendentemente para algunos, consideraciones sociales como la incertidumbre en el comportamiento humano tienen un impacto directo en estimaciones señaladas normalmente como tecnológicas.

A menudo, en pleno debate energético, me encuentro insistiendo en que se tengan presentes las conclusiones de esta sección y lo hago sobre todo cuando sobre la mesa tenemos evaluaciones a 30 años vista. ¡Todos sabemos que son difíciles! A menudo solo pido que consideremos las incertidumbres involucradas y también noto una distancia importante entre los resultados a los que vamos llegando y las acciones de gobierno que se sugieren. Quizá la explicación de este punto la debemos encontrar en el hecho de que el talante actual de nuestra sociedad está lejos de la sobriedad. Esto desanima y debilita muchas posibles acciones colectivas. Cada día nos llegan cifras y noticias que ponen en evidencia el talante citado. Estos hechos explican la situación, pero obviamente no la justifican.

La sobriedad social es necesaria en cualquier iniciativa que intente ganar terreno en el camino de una transición energética razonable. Hoy no parece que estos principios formen parte del debate energético. ¡No parece que el grupo de expertos que intenta predecir la evolución futura de la producción de energía tenga presente que aún no hemos aprendido a progresar estructural y tecnológicamente ahorrando energía! El corolario de este razonamiento no es directo, no es mecánico, pero debemos tenerlo muy presente por la vía de aumentar la robustez de las soluciones aportadas. Allí donde la gestión de futuros inciertos pide redundancia, diversidad y margen, la falta de sobriedad manifiesta pide más redundancia, más diversidad y más margen… es decir, más robustez.

3.4. Apoyo al progreso energético del Sur Global

3.4.1. Equidad, desarrollo humano y emancipación

Anteriormente hemos presentado el problema coyuntural del Sur Global y su conexión con el tema energético. Hemos arrancado de breves consideraciones históricas que nos han permitido generar una descripción resumida de la situación en la que el Sur Global se encuentra hoy. Hemos hablado de precariedad infraestructural, pero también de estímulos sociales y mentalidades colectivas existentes. Antes de comentar actividades y acuerdos relativos al apoyo al progreso energético del Sur Global, convienen algunas palabras sobre equidad y desarrollo humanos y algún recordatorio sobre su emancipación.

La equidad humana se encuentra en el núcleo de la estrategia-marco que estamos definiendo. Con amplitud de miras, debemos entender la equidad como equidad entre personas, entre países y entre generaciones. Estamos hablando de uno de los grandes temas al que organizaciones diversas dedican ya afortunadamente un esfuerzo importante desde hace tiempo. Entre estas organizaciones se encuentran las que lo hacen por mandato público y también las que lo hacen siguiendo iniciativas no-gubernamentales. La experiencia del colectivo humano implicado suele ser grande y admirable.

El *desarrollo humano* es uno de los conceptos que más nos ayuda a progresar en este ámbito. Es un concepto enormemente útil y ampliamente aceptado. El Programa de las Naciones Unidas para el Desarrollo (PNUD) lo define y lo utiliza en sus informes regulares. En el capítulo de contexto hemos presentado el Índice de Desarrollo Humano (IDH) que ayuda a mostrar de forma simple el nivel de progreso para países y comunidades. También es de gran ayuda la relación entre el IDH y el consumo anual per cápita de energía. Los países del Sur Global se encuentran en unos rangos de consumo energético anual per cápita, inferiores a 1 tep, tales que cualquier aumento daría lugar a una mejora en desarrollo humano. El índice tiene sus limitaciones e imperfecciones, pero el aspecto mostrado es aceptado claramente. Si queremos ayudar al progreso humano en el Sur Global tendremos que prever, entre otras cosas, su progreso energético.

Si queremos hacerlo de verdad y en un tiempo razonable, hagámoslo en alianza con quienes lo conocen y en alianza con las tecnologías más actuales y, por tanto, con la ciencia. Tanto con la ciencia humana que nos recordará que las mentalidades globales existentes hoy en el Sur Global merecen un estudio y unas consideraciones, como con la ciencia tecnológica que nos permitirá crear la infraestructura necesaria para un progreso real y, a largo plazo, emancipador. Estoy hablando de una infraestructura elemental que incluye viviendas, vías de comunicación, redes de agua corriente, redes de alcantarillado, instalaciones industriales, obra civil destinada a la lucha contra los desastres naturales… El progreso humano necesita de un progreso material mínimo que lo haga posible, y este precisa de un gasto energético. La observación de datos de los informes del PNUD permite entender estas ataduras. Obviamente estoy hablando de un avance meditado y ordenado y no de algo puramente cuantitativo. ¿Sería muy oportuno preguntarse hoy si desarrollarse es lo que ha hecho Occidente en los últimos 200 años? La pregunta es retórica porque no podemos volver atrás, pero analistas varios se atreven a señalar el crecimiento occidental como desmedido y productor de diferencias que atentan contra la dignidad. Las ayudas al Sur Global deberían hacerse teniendo presentes las lecciones aprendidas del pasado. Tanto las lecciones del desarrollo occidental como las de la cultura de las relaciones humanas y comerciales entre sociedades de desarrollo diferente. Cualquier progreso material debería garantizar que un día el Sur Global pueda autoabastecerse y, por tanto, asimilar el uso y la creación de tecnología. Estoy hablando de tecnología eficaz y próxima, esto significa tecnología que permita el progreso elemental y evite, en la medida de lo posible, los errores conocidos del pasado. El Sur Global tiene que dejar de ser un mercado y convertirse primero quizás en un importador cualificado de tecnología, y más tarde en un colectivo con capacidad de iniciar una trayectoria propia.

¡Iniciar una trayectoria propia significa emanciparse! *Emancipación* es el concepto a tener en mente desde el inicio del proceso. Emanciparse es liberarse de una dominación externa. Hay dominaciones directas, como muchas de las que hubo en el pasado, y dominaciones indirectas como muchas que todavía parecen vigentes. Cualquier acción de ayuda, debería ser inequívocamente de ayuda y alejarse de dominaciones o dependencias encubiertas. ¡Es difícil, sobre todo en un mundo en plena globalización donde decisiones que se toman muy lejos acaban afectando la comunidad próxima! Muchos estaremos de acuerdo en que un buen objetivo de corto plazo sería conseguir que, si la globalización es inevitable, al menos tenga lugar de una manera digna.

Profundizando un poco más en las mentalidades globales existentes hoy en el Sur Global, hay consideraciones significativas a realizar. ¡A veces las actividades dominantemente tecnológicas son desgraciadamente convertidas en estrictamente tecnológicas! Este hecho a menudo elimina una parte muy importante del impacto social positivo que podría tener toda cooperación Norte-Sur. Hoy el ciudadano del Sur, que debido a la modernidad tiene acceso a muchas de las imágenes producidas en el Norte, tiene como deseo colectivo emular el bienestar occidental. Si el emprendedor occidental se acerca al Sur solo para vender, vender y vender… difícilmente se producirá la emancipación y el inicio de una trayectoria propia. Si el emprendedor occidental piensa en cooperar, asociarse y vender tal vez la misma resiliencia que desea para su entorno occidental, probablemente daremos un paso firme adelante. El estado estacionario del planeta, tal como lo hemos entendido y comentado anteriormente, no se producirá razonablemente si el Sur Global no avanza sustancialmente.

3.4.2. Acuerdos para el Sur Global

¿Cómo deben ser los acuerdos para el Sur Global? ¿Serán acuercos específicos del ámbito energético? ¿Serán añadidos a los acuerdos ya existentes? Por lo dicho hasta ahora, queda ya claro que la sostenibilidad energética del planeta no se alcanzará sin el progreso general y energético del Sur Global. Así pues, necesitaremos incidir en acuerdos de progreso general y establecer tal vez algún nuevo acuerdo de cooperación en el ámbito de la energía. Por razones de realismo, conviene recordar que cualquier progreso partiendo de una situación precaria necesita normalmente ayuda y esta debe ser irremisiblemente técnica y material. Esto significa de asesoramiento y de financiación. Las grandes iniciativas internacionales suelen tener presentes las dos vertientes indispensables de toda asistencia, si bien las prioridades, desgraciadamente, inciden a menudo de forma negativa.

¡Además, ya hay acuerdos por el Sur Global y algunos de ellos son específicamente energéticos! Hay acuerdos bilaterales entre países de aquí y de allí, iniciativas humanitarias, acuerdos entre empresas, proyectos de desarrollo… También sabemos que los ODS, si bien no son específicamente de acuerdos para el Sur Global muestran hacia este un interés importante y tratan de una sostenibilidad que lo incluye. Temas varios explícitamente conectados con estos objetivos, tienen una relación clara con el Sur Global. Cuestiones fundamentales como la erradicación de la pobreza, la lucha contra el hambre, la reducción de la desigualdad, la buena salud o la educación, son un buen ejemplo. También los relativos a las infraestructuras como el agua potable o la energía y los más ecológicos ya citados anteriormente válidos para todo el planeta. Si al hablar de sobriedad he apoyado los grandes principios del documento ODS, ahora al referirme a acuerdos para el Sur Global, con más razón doy apoyo.

Los ODS relativos al Sur Global constituyen un marco excelente para acomodar muchas de las cosas que hemos ido diciendo. Hablando de energía, podríamos tener la tendencia a magnificar el ODS 7 que intenta garantizar el acceso universal a la energía para el año 2030. Por supuesto conviene hacer un seguimiento y potenciar las condiciones que deben hacer posible su éxito. Es el momento de recordar la interconexión del acceso a la energía con los propósitos recogidos en la redacción de otros ODS. Si no avanzamos en energía tampoco avanzamos en lucha contra la pobreza o contra el hambre o en temas relativos a salud, educación y otros. La afirmación recíproca también vale: si no avanzamos en los grandes temas humanitarios tampoco avanzaremos en energía. Como siempre, debe haber una gestión armonizadora que permita un avance efectivo en la buena dirección. Seguiremos hablando de ello

Hay matices importantes a tener presentes al establecer nuevos acuerdos o fortalecer los ya existentes con el Sur Global. Todos los acuerdos son o pueden ser buenos instrumentos para colaborar en la tarea común que nos hemos trazado. Fijémonos que en este caso tampoco estamos pidiendo un acuerdo mundial con una finalidad como hemos hecho antes con los combustibles fósiles. Ahora estamos vigilando sobre todo que los acuerdos por el Sur Global:

– Tengan muy presente la situación de partida del país afectado.
– Tengan muy presente y apoyen su proceso de emancipación.
– Incidan de forma coherente en la preservación del futuro del planeta.
– Tengan un mínimo de garantías internacionales.

Producir salubridad y dotarse de una producción energética robusta son los dos grandes temas que relacionan energía y emancipación. El primero de estos dos temas exige el segundo. Se deberá gastar energía para construir infraestructuras esenciales como potabilizadoras de agua, tratamiento de aguas sucias y residuos, redes eléctricas y de comunicación. Cuando mayor sea la precariedad de la situación de partida, más ingeniosas y contundentes deberán ser las soluciones propuestas. A veces todo se resolverá con más energía, pero otras veces necesitaremos ingenio para hacer frente a la realidad concreta que encontramos. También tendremos que revertir situaciones de rechazo a las propuestas de progreso energético generadas. Recordemos lo dicho sobre proyectos energéticos del pasado y del presente que han constituido auténticas agresiones al territorio y a sus habitantes. En muchas ocasiones nos podemos encontrar con la necesidad resolver conflictos existentes, como requisito previo a cualquier actuación de proyecto.

Recordemos, sin embargo, que estamos en el marco de la emancipación de una sociedad que se estrena construyendo y también se estrena en el uso y la gestión de las instalaciones construidas. Se deberán prever el posterior mantenimiento y la operación de las infraestructuras construidas. Es el momento de escuchar a los buenos conocedores de los colectivos humanos del Sur Global y buscar su liderazgo para trabajar con una sociedad que se está emancipando. Hablamos de una sociedad que quiere iniciar una trayectoria propia en tecnología e infraestructura, y detecta la necesidad de progresar también en participación ciudadana y en general en calidad institucional. Prever esta trayectoria y llevarla a cabo quiere una dedicación, un conocimiento previo y un esfuerzo. Todo puede hacerse en colaboración con los países desarrollados y con su sistema consolidado de emprendeduría entendiendo que estos estén dispuestos a cumplir con los requisitos apuntados de apoyo, coherencia y garantías. ¡Qué bien si una emprendeduría local puede asumir su papel cuando antes! ¡Qué mal si la pretendida emprendeduría local resulta ser finalmente un engaño!

Los contactos con los países desarrollados tienen, como todo, sus ventajas e inconvenientes. Entre las ventajas, podemos citar que socios avanzados tecnológicamente siempre pueden ser eficaces en el logro de objetivos. Si además tienen capacidad pedagógica y han sido contratados para aplicarla al negocio entre manos, el progreso de la ingeniería local será manifiesto. Así, y pensando en proyectos de desarrollo, quizás los primeros contratos serán probablemente llaves-en-mano, pero los siguientes deberían incluir servicios de capacitación que resultaran en una participación notable del equipo local, y avanzada la cooperación, el peso de ingeniería debería ser responsabilidad del país afectado. Cada proyecto debería constituir un paso adelante en el refuerzo de las competencias técnicas de los responsables locales. ¡Si año tras año, proyecto tras proyecto, nos quedamos en la opción llaves-en-mano, o en opciones con contribución local mínima querrá decir que el Sur Global sigue siendo un mercado! Puede haber más inconvenientes cuando ponemos en contacto socios tan diferentes. Entre estos, dejadme destacar el riesgo de ser manipulados por el socio más potente y no alcanzar nunca el establecimiento de una trayectoria propia.

Dotarse de una producción energética robusta es una necesidad que se justifica por un razonamiento más intangible. ¡Quien quiere emanciparse debe depender de sí mismo! Si el Sur Global quiere ejercer su derecho a decidir y elegir un ritmo de desarrollo adecuado según su criterio, por supuesto necesitará una infraestructura de producción energética que apoye sus decisiones o que, al menos, abra un abanico de opciones suficientemente amplio para que la emancipación sea un hecho. La emancipación necesita, pues, energía para garantizar una independencia real. Una vez más podemos comprobar que la autosuficiencia se convierte casi indispensable cuando queremos implementar una estabilidad sólida de futuro. Un país que quiera sobrevivir con garantías debe producir su vida. Esta afirmación, que aflora sobre todo en cuestiones básicas como los alimentos, se hace especialmente patente en temas de energía. La misma robustez que deseamos para los países occidentales debería constituir un hito para los del Sur Global.

La ordenación del territorio y la justicia distributiva en la acción de mitigar los daños ecológicos pasados son quizás los puntos más significativos para ce asegurar la coherencia entre los acuerdos y la preservación del futuro del planeta. Los acuerdos a los que se llegue para ayudar al Sur Global deben ser coherentes con una ordenación del territorio en todo el planeta que a la vez intente hacer posible la vida teniendo presentes las necesidades de armonía con el crecimiento demográfico. Quizás el primer acuerdo a alcanzar es organizar los medios que hagan posible la preparación de dicho estudio de una forma razonable y flexible. Si en algunos lugares del planeta tenemos el problema de superpoblaciones, en otros tenemos un problema en cierto modo inverso. Todo se hace más crítico aún, cuando vemos que los más débiles son muchos y el sistema casi no los protege. En áreas desarrolladas del mundo solemos hablar del derecho a la vivienda o de la idoneidad de un salario social y nos cuesta discutir, razonar y llegar a consensos. Una parte muy grande de la humanidad se encuentra en situación mucho más precaria y reclama, aunque no lo diga explícitamente, un mínimo de energía que haga posible la vida. En efecto, las grandes migraciones de personas encontrarían un alivio en un buen pacto ordenador del territorio mundial. Hablando de energía, hemos derivado a cuestiones absolutamente humanitarias y de ayuda a los más desfavorecidos.

El Sur Global no puede ser víctima de un reparto injusto de las cargas que supongan la reparación de los daños producidos hasta la fecha por las agresiones a la atmósfera y al ambiente en general. La justicia distributiva nos obliga a repartir estos esfuerzos entre los países que han sacado provecho de las acciones que han deteriorado el ambiente. Este principio está bien entendido afortunadamente en ámbitos bastante amplios. El Protocolo de Kyoto 97 fue un buen ejemplo que recogía este principio en el establecimiento de los derechos de emisión y lo reafirmaba con algún detalle relevante. En efecto, en Kyoto se acordó también que el pago de la compra de derechos de emisión se haría mediante proyectos de desarrollo financiados por el país pagador. Siempre aprecié esta sensibilidad que muestra el texto de Kyoto 97 y que considero muy efectiva en su propósito de reforzar la transparencia de las acciones pactadas en protocolos internacionales.

El Sur Global debe conseguir una administración óptima en general de las inversiones en materia de infraestructura energética y en particular de sus derechos de emisión. Si bien siempre he elogiado la filosofía de los mecanismos pactados en Kyoto 97, después de Kyoto viene París 2015 y después el desarrollo reglamentario de los acuerdos de 2015. Europa ha establecido un desarrollo propio que resuelve el problema en su territorio, más adelante daremos algún detalle sobre los textos aprobados. Europa cuenta con un sistema consolidado de auditorías públicas que contribuyen decisivamente a garantizar una administración correcta y transparente del problema. Los mercados de emisiones establecidos permiten apoyar sus compromisos como unión de países. Otros grupos o países han trabajado también en este sentido. Están pendientes los desarrollos equivalentes que deben permitir la gestión futura de las emisiones en el Sur Global. Estos desarrollos configurarán los mercados globales de emisiones. Es importante que, además de recoger los requerimientos climáticos, contemplen los debidos a que muchos de los países afectados son parte del Sur Global. El reglamento debería demostrar que apoya el espíritu del pacto. El precio que fije el mercado deberá seguir motivando a la entidad o el país transgresores a reducir sus emisiones y al mismo tiempo, al receptor a mejorar sus infraestructuras. Año tras año deberíamos observar que la transgresión disminuye y el país receptor progresa. Qué mal si todo degenera en un uso abusivo del reglamento que nos lleve a perpetuar emisiones y atraso. El Sur Global debería evitar estas prácticas y conseguir un cierto rigor al planificar sus actividades con emisiones y su venta de derechos. El escaso nivel de consolidación de los sistemas de auditoría pública en muchos países del Sur Global es un escollo relevante que dificulta el rigor en estos ámbitos de la gestión.

3.4.3. Asesoría y apoyo energéticos

Esta ayuda a la emancipación de países del Sur Global debe concretarse también con acciones de asesoría y apoyo energéticos. Ahora hablo de algo específico de la transición energética. Si el país del Sur Global comparte tecnologías y pautas de decisión con uno o varios socios de países desarrollados y comprometidos en políticas descarbonizadoras, su trayectoria de desarrollo energético tendrá más garantías de avanzar sin peajes notables. El tema es delicado dada la vulnerabilidad del país que lucha por su supervivencia y tiene por meta la emancipación. Antes hemos hablado de las dificultades ligadas a la diversidad de temas que un jefe de estado tiene sobre la mesa. Pensemos ahora que este jefe de estado lo es de un país con precariedades abundantes y enrevesadas, el tema se hace más complejo. Las urgencias en temas críticos complican no solo las decisiones directas, sino también todas aquellas cooperaciones internacionales y relaciones comerciales que involucren a los mismos actores. Imaginemos un jefe de estado de un país del Sur Global obligado a priorizar entre realizaciones importantes en sanidad, suministros de subsistencia o infraestructura energética. ¡Quizás acabará cubriendo sanidad y subsistencia y demorando las mejoras en energía! Quizás acabará aceptando la propuesta de quien le resuelva lo urgente para él, aunque sea a cambio de una solución energética menos sostenible, más dependiente de recursos externos o lo que sería peor ¡enfrentada injustamente con las políticas de descarbonización global del planeta! Muchas decisiones en este entorno son controvertidas y algunas lo son por razones éticas. ¡Continuando con el mismo ejemplo, podría darse el caso de que el jefe de estado en cuestión priorizara sanidad o subsistencia por razones absolutamente éticas y por tanto honestamente válidas! A menudo vemos, sin embargo, otro tipo de controversia, como denuncia algún cooperante comprometido. Otras situaciones pueden acabar en falsos proyectos que generan fotos de éxito para la prensa y una nula utilidad social y de progreso. Como analistas energéticos, estamos obligados a luchar para que la asesoría de este ámbito tenga una mínima eficacia y se desarrolle con criterios éticamente válidos.

Veo los acuerdos de asesoría y apoyo energéticos como concertaciones pactadas entre un país del Sur Global y un grupo de 3 o 4 países desarrollados destinadas a cooperar en la toma de decisiones específicas del sector, con el impulso de una organización internacional que realice un cierto seguimiento. Estoy hablando de unos acuerdos modestos parecidos a los de asesoría energética practicados corrientemente en los países industrializados. Su objetivo básico sería garantizar que las decisiones técnicas reciben un tratamiento adecuado y profesional al ser enfrentadas a otras consideraciones tales como reflexiones económicas o estratégicas. El país en cuestión debería seleccionar los países asesores libremente y en función de una cierta afinidad tecnológica. Qué bien que te asesore alguien que varios años o décadas antes ha vivido una coyuntura similar con éxitos y errores y, por tanto, con una experiencia más clara de qué conviene decidir hoy en el contexto en que nos encontramos. El actual éxodo masivo del medio rural subsahariano a la ciudad puede utilizar ejemplos diversos de otras migraciones humanas anteriores. Otros puntos de afinidad tecnológica los podríamos encontrar en los usos de tecnologías o en el tipo de recursos propios. El país con buenos recursos hidráulicos buscará seguramente un grupo de asesores con experiencia en aprovechamientos hidroeléctricos o hidráulicos en general. El país con grandes extensiones de terreno improductivo y con largas horas de insolación pactará con organizaciones conocedoras de las tecnologías de los campos solares. El país que tenga una urgencia grave humanitaria y necesite mucha energía para crear salubridad y vida, podrá buscar asesores que le ayuden a plantearse seriamente un uso razonable de la energía nuclear de forma específica para la situación.

La eventual irrupción de la energía nuclear en el Sur Global requiere una reflexión. Se trata de una reflexión profunda que va mucho más lejos de lo que podríamos llamar «todo o nada». Es importante huir de los dos extremos que nos llevarían o a ignorar la necesidad de una reflexión o negarle al Sur Global la posibilidad de acceder a este tipo de producción energética. La implantación de centrales nucleares en los países económicamente desarrollados siguió, en su día, un itinerario y un proceso de asimilación. Hablo de la asimilación de una tecnología, de una filosofía de operación y de mantenimiento y sobre todo de una cultura de seguridad. Todos estos son pasos de una evolución que necesitó su tiempo. En el caso del Sur Global, si antes hemos esbozado cómo debería ser el progreso de la ingeniería local y cómo debería apoyarse en la capacidad pedagógica de los socios avanzados tecnológicamente, en este caso deberíamos seguir una pauta similar, pero intensificando la pulcritud profesional de las acciones de formación, el control o seguimiento de la asimilación y una toma de decisiones cautelosa. Es importante no olvidar que estaríamos incidiendo no solo en colectivos técnicos, sino también en los de emprendedores, de políticos y de todos aquellos grupos ciudadanos que se considerara necesario. Dos comentarios me vienen a la cabeza a raíz de este tema. Uno es tecnológico y el otro es de confianza. El primer comentario es relativo al tipo de reactor. Ya hemos visto los Small Modular Reactors (SMR). Recordemos que se manufacturan en fábrica, y luego se transportan al emplazamiento. Recordemos también el hecho de que han sido concebidos eliminando la necesidad de una respuesta externa de emergencia. Creo que estas condiciones los hacen especialmente interesantes para aquellos países donde la infraestructura industrial existente no favorece instalaciones complejas o de gran tamaño. El segundo comentario es relativo al momento coyuntural en que podría tener lugar la irrupción de la energía nuclear en el Sur Global. El hecho se produciría en el proceso de emancipación del país y eso quiere decir de un país que empieza a decidir por sí mismo y dispone ya de técnicos, cuadros y dirigentes que permiten asegurar el arranque de una mentalidad de cultura de progreso y transmitir confianza a los socios tecnológicamente avanzados.

¡No debemos confundir asesoría con dependencia industrial! Bien es verdad que, en el contexto de la industria, a veces el vínculo entre asesores y desarrolladores es inevitable. A fuerza de asesorar en la toma de decisiones, podemos acabar recomendando una determinada solución técnica e incluso unos determinados suministradores. Si esto ocurre en la industria, a pesar de algún código ético admirablemente avanzado, debemos pensar que en la función de asesorar al vértice de un país, también puede pasar. La propuesta de utilizar un grupo de 3 o 4 países cooperando a la toma de decisiones del sector, y una supervisión internacional, intenta hacer frente al riesgo de convertir la asesoría en una dependencia industrial. La asesoría energética es algo modesto pero indispensable. Llevar a la práctica una realización de este estilo debería fortalecer la invulnerabilidad de quien tome las decisiones en el país del Sur Global. Si bien se ha descrito un tipo de asesoría dominantemente tecnológica, creo que queda claro que necesita de unas sensibilidades adicionales. Estas, además del buen conocimiento y experiencia en la problemática del Sur Global, deberían mostrar socioconciencia y capacidades pedagógicas.

Con la robustez energética en mente como meta, hay caminos diversos que pueden llevar el Sur Global a alcanzarla en un tiempo razonable. Cada país parte de su situación particular. Algunos tendrán que reducir combustiones fósiles y seguir itinerarios de transición energética similares a los de los países desarrollados. Algunos tendrán que pasar por la energía nuclear, con las precauciones de cautela citadas anteriormente, si realmente quieren alcanzar sus objetivos en un tiempo razonable. Algunos pueden pensar en soluciones directamente sostenibles y por tanto renovables. Con carácter excepcional, en este punto conectamos con la extinción laminada del uso de los combustibles fósiles. Como algo extraordinario podría facilitar que el Sur Global quemara gas durante unos años si la energía producida es utilizada para crear infraestructuras esenciales para su modernidad y su salubridad. Esto significa de hecho, facilitar que el productor de gas se lo suministre de forma limitada en el espacio y el tiempo con el doble objetivo de colaborar en el desarrollo y de conseguir que la extinción de su negocio sea menos precipitada. Todo deberá hacerse manteniendo los compromisos de emisiones globales. Es interesante señalar el parentesco de esta iniciativa con la filosofía que en su día fue establecida en Kyoto con el fin de hacer avanzar el Sur Global mediante el mecanismo de los derechos de emisión. Ahora estaríamos en una propuesta más directa y explícita, inspirada sin embargo en una misma doctrina.

En cualquier caso, el progreso del Sur Global necesita de una gran robustez no solo en su propio sistema energético sino también en el del grupo de países con una estrategia de descarbonización en curso. La robustez de este grupo tendría unas consecuencias indirectas, pero claramente positivas sobre el Sur Global. Los efectos indirectos suelen aparecer de forma sutil, pero vale la pena tenerlos presentes. Citemos un par. El primero de estos se refiere al propio pacto sobre el fósil. Ya lo hemos visto antes, si el mundo prodescarbonización muestra una fortaleza de ingeniería y la consolida en su propia red, indirectamente limita la eventual expansión de la tecnología de los fósil-dependientes y por tanto ayuda al Sur Global a desoír los ofrecimientos de estos. El segundo efecto es el de la imagen. Si bien lo cito en segundo lugar podría convertirse en algo muy influyente. Si Occidente y los países desarrollados económicamente consolidan una robustez energética descarbonizada evidente que les permite mantener una imagen de bienestar y capacidad de progreso, y lo hacen utilizando energías renovables y un número razonable de centrales nucleares, el Sur Global puede sentirse empujado a intentar una misma fortaleza. Si bien los efectos mencionados tienen solo un impacto indirecto sobre el progreso del Sur Global considero importante tomarlos en consideración. La robustez del sistema energético de los países prodescarbonización debería llegar con firmeza a constituirse como garantía para evitar dependencias no deseadas y de lograr con éxito la culminación de itinerarios que favorecieran el compromiso entre desarrollo y respeto al planeta.

Es un hecho innegable que el Sur Global sufre unas precariedades difíciles de superar, sería triste que una transición energética mundial mal llevada añadiera precariedad a la degradada situación actual. El sistema energético de cada país del Sur Global debería progresar con celeridad y en armonía con sus condiciones geográficas y el ritmo de desarrollo tecnológico y social deseado. Un asesoramiento que implementara en el sistema energético, los principios básicos de autosuficiencia, emancipación y coherencia con la sostenibilidad planetaria, sería la mejor ayuda.

Llevar a cabo estos asesoramientos no exige tal vez una enmienda a lo que se dijo en París 2015, pero pide llevar el tema a la conferencia y probablemente pactar compromisos de detalle. En efecto, la prestación de asistencia a los países del Sur Global para que puedan desarrollar prácticas eficaces que les permitan hacer frente a las obligaciones pactadas, aparece a menudo en el texto del acuerdo.

4

¿Dónde estamos?

En el capítulo anterior hemos esbozado una visión preliminar de la estrategia marco que propongo como transición energética. La visión expuesta, a pesar de ser ya bastante completa, está aún pendiente de algunas observaciones importantes que serán recogidas en el capítulo siguiente. El capítulo que empezamos ahora aporta alguna información sobre «¿dónde estamos?» que considero relevante para justificar la necesidad de los cambios propuestos.

El capítulo consta de las siguientes secciones «¿Quién habla?», «Posturas antinucleares» y «La opción vigente». Las dos primeras intentan decir algo con respecto a los actores de la transición. Cuando un problema es así de complejo y enrevesado, necesita ser estudiado escuchando a quien habla, a quien actúa, a quien discute y a quien razona sobre el tema. Bien es verdad que entender en profundidad el fundamento tecnológico de la cuestión, nos ayuda mucho, pero el protagonismo, todos lo sabemos, está muy repartido. Estas dos secciones intentan explicar cómo la sociedad y el entorno estimulan a los actores a afrontar el tema. Entre los actores involucrados considero los emprendedores de negocios, los expertos, los ciudadanos, los grupos ideológicos y las instituciones. Conocer los actores nos debe ayudar a entender algunas de las dificultades del entramado y del planteamiento del tema.

El propósito de la sección «La opción vigente» es completar la visión del punto donde nos encontramos. Consta de unos primeros apartados dedicados al encuadre de opción y culmina con los que llevan por título: «Méritos y carencias» y «Líneas rojas».

4.1. ¿Quién habla?

Para encuadrar el discurso de los actores de esta transición, volveremos al tema del estímulo social que anteriormente hemos visto sobre todo ligado al problema del consumismo-productivismo. Ahora es el momento de meditar sobre su impacto en razonamientos diversos relativos a la transición energética. Esta sección arranca principalmente de situaciones reales vividas en primera persona. Hablo de contactos iniciados en muchas ocasiones alrededor de la aclaración de cuestiones relacionadas con el consumo y la producción de energía, que, muy pronto, han derivado en preguntas sobre el impacto social de los principios en juego. Han sido contactos basados en la voluntad de avanzar por ambos lados. Si en algún momento he notado que me convertía en un activador del pensamiento de mi interlocutor, a continuación, identificaba la afirmación recíproca, comprobando cómo las respuestas y las inquietudes del que hablaba conmigo tenían contenidos sobre los que valía la pena meditar.

Estamos pidiendo a la humanidad entera que haga un esfuerzo, primero para entender, y luego para apoyar unas acciones de lucha contra el cambio climático. Para entender el problema se debe dedicar un tiempo y una atención, para apoyar una estrategia en el plano personal hay que hacer cosas diversas. En todos los casos, la persona que intenta entender para ver si apoya o rechaza, se ve estimulada en primer lugar por el ánimo de conocer y participar, pero muy pronto también este tiene que competir con otros estímulos.

El estímulo socioconsciente en general pide primero tiempo y esfuerzo de entendimiento, y más tarde sacrificio y un cierto gasto. Se trata, pues, de un estímulo que muestra dificultades importantes antes de vislumbrar los frutos esperados. Las dificultades tendrán matices importantes según el grupo humano implicado. Esto nos lleva a intentar entender las condiciones de contorno de los emprendedores, de los expertos, los ciudadanos, los grupos ideológicos y de las instituciones.

4.1.1. Los emprendedores de negocios

¡Hay muchos perfiles diferentes de emprendedor de negocios! Si pensamos en el talante clásico del emprendedor, el planteamiento de un problema donde se habla de frenar el productivismo y de consumir menos energía puede chocar, incluso frontalmente, con sus grandes directrices y estímulos de comportamiento. ¡En efecto, la forma de ser tradicional del emprendedor lo lleva a menudo a espolearnos al consumo y hoy, en muchas ocasiones y en muchos entornos, todavía es honesto hacerlo así! Es obvio que este actor nos puede desbordar con preguntas que tal vez no tienen respuesta inmediata a raíz de cómo se verá limitada o afectada su actividad a partir de la transición. Ya he dicho que el consumismo y el productivismo son particularidades de toda la sociedad actual, y por lo tanto nos costará un esfuerzo grande compartir el problema. No todos los emprendedores siguen exclusivamente este carácter clásico.

¡El pacto con la gran emprendeduría multinacional puede ser muy difícil! ¡Pueden insistir diciéndonos que sus expertos opinan que todo se autorregulará! Puede ser duro reclamar una actitud consensuada en estos «sus expertos». En momentos así nos podríamos preguntar razonablemente cuán expertos son «sus expertos» o cuán sensato y ponderado es el seguimiento de su intervención. Dos grandes líneas de trabajo quedan abiertas para interactuar con este grupo. Una de las aproximaciones viables podría hacerse a través de acciones indirectas tales como utilizar buenas políticas de medio ambiente y residuos como recurso para frenar el consumismo. La otra sería involucrar al gran emprendedor, tal como hemos anunciado anteriormente, en iniciativas de innovación relacionadas con la emancipación del Sur Global o en la propia sostenibilidad. Indirectamente, estaríamos reconduciendo un afán de ganancia en la materialización de un progreso concreto.

Hay áreas de trabajo que ya suponen hoy un entendimiento manifiesto entre la socioconciencia y la emprendeduría. Estas no son nuevas y se configuran a partir de que hay muchos perfiles de emprendedor. En este sentido, me gusta considerar emprendedor, en sentido amplio, al que se lanza a la innovación con criterio, siguiendo el estímulo de sus propios resultados. Consecuentemente, pienso que cuando un negocio tiene unas dimensiones «humanas» y unas rutinas que aceptan una vigilancia estricta de su competencia, el perfil de emprendedor que encontramos, acostumbra a estar abierto a entrar en el problema de detener el consumismo. El emprendedor razonable quiere ser aceptado por la sociedad real, y si esta deviene anticonsumista, su emprendeduría esencial le hará encontrar la forma de llevarse bien con el cambio. Recíprocamente, creo que es importante que la socioconciencia tenga presente el hecho y consiga una armonización de sus objetivos con las prácticas de este tipo de emprendedor. La socioconciencia necesita espíritu y carácter emprendedor para llevar adelante acciones propias de la transición. ¡Hay que contar con ello! ¡Sin emprendedores no hay progreso! Conviene, pues, incorporar al emprendedor razonable a las acciones que deben hacer progresar a la sociedad hacia el mañana ecológico. Muchos son los detalles de implementación necesitados de verdadero espíritu empresarial y, por supuesto sería un error grave dejar de lado un colectivo que puede ser crucial para convertir en realidad muchas de las acciones de transición energética. Motivar la emprendeduría razonable para que se implique en la transición energética es una tarea que no debemos olvidar.

4.1.2. Los expertos

¿Quién se considera experto en sostenibilidad energética? ¿Quién considera que puede razonar en profundidad todos y cada uno de los aspectos del entramado energético actual? Dejadme anticipar que, considerando esta pregunta de forma estricta, tal vez nadie puede dar una respuesta contundente de primera mano. Pero tampoco la vida es así de rotunda. ¡Todo tiene solución, alguien podrá analizar y alguien podrá debatir! Se tendrá que hacer todo probablemente escuchándonos detenida y ponderadamente, ¡se tendrá que hacer todo en comité!

En comité se ordenan muchas cosas y los comités multidisciplinares deberían ser lo suficientemente flexibles para admitir un intercambio fructífero. En estas condiciones, surge el principal punto débil del colectivo de los expertos. La sociedad moderna está acostumbrada a resolver este tipo de problemas, pero en el caso de la sostenibilidad energética, el intercambio de conocimientos es a menudo complejo y requiere un esfuerzo. Recordemos que tenemos tecnólogos, economistas, climatólogos… La habilidad del experto emisor en poner en lenguaje corriente sus contenidos es, desde luego, una de las destrezas necesarias, pero la complicidad entre este y el experto receptor es quizás la más trascendente. Cuando el experto no colabora en esta transmisión de contenidos, se aísla y renuncia a una coordinación fructífera, los objetivos globales peligran. Estos expertos que «marcan terreno» creen proteger su campo, pero deterioran las comunicaciones internas del grupo y a menudo sustraen garantías de éxito al comité.

Hay otro punto relevante. Los técnicos también somos humanos y a veces tenemos momentos eufóricos donde nos parece que nuestro éxito, que quizás hemos demostrado en alguna buena realización, puede llegar muy lejos. Es importante dominar estas situaciones y evitar las consecuencias negativas a que puedan dar lugar. Cualquiera que haya ejercido profesionalmente en el mundo de la ciencia o la técnica recordará seguramente más de una coyuntura equivalente. La euforia del técnico puede aparecer por razones muy diversas. La más elemental es absolutamente humana, y tiene todos los pronunciamientos favorables. Hablo del entusiasmo que mostramos como prueba de nuestra satisfacción personal una vez hemos culminado con éxito una tarea compleja o dura. Es un hecho tan natural y tan inocuo que no hacen falta más comentarios. Hay otras euforias, algunas de ellas también justificadas en su contexto comercial o laboral. Hay casos donde el técnico eufórico está reivindicando y acompañando emocionalmente su éxito para que no pase desapercibido y se vea recompensado. Hay circunstancias, sin embargo, donde el científico y el técnico deben controlar sus euforias y diferenciar mucho, sobre todo en sus intervenciones públicas, qué afirmaciones son supuestos y deseos eufóricos, y cuáles son resultados confirmados y verificables. Cuando estas euforias entran en la tertulia energética, pueden tener un impacto considerable. Las competencias necesarias en un debate técnico sobre sostenibilidad son tan diversas y numerosas que sugieren cautela. Los expertos, aunque intenten seguir el mandato recibido, se ven también estimulados por varios incentivos. Es obvio que normalmente el buen profesional no cae en tergiversaciones fraudulentas pero la realidad es sutil, y los silencios a veces son elocuentes. Políticos y gestores tienen muchas cosas entre manos y así, afirmaciones ambiguas de un experto que pueden tener lugar fruto de alguna euforia como las citadas, pueden también ser elevadas al rango de manifestación rotunda porque no hay tiempo o no podemos dedicarle más medios. El ejemplo más claro es aquel en que se le pregunta al experto sobre la viabilidad de una determinada opción o actividad y contesta que es viable si se dan tales condiciones. La prisa y los condicionantes habituales pueden hacer que la viabilidad se dé por hecha y que nadie verifique el cumplimiento de los requerimientos con el detalle necesario. Afortunadamente estamos consideran-do un hecho que difícilmente tiene lugar en proyectos importantes de contenido definido, pero que aparece en otras circunstancias como avalar técnicamente un comunicado político, o la de pronunciarse sobre un desarrollo a 30 años vista como los que abundan en el área de la sostenibilidad energética. En alguna ocasión llega a parecer que el experto es llamado solo con el objetivo de dar «validez» a una de-cisión ya tomada sin contar con sus contenidos.

4.1.3. Los ciudadanos

El ciudadano vive y se relaciona. Esta vida y esta relación le llevan a gastar energía. El ciudadano también se informa, reflexiona y vota. La vida moderna es compleja, entender un poco esta complejidad parece indispensable cuando intentamos vivir y relacionarnos de una manera coherente. El ciudadano recibirá estímulos de todos los tipos mencionados y más. No solamente estímulos como los de campaña elec-toral con mensajes típicamente breves y pensados por profesionales de esta comu-nicación, sino también otros más sosegados. Entre estos últimos habrá estímulos de su entorno, los medios de comunicación de masas, de la sociedad en general y de los recuerdos de su experiencia de vida y de su formación. Tanto los mensa-jes comprometidos en la lucha contra el cambio climático como los negacionistas llegarán al ciudadano y tendrán que competir no solo entre sí, sino también contra un número importante de otros estímulos tales como declaraciones de candidatos políticos, artículos y programas de opinión, iniciativas de divulgación científica y ma-nifestaciones del entorno en general. En estas circunstancias recopilar información y reflexionar resultará complicado para el ciudadano.

La tecnología es compleja y su funcionamiento seguro necesita de una reflexión científica a veces bastante acentuada. Por supuesto es muy bueno entender que, allí donde no llegamos con nuestro conocimiento y nuestra experiencia personal di-recta, podamos llegar mediante la confianza en alguien. Toda nuestra forma de vida se sustenta en la confianza. Si esta se rompe, el ciudadano y la sociedad sufren. Un ejemplo de este hecho es la coyuntura social y política que vivimos hoy en todos los niveles a raíz de la pandemia. Sin una pulcritud que permita una aceptación de las confianzas en juego, difícilmente daremos un claro paso adelante en la crisis del coronavirus ni tampoco en la transición energética.

¡Soy un convencido de que la energía es, hoy para el ciudadano medio, una gran desconocida! Mi afirmación se basa en la observación de detalles en situaciones cotidianas diversas tanto públicas como personales además de alguna del ámbito profesional. Todos sabemos que lo que parece difícil, cuando se explica, es fácil.

¿Quién le ha explicado al ciudadano la problemática energética? ¿Con qué atención y con qué intensidad se ha hecho? ¡No busquemos respuestas enrevesadas, creo que nadie lo ha hecho! La persona que te dedica un tiempo suele mostrar un deseo claro de obtener una información que le permita al menos, entender algo. Mi experiencia en la práctica citada me ha permitido ir clasificando las dudas que suele tener el ciudadano e ir acotando las áreas más necesitadas de información. Algunas de estas dudas tienen una respuesta casi inmediata y son solubles de una manera fácil con tiempo y complicidad. También encontramos grandes temas, como la inminencia del colapso del planeta o la problemática esencial de la energía nuclear. Hay respuestas para todos ellos, pero se han de dar y para ello, necesitamos tiempo y complicidades.

Yo entiendo que el ciudadano desea informarse, pero no le estamos poniendo la cosa fácil. ¿Qué le dijeron en la enseñanza obligatoria? ¿Qué le dice internet? ¿Qué le dicen el ambiente y los políticos? Es natural que el ciudadano esté perplejo y si le gusta opinar y votar en función de sus conocimientos, vivencias y expectativas, en estas condiciones tenga dificultades serias de convencimiento. Si partimos de que el ciudadano dispone solo de la formación energética que ha conseguido como buenamente pudo, sus decisiones sobre energía van camino de estar muy poco consolidadas. En una situación como la descrita, la ciudadanía depende enormemente de la comunicación de masas y de su lenguaje. El lenguaje de masas, ya lo hemos dicho, suele estructurarse en mensajes breves y el riesgo de encontrar maximalismos es grande. Estos maximalismos llevan a menudo al ciudadano a fijarse en los estímulos que le lleguen con más insistencia y de una forma más atractiva. El bienestar, el bienestar de los suyos, la socioconciencia, la visión científica del mundo y otros, todos ellos son estímulos que recibe de la sociedad y que entran en competencia para ayudarle a decidir. En estas condiciones es probable que sus decisiones tengan muy poco presente la enrevesada problemática real que está en juego. Este ciudadano decidirá probablemente según le dicte el partido de sus anhelos, la familia, el negocio, su bienestar inmediato o incluso la supervivencia.

4.1.4. Los grupos ideológicos

Hasta hoy he dialogado sobre el tema energético con gente muy diversa. Creo que a menudo ha sido un diálogo afortunadamente constructivo que, al menos, me ha ayudado a avanzar en el propósito de entender cuál es el camino más seguro hacia un mañana sostenible. Siempre que hablo con representantes de grupos ideológicos en general intento tener presente el rol de los partidos políticos a la sociedad como instrumento fundamental para la participación ciudadana. Este hecho me hace tener presente las particularidades del lenguaje utilizado por el político que casi siempre es un reflejo de su voluntad de sintonía con la gente. ¡La manera de actuar y de razonar del ideólogo suele tener muy presente su conexión con el gran público! Es natural que así sea dado que el ideólogo suele trabajar para conseguir la confianza del ciudadano y a partir de ahí normalmente intenta ganar las elecciones correspondientes. Para hacer realidad estos propósitos, es indispensable desarrollar dicha sintonía con el pueblo y esto se hace entrando en el lenguaje de masas y en sus lógicas inherentes con mensajes cortos y comprensibles, ausencia de matices y llamadas contundentes al entusiasmo. Hablar de grupos ideológicos quiere un orden para no olvidar nada significativo.

Consecuentemente, este apartado comienza abordando los problemas propios de este punto de partida. Así pues, hablo de la problemática de la cohesión de los grupos humanos y añado unos comentarios adicionales sobre alguno de los problemas más frecuentes relacionados con la simplificación propia de los contenidos ideológicos. Cubierto el punto, entro a resumir los contenidos de las personas con las que he dialogado sobre cuestiones energéticas. Es oportuno recordar que la información dada aquí será completada en el apartado relativo a gobiernos e instituciones y también en la sección siguiente donde, vista su relevancia en este contexto, dedico una atención a las diferentes posturas antinucleares identificadas.

Hay un tema, en este contexto, que es enormemente importante. Creo que es el momento de profundizar un poco en la idea de cohesión de grupo y tipificarla como particularidad relevante. Intentemos decir algo más para entender cómo se tiene en cuenta, como se valora y cómo se utiliza razonablemente. Cuando un grupo de ciudadanos se manifiesta compartiendo una idea política y mostrando su internalización sólida, las acciones políticas subsiguientes sacan una clara ventaja práctica, el pensamiento en cuestión suele entrar correctamente en el debate público y normalmente alcanza su éxito. El grupo, sea el electorado de un partido o coalición o sea la comunidad entera, luce su cohesión en torno a la idea defendida. Sea cual sea la idea, las garantías de entrar en un proceso fructífero son grandes. Por poner un ejemplo, son muchos los procesos de transición democrática de países que contaron con una cohesión popular como hecho clave de su éxito. Recíprocamente, aquellos países donde se quiso instalar una democracia pensada desde fuera, a menudo las transiciones fracasaron. Un caso intermedio que me viene a la mente es la transición sudafricana, donde su líder Nelson Mandela tuvo mucho trabajo y ¡trabajo difícil! En efecto, él mismo nos dijo que donde hubiera deseado una cohesión franca de respeto mutuo entre ciudadanos blancos y negros se encontró otra situación de entrada. Tuvo que partir de la cohesión fuerte de una comunidad amplia alrededor de una situación donde la idea de revancha desgraciadamente coexistía con la de democracia de una manera bastante arraigada. Su trabajo fue duro, con avances y retrocesos. Le correspondió liderar el difícil cambio que debía permitir que aquella sociedad rompiera la cohesión existente y la reconsujera hacia una nueva cohesión de respeto amplio. ¿Lo consiguió? ¡Vamos a admitir que, a pesar de las dificultades, consiguió una cohesión suficiente para poner en marcha el proceso deseado!

Numerosos son los ejemplos donde la cohesión del grupo social se muestra estrechamente relacionada con el éxito de la acción política relacionada. Podríamos hablar de casos claros como los de inversiones en infraestructuras generando actividad en alguna zona o determinadas transferencias de competencias a administraciones locales. Como podemos ver, son acciones que tienen un vínculo claro con un beneficio tangible que el ciudadano puede percibir de forma inequívoca y automática. En cualquier acción de este estilo el grupo ciudadano se cohesiona con facilidad alrededor del cambio sugerido y lo capta como mejora indudable. En estos casos la acción del político es fácil y agradecida. ¡El político no tiene más que luchar facilitando el cambio, y aprovechar y disfrutar de la cohesión favorable del ciudadano representado!

¡Las cosas quieren más observación cuando hablamos de sostenibilidad en general o, más concretamente, de sostenibilidad energética! ¡En efecto, qué fácil es comunicar las excelencias de la sociedad sostenible, su necesidad y el deseo colectivo de llegar a ella todos juntos! En contrapartida, qué difícil es explicar las particularidades del camino que nos puede llevar a la sostenibilidad real con garantías de éxito. ¡Es sencillo explicar cómo será la vida en una sociedad energéticamente sostenible o recordar que es muchísima la energía que nos llega del sol! Es complicado recordar que el talante de la sociedad de hoy nos dificulta enormemente el avance hacia un mañana sostenible. En este contexto, los grupos ideológicos suelen enfatizar, en sus comunicaciones públicas, todos aquellos aspectos que ayudan a vender su producto, al tiempo que simplifican los contenidos que transmiten dando entrada a sus mensajes cortos y llamadas al entusiasmo. El hecho tiene su lógica, no es nada nuevo y se utiliza normalmente en comunicación de masas. Pero en este caso ¡el ciudadano se queda a medias! Entiende una serie de cuestiones simples como que deberá instalar placas solares, que deberá evitar algunos despilfarros evidentes… Pero no llega a entender, porque no se le explica con bastante devoción, que quizás tendremos que ir a una vida más sobria, que tendremos que limitar viajes, que los que vivimos en zonas de alta densidad de población lo tenemos más difícil… O en otro orden de cosas, que si no pensamos en ello, el Sur Global tendrá dificultades para avanzar con poca energía, que tendremos que negociar con los productores de combustibles fósiles, que tendremos que seguir el razonamiento de los expertos para determinar si las nucleares se pueden cerrar mañana o dentro de 30 años… Sinceramente no creo que los grupos ideológicos ignoren las dificultades propias de la transición energética pero cuando escuchamos las explicaciones que suelen dar el gran público, realmente lo parece. El problema puede surgir y surge cuando la misma simplificación típica de la comunicación pública la encontramos en una conversación de expertos o en la tertulia sobre sostenibilidad energética. Este es un hecho extremamente significativo.

Dos cuestiones más pueden aflorar con un carácter similar. Reducir aritméticamente balances de energía o magnificar la relevancia del entorno doméstico son las áreas que más a menudo forman parte de la citada simplificación. La reducción aritmética de balances ha sido ya comentada anteriormente. En cuanto al papel de la energía en el entorno doméstico, es un hecho observado que suele ser magnificado por los dirigentes políticos olvidando que el transporte y la industria son consumidores contundentes. ¿A qué se debe esto? En su intento de aproximarse al ciudadano, el político suele mostrar interés en lo que es cercano al representado. Aunque no descarto que este punto tenga algún retorno positivo, creo que afecta negativamente a la consolidación de la conciencia del problema. Pocas veces hablando de energía le recordamos al ciudadano que una parte importante de su confort es posible gracias a un transporte de personas y mercancías y una industria que se mueven hoy gracias a consumir mucha energía. ¡Resolviendo el problema doméstico, ya lo hemos visto antes, solo solucionaríamos el 15% o el 20% del tema energético! ¡Pocas veces le recordamos a aquel ciudadano que ve fácil llenar los tejados de su vecindario de placas solares que se debe hacer lo mismo en todos los vecindarios del mundo y para una extensión importante de terrenos que llamaremos *campos solares*! ¡Pocas veces explicamos que detener las combustiones fósiles es una tarea compleja y que no todo el mundo parece querer facilitarla!

Entrando en el contenido de las personas con las que he dialogado, a un lado de mi discurso encontramos posturas políticas que enfatizan, con una intensidad diversa, la sostenibilidad. Al otro lado, hay quien enfatiza la satisfacción de las necesidades actuales. Es obvio, que valdría la pena intentar llegar a un mañana ecológico, pero reconociendo que partimos de un presente enrevesado como el que realmente tenemos. Entre los que enfatizan la sostenibilidad, encontramos las posturas ligadas en general a los movimientos ecologistas y a la militancia de partidos de izquierdas. Entre los que enfatizan la satisfacción de las necesidades actuales, encontramos las posturas ligadas a políticas de centro-derecha y posturas negacionistas y afines.

El movimiento ecologista es esencialmente progresista y ha logrado avances claros para la sociedad actual. Pensemos en ámbitos como la protección del medio ambiente, el tratamiento de los residuos, el respeto al paisaje, o el desarrollo del concepto de *sostenibilidad* a largo plazo. Muchos ecologistas, sin embargo, son anti-nucleares. Cuando he hablado con algunos de ellos, me ha gustado recordarles que no todos lo son y que hay grupos eco-nucleares con un discurso que vale la pena considerar, y que por cierto se parece un poco al mío. También me ha gustado evaluar conjuntamente la trazabilidad de la información básica de la que disponen para abordar el tema. La mayoría de los que han interaccionado conmigo suelen ignorar algunos problemas de los que ya hemos hablado. Entre estos encontramos detalles significativos de la tecnología nuclear o cuestiones relevantes relacionadas con la dificultad de implantación de energías renovables domésticas en áreas de gran o grandísima densidad de población. Comparto con ellos muchas cosas, entre ellas y de forma inequívoca, el anhelo de avanzar en la implantación de las energías renovables. Algunos no tienen respuesta cuando les pregunto cómo resolvemos el corto plazo. Como en todo, hay ecologistas de muchos tipos, incluso hay quien se considera ecologista y nunca es señalado como tal. Muchos, yo creo que muchos ecologistas utilizan afortunadamente el término «razonable» como se suele hacer en muchas áreas del discurso ciudadano. De este modo, por ejemplo, aceptan un número razonable de líneas eléctricas, de aerogeneradores, de puentes y de autopistas en el paisaje de su comarca. Otros son más estrictos y algunos radicalmente estrictos y llevan su veto a posiciones alguna vez extremistas. La postura de estos últimos entronca con estímulos de indignación sistemática. Respetando que hay muchas maneras sensatas de indignarse, a veces aflora quien niega las capacidades de la modernidad y la tecnología y se aproxima a lo que conocemos como *cultura del no*. En el futuro, se puede dar la paradoja de que entre los partidarios de frenar una expansión rápida de infraestructuras renovables encontremos algunos de estos grupos ecologistas estrictos. ¡Este es un hecho que, en algunos lugares, ya empieza a ser un problema!

Las posturas ligadas a políticas de izquierda con experiencia de gobierno inciden con insistencia en lo que se puede hacer a corto o medio plazo. A lo largo de mi vida, he hablado de sostenibilidad energética muchas veces con militantes de izquierdas. Muchos de ellos se han mostrados enormemente motivados y ávidos de conocimiento específico del tema. A menudo, el esfuerzo didáctico dedicado ha tenido su compensación. En ocasiones, los he visto incómodos en los temas que parecen ir en contracorriente con su gente, sin embargo, la experiencia de haber gobernado o de haber estado muy cerca los hace comprensivos con todo lo que se refiere a las transiciones. En mi diálogo con algún representante de este grupo he dicho alguna vez: «Un día cerraremos las nucleares, pero probablemente ni tú ni yo lo veremos, y si lo acabamos viendo significa que el electoralismo por desgracia ha ganado la partida a la socioconciencia».

Las posturas ligadas a políticas de centro-derecha son bastante diversas. Quizás la más frecuente participa de un cierto liberalismo económico y por tal razón insiste en cubrir la demanda eléctrica, y energética en general, siguiendo las reglas del juego de hoy, es decir, las del mercado liberalizado. Ponen énfasis en la garantía de suministro, y este es un punto extremamente positivo que vale pena recordar y tener presente al planificar. Estas condiciones confieren a su discurso una solvencia de presente que tiene su valor y su éxito. El discurso se convierte vulnerable cuando se debaten previsiones a largo plazo. También intentan huir del negacionismo que solo aflora explícitamente en aquellas regiones del mundo que viven de la explotación del carbón, del petróleo o del gas. Al igual que todos, hablan poco de centrales nucleares si bien, en algunos casos, se acercan a posturas pronucleares con elementos de sostenibilidad. De hecho, son muchos los países con gobiernos de centro-derecha que han firmado el Acuerdo de París 2015. Suelen poner énfasis en temas como medio ambiente y CO_2, y raramente abordan el problema del consumismo.

¡Hay negacionistas también! Les llamamos *negacionistas* porque niegan los efectos negativos del cambio climático. Entre estos podemos contar los grupos dominantes de los países que no han firmado el Acuerdo de París 2015. ¡Hay más! Dentro de los países firmantes, encontramos grupos con un discurso y una gesticulación que no parece reconocer que la humanidad se está proponiendo como tarea común la eliminación del consumo de combustible fósil en 30 años. Este discurso en boca de no firmantes y de algún firmante a menudo intenta desautorizar el dictamen de climatólogos y científicos del medio ambiente. Argumentan que históricamente la humanidad ha superado muchas situaciones difíciles y que se rehará de todo, y que por tanto las transiciones sugeridas hoy son para ellos una exageración. Existe un grupo cohesionado que se declara negacionista y cuenta con líderes como el hasta hace poco presidente de Estados Unidos. Entre los argumentos con los que el grupo intenta fortalecer su cohesión, destaco la utilización de la imagen del bienestar conseguido o el voto de las regiones productoras de carbón.

Existe también la postura de los que podríamos llamar *negacionistas de la sobriedad*, algo hemos dicho de ellos anteriormente. Se trata de los que niegan la necesidad de ser sobrios, esto quiere decir sostenibles y anti-consumistas. Me gusta destacar este grupo y recordar que existe porque, aunque pasando a menudo desapercibido, llega a tener su peso y a confundir a muchos. Suelen defender que los mecanismos actuales regulan ya adecuadamente la actividad productiva. En muchos momentos muestran unas afinidades y un talante similar al del negacionismo climático. Son partidarios de utilizar todo lo que les permita defender su filosofía de vida, esto incluye todo tipo de mecanismos de producción energética, centrales nucleares y convertidores de todo tipo. Raramente incorporan en sus argumentos ni contenidos de carácter social, ni consideraciones a las desigualdades entre humanos, ni deliberaciones sobre las limitaciones del planeta. Nadie se declara negacionista de la sobriedad o partidario de voracidades como las sugeridas, pero creo que sus razonamientos afloran en nuestro día a día y también en el contexto energético. Los considero incómodos para el científico. Por un lado, parecen tenerle confianza, pero por otra parte querrían que las innovaciones apuntaran al mantenimiento del talante de consumo consolidado.

Son muchos los grupos ideológicos que entran en el debate energético. Muchos quieren o dicen que quieren la sostenibilidad y el mañana ecológico. Las discrepancias con el juicio de expertos afloran relativamente pronto. Aunque sea paradójico, las simplificaciones que suelen incluir sus discursos ideológicos a pesar de producir cohesión a menudo, demasiado a menudo, mutilan contenidos muy relevantes.

4.1.5. Las instituciones y los gobiernos

¿Qué se está haciendo hoy desde el entorno institucional cuando hablamos de transición energética hacia una nueva realidad? ¿Hasta qué punto los discursos de los gobiernos y los hechos que observamos hoy van en la buena dirección? ¿Con qué contundencia se abordan los problemas que tenemos encima de la mesa? Estas son las preguntas que se intentan acotar o responder considerando los cuatro aspectos siguientes: complejidad de gestión, globalidad, cultura energética y acciones de gobierno.

Gestionar políticamente el tema energético es complejo y antes de entrar en comentarios sobre sus actores institucionales cabe mencionar algunos aspectos de la dicotomía sintonía-gestión. Esta aflora cuando el político o ideólogo, que ha sido elegido gracias a su sintonía con el pueblo, se ve obligado a entrar en el mundo de la gestión. No estamos hablando de nada excepcional o poco frecuente, más bien todo lo contrario. A menudo de la sintonía con el pueblo resulta, directa o indirectamente, el nombramiento del alcalde de la ciudad o del primer ministro. No estoy contestando los métodos de elección de estos cargos que seguro que son correctos y, además, justos. Quiero hacer notar, sin embargo, que gestionar es casi un oficio que exige una preparación, una experiencia y un tiempo. Gestionar un proyecto con un alto contenido tecnológico y humano es complejo. Hay tantos temas sobre la mesa del político que ahora gobierna, que a menudo notamos su negativa a entrar en los matices determinantes del tema que nos ocupa. No estamos señalando un error sistemático de la organización establecida, es obvio que los cabezas de lista electoral han sido seleccionados por el partido entre buenos gestores, no lo dudo. El político que acaba ocupando un cargo de gestión se ve estimulado por el anhelo de terminar un trabajo bien hecho y también por el de mantener su imagen ante la ciudadanía. La concurrencia entre estos dos estímulos debería ser normalmente positiva. Todo debería dar lugar a una buena gestión, una visualización correcta del hecho y un resultado positivo de mantenimiento o mejora de la imagen. Las cosas no son siempre así. A veces, a raíz de una gestión deficiente o de una visualización imprecisa, el político implicado puede aferrarse, a pesar de todo, en mantener la imagen y esto lo puede llevar a decisiones que sosegadamente muchos calificaríamos de incorrectas. ¡La verdad es que todo es administrable interactuando correctamente con los expertos al servicio de la gestión! La energía es un tema complejo y muy interconectado, y debido a esto, es un tema en el que matices muy diversos intervienen de forma decisiva. Conducir la interacción de expertos y sintetizar conclusiones es una tarea que quiere dedicación y experiencia. La gestión global de una transición energética tiene, en mi opinión, más similitudes con la de los grandes proyectos tecnológicos que con los grandes proyectos logísticos. Volveremos a hablar de ello.

Hablemos de globalidad. ¿De verdad los países del mundo están tratando el problema energético o climático en su globalidad? ¡La respuesta no es rotunda! Por un lado, parece que sí, parece que se organizan cumbres y se toman acuerdos que contienen compromisos tendentes a la moderación y el control de emisiones y de despilfarros. Aunque, por otra parte, las cumbres no concluyen en acuerdos incuestionables que nos hagan pensar en inminentes mejoras en el campo. Un ejemplo que podría ilustrar en qué punto se sitúa el debate institucional lo podríamos encontrar en las posturas oficiales de países influyentes como Estados Unidos o China: su discurso apenas cambia y casi siempre entre sus argumentos encontramos un énfasis a la auto-defensa de su capacidad industrial y pocas, muy pocas alusiones a la conciencia de planeta. Aquí aflora el estímulo de la comunidad cercana y la controversia entre esta y la socioconciencia global.

Las instituciones y los gobiernos son responsables de la cultura energética del ciudadano. También son responsables de otras áreas de la cultura donde desgraciadamente observamos dejadeces equivalentes en muchas ocasiones. No todos los gobiernos son así, pero no es ni la primera ni la última vez que nos quejamos de falta de sensibilidad en este ámbito. En este caso, las carencias afloran, a veces en relación a las acciones formativas en materia energética y a veces en relación a la intervención del científico en el ámbito público. Ambas carencias parten de una misma consideración de valores y entroncan con la siempre presente controversia ideología-ciencia comentada anteriormente. Empecemos por la primera de estas carencias. Con lo dicho hasta ahora, parece evidente que la energía, a día de hoy, es un tema que incide enormemente en la vida ciudadana. Son muchas las actividades esenciales de la sociedad que, en la estructura actual de nuestras vidas, necesitan energía para ser llevadas a cabo y simplemente no se podrían realizar sin. Insisto en que estamos hablando de actividades esenciales que hacen posible la vida. En este contexto, el ciudadano tiene derecho primero a un mínimo de formación previa general en materia energética y adicionalmente a una información suficiente sobre aspectos relativos a las grandes novedades energéticas que inciden de forma más significativa en su vida. El primero de estos dos puntos se refiere sobre todo a los contenidos de la enseñanza obligatoria y de bachillerato. En varias ocasiones, he ejercido como tutor de trabajos de investigación de jóvenes estudiantes en la fase final de esta última etapa. Han sido experiencias muy positivas que, debido a mi campo de especialización, siempre han estado relacionadas con la energía y que me han permitido desbrozar la cuestión y sacar alguna conclusión preliminar. El análisis de los contenidos previos en materia energética más frecuentemente transmitidos a los diferentes niveles de nuestra enseñanza, realizada en ocasión de las tutorías, me permite razonar que estos pueden mejorar sustancialmente. Mi afirmación se fundamenta no solo en la observación efectuada, sino sobre todo en la valoración que hago de la actitud positiva, la capacidad de asimilación y la avidez de conocimientos útiles de los estudiantes en esta fase.

Resultados claramente mejores son alcanzables. Esta visión básica del tema podría afinarse con la contribución de profesionales de la pedagogía conocedores de la etapa de la que hablamos. Seguramente producirían añadidos que nos harían ganar en solvencia y credibilidad.

Los gobiernos suelen limitar la intervención de los científicos y esto da lugar a la segunda carencia relativa a la cultura energética del ciudadano. Una cosa es el discurso dirigido a la masa y otra es lo que comentan dos científicos que, frente a una realidad compleja, de verdad quieren avanzar. Ambas cosas son humanamente dignas y necesarias. El discurso dirigido a la masa debe ser simple, comprensible y conciso. El comentario de los científicos es algo totalmente distinto. Ellos suelen precisar su semántica y dar vueltas a las cosas hasta poder garantizar que han captado lo que su interlocutor quería decir. ¡Estamos hablando de dos lenguajes diferentes! La realidad quiere ciencia y este esfuerzo de entendimiento se debe hacer. Si el esfuerzo se hace a tiempo, la armonía aflorará de forma sólida y el ciudadano recibirá un mensaje útil y coherente con unos contenidos científicos limitados pero firmes. El ámbito de la transición energética tiene interacciones singulares y a veces en el discurso de un científico aparecen o el énfasis imprevisto en la urgencia de una realización o el acento en la importancia relativa de un tema. Un gobierno dialogante no debe tener ningún problema para gestionar la cuestión. Desafortunadamente alguna vez, quizás debido al poco tiempo disponible, a las desavenencias entre actores o a la manipulación, todo nos ha llevado a escenarios donde la sociedad ha hecho callar al científico. Es lamentable, debemos intentar evitar situaciones como la citada que a veces llegan a extremos de utilización fraudulenta del científico. Aunque lo más frecuente es que te hagan callar, alguna vez te encuentras con algo peor. Esto es, que te dejen hablar, te elijan algunas de tus frases «consideradas más relevantes» aduciendo que se está interpretando lo dicho, las saquen de contexto y fabriquen un relato a medida de otros intereses. ¡Todo el mundo afortunadamente rechaza estas prácticas, pero a pesar de todo las seguimos observando! El científico, además, suele mostrar interés en comprobar cómo su pensamiento se armoniza con el pensamiento de la sociedad y también con el de sus representantes. Es un hecho que he observado en la gran mayoría de los científicos que he conocido y que me lleva a conectar con un principio tan general como el que nos dice que la cultura es un derecho. Todos deberíamos estar comprometidos en facilitar que el discurso científico, tal como hemos dicho con un contenido limitado pero firme, llegue al ciudadano con garantías.

Sean de derechas sean de izquierdas, parece como si los gobiernos no quisieran considerar hoy estrategias comunes consensuadas con un amplio abanico de las fuerzas políticas del país. Se están tomando decisiones a medio y largo plazo y se están estableciendo compromisos locales e internacionales. A pesar de todo, los gobiernos insisten en su postura. El gobierno que nos ha representado en la última cumbre internacional no coincide con el que nos representó anteriormente y el ciudadano no tiene conocimiento de la coherencia de los pactos y compromisos adquiridos. Se están pactando internacionalmente cambios que son importantes y tienen un tiempo de implementación muy largo, en muchos casos estamos hablando de desarrollos a 30 años vista. Los discursos institucionales sobre políticas energéticas suelen incluir, con cierta timidez, la idea de urgencia en el tratamiento del problema climático, pero no suelen demostrar un convencimiento profundo de la necesidad de acciones contundentes que aseguren su cumplimiento. Cuando se nos pide corregir anomalías climáticas que deben producirse dentro de 30 años, o cuando algunos actores muestran la interconexión de estas con el consumismo y con el progreso del Sur Global, los representantes de las instituciones y los gobiernos no se arriesgan, aunque los científicos lo recomienden. ¡Seguiremos hablando de ello!

4.2. Posturas antinucleares

Pasamos a hablar de las posturas antinucleares. Dado el hecho de que la transición propuesta cuenta con un uso limitado pero relevante de las centrales nucleares, parece conveniente caracterizar estos posicionamientos en el contexto de la transición que estamos desarrollando. Vamos a hablar de una serie de posturas variadas que responden a razones bastante diversas y algunas de ellas claramente atípicas. Hablaremos de cuatro grupos de posturas: las originadas por un sentimiento de miedo, las debidas a la simplificación característica de los contenidos ideológicos, las que lo son por razones estratégicas y finalmente las que llamo «otras posturas» que resultan o menos relevantes o más difíciles de catalogar.

4.2.1. Posturas originadas por un sentimiento de miedo

Hay una postura antinuclear que se basa sobre todo en la observación de los grandes accidentes ocurridos en centrales nucleares y en el miedo real que generaron en su día. Hablo de los tres accidentes ya descritos, concretamente Three Mile Island (1979), Chernóbil (1986) y Fukushima (2011). A raíz del sentimiento de miedo que se produjo, nació la opinión de que las centrales nucleares son inseguras y, a partir de aquí, la de que deberían detenerse y desmantelarse. El pensamiento afloró de forma rotunda y la razón de tal rotundidad la podemos encontrar en el hecho de que la sociedad ni ha puesto al alcance de los ciudadanos los conocimientos necesarios para avanzar en la cuestión, ni tampoco le ha hecho llegar la información del tratamiento que cada uno de estos accidentes tuvo en su día. En consecuencia, la postura no admite los razonamientos de los técnicos en seguridad y tecnología nucleares y, se manifiesta sin más razonamientos, antinuclear. No estoy hablando de un colectivo organizado, sino de un conjunto de ciudadanos que se encuentran en esta situación. Por un lado sintieron miedo y por otro lado tal vez nadie les dio una explicación. Siempre he sentido respeto, comprensión y solidaridad con este colectivo ciudadano y me ha gustado demostrarlo en las acciones de difusión y divulgación en las que he colaborado.

Este punto requiere un comentario o recordatorio. Ya hemos dicho que a raíz de cada incidente o accidente que tiene lugar en alguna central nuclear, se ponen en marcha una serie de acciones de análisis que culminan en unas mejoras de seguridad en todas las centrales del mundo. ¡Divulgar el hecho sería enormemente interesante! En ocasiones como la citada, los gobiernos de los países de todo el mundo podrían contribuir a producir sosiego en la ciudadanía divulgando de forma activa los resultados del análisis de accidentes o incidentes en centrales nucleares, incluyendo lecciones aprendidas y acciones correctoras y enfatizando en que, a raíz de las acciones tomadas, ¡las centrales nucleares del país son hoy más seguras!

Desgraciadamente, muchos gobiernos se limitan a hacer lo mínimo que marca la ley y no suelen aprovechar la oportunidad de contribuir con fuerza al sosiego de la ciudadanía. Si recordamos el último ejemplo, en 2011 el accidente generó una cantidad importante de artículos, programas de televisión y comparecencias. Sobre el 2013, todas las centrales nucleares españolas habían implementado mejoras en los aspectos relativos a sus capacidades de hacer frente a los escenarios que sugería Fukushima y eran objetivamente más invulnerables que en 2011, su seguridad había mejorado notablemente. El hecho pasó desapercibido.

4.2.2. Posturas ligadas a la simplificación

Hay posturas antinucleares que considero ligadas a la simplificación característica de los contenidos ideológicos. De estas, las hay muy diversas y se dan en grupos de ideologías diferentes. Son posturas que se consolidan en muchas ocasiones cuando coinciden con algún carácter expeditivo del liderazgo implicado. Unas argumentan a partir de la inseguridad y de los residuos, otras a partir de que las nucleares no son para siempre y otras a partir de consideraciones de mercado.

Quienes defienden que las centrales nucleares son inseguras y producen residuos inadmisibles se toman esta afirmación como una premisa rotunda para su discurso. En la tertulia informal y breve suelen tener éxito. En efecto, cualquier razonamiento técnico que intente reconducir la situación y concluir que las nucleares son razonablemente seguras quiere minutos, o tal vez horas de discurso. Dadas estas condiciones, en una tertulia raramente hay tiempo para rebatir la afirmación. De manera similar a lo que ocurre en una tertulia informal, podemos considerar otras situaciones donde no hay tiempo. El ejemplo más claro es el del científico que es llamado a aclarar un tema de su área de experiencia en una reunión donde la mayoría son políticos o ideólogos antinucleares en primera aproximación. A menudo es un entorno que se hace inhóspito y no tendría por qué ser así. Vale la pena que lo comentemos. De hecho, ya hemos empezado a comentarlo cuando anteriormente hemos hablado de propiciar la convivencia entre ideólogos y científicos. Hemos dicho que estamos obligados a conducir esta convivencia de manera eficaz valorando, entre otros, la proximidad de los primeros o la autocrítica de los segundos. El científico pide tiempo de exposición y también pide una atención normalmente grande. A veces el científico no es suficientemente consciente de que está intentando revertir una opinión altamente consolidada en convencimiento, aunque sin el fundamento habitual de experto. En cuanto al político receptor, me he encontrado con posiciones diversas, alguna de ellas bastante extrema, recordemos que es antinuclear en primera aproximación. Hay quien queda maravillado por el hecho y por la experiencia concreta. Entre estos, que normalmente te agradecen la aclaración de experto, hay quien manifiesta, quizás tímidamente, que los estudiosos deberíamos ser escuchados con más dedicación. También hay otras actitudes. En efecto, hay quien directamente no ve la necesidad de profundizar en la confirmación o la revocación de sus premisas. Para este último, si la sociedad es antinuclear y la gente está tranquila, no hay que darle más vueltas. Cree que cambiar el estado de la opinión pública les costaría mucho y que es mejor seguir allí donde estamos. ¡También hay quien no tiene tiempo! Finalmente, también hay quien hace ver que te escucha. Este es un hecho que se nota especialmente cuando te dedicas a la docencia. Hay momentos que el receptor de tu mensaje manifiesta síntomas que te hacen entender que escuchar tu discurso no forma parte de sus intereses. Ubicados en el aula, como profesor, iniciarías un tira y afloja con el receptor que muchas veces, aunque no siempre, se resuelve a favor de la madurez. Fuera del aula, en la tertulia sobre energía o en la comparecencia, el tira y afloja es más impredecible y así un hecho intrascendente puede convertirse en engorroso.

Otra de las posturas aparece vinculada a una imagen curiosa de la planificación energética. Los que la adoptan, interpretan la transición muy cualitativamente. Se toman la afirmación de que las nucleares no son para siempre con pocos matices y manifiestan su opinión de empezar a detenerlas a continuación. Cuando he hablado con representantes de este grupo, he intentado hacerles ver que las nucleares cubren hoy unas funciones y que su parada debería esperar que se superaran las necesidades actuales. Su razonamiento es del todo cualitativo y un tanto idílico. Argumentan que si se tienen que acabar deteniendo más vale ir haciéndolo y buscar directamente otros sustitutos. A primera vista puede parecer una postura simplemente poco técnica, dado que parece ignorar las dimensiones y la urgencia de la transición. Analizada en clave más socio-estratégica, parece un ejemplo más de equidistancia. En efecto, en vez de profundizar en el conocimiento de las necesidades actuales, ignoran lo que tiene de crítico el presente y se posicionan a medio camino entre los grupos que las quieren cerrar ahora y los que las quieren cerrar cuando se vea realmente el final del túnel de la descarbonización. Muchas equidistancias tienen éxito en entornos superficiales.

Hay otra postura que es radicalmente diferente, pero también se basa en una visión simplificada del momento que vivimos. Hay quien entiende el mercado liberalizado de energía como una opción eterna por encima del bien y del mal. Entre los que lo ven así, hay quienes razonan sobre las dificultades existentes para atraer al inversor hacia el negocio nuclear en este contexto. En efecto, el libre mercado genera unas incomodidades que son evidentes, pero quizás no determinantes. Si bien la energía nuclear es, a la larga o globalmente barata, diseñar, construir y hacer operativa una central nuclear, ya lo hemos visto, es caro y requiere un tiempo. El inversor tendrá seguramente otras opciones que lo apartan de iniciativas como esta. Estos inconvenientes, que reconozco ligados a problemas importantes, son considerados por algunos como definitivos y así lo manifiestan como rechazo a la opción nuclear. Refuerzan sus argumentos y conclusiones señalando que desde que el mercado eléctrico europeo fue liberalizado apenas se han construido centrales nucleares. Si bien señalo este grupo como dependiente de una simplificación ideológica, es justo reconocerles una vertiente positiva toda vez que en muchas ocasiones son de los pocos que recuerdan la necesidad de prever las dificultades inherentes a la inversión. Profundizando en este hecho, se podría dar la paradoja de encontrarnos incluso que algún propietario de central nuclear se convirtiera en anti-nuclear por razones de mercado.

4.2.3. Posturas por razones estratégicas

Creo que realmente existen posturas antinucleares por razones estratégicas. He observado de cuatro tipos diferentes. Unas son pragmáticas, otras son fruto de un pacto estable, otras lo son de un pacto coyuntural y las últimas responden a razones comerciales.

Las pragmáticas arrancan del hecho que parece que declararse antinuclear hoy da votos. Creo que da votos sobre todo porque no se le ha explicado al ciudadano la tecnología, sus ventajas y sus riesgos. Tampoco se han explicado otros aspectos como el hecho de que las nucleares producen energía descarbonizada y que no son para siempre. Ya hemos dicho algo. El ciudadano, cuando no lo ve claro, no se compromete. Hay ejemplos de signos diversos y en países diversos: partido pronuclear que cierra una central nuclear pequeña, políticos que anuncian el cierre de centrales nucleares sin hablar de cómo sustituirán la producción con datos y conocimiento, parlamento que se pronuncia para cerrar una nuclear después de un incidente en vez de trabajar para ayudar a producir el sosiego del ciudadano… Este punto permite conectar con el ejemplo dado en el apartado anterior. Entonces hemos incidido en el ya habitual silencio de muchos gobiernos, ahora es oportuno señalar alguna actitud observada en grupos pragmáticamente antinucleares, que a menudo terminan desperdiciando también la oportunidad de producir sosiego para la ciudadanía. Desgraciadamente hay quien prefiere, en periodos postincidente, aprovechar la inercia antinuclear y capitalizarla a su favor. Este es un hecho que genera un desasosiego general y se extiende como una mancha de aceite contraria a la ciencia, a la investigación y a la tranquilidad del ciudadano. Se trata de una anomalía social que raramente es denunciada y aclarada. Hay quien, pragmáticamente, saca algún voto a raíz de situaciones así. En otro orden de cosas, se dan hechos menos significativos pero afectados de la misma lógica pragmática. Hay quien se declara antinuclear para conseguir la entrada a iniciativas gestionadas por dirigentes antinucleares o entidades administradas sin una voluntad explícita de fomentar el espíritu crítico. No estoy hablando de grandes iniciativas, donde transgresiones como estas serían rechazadas por honestidad, pero sí de situaciones que crean una incomodidad notable como pequeñas conferencias, revistas, sesiones divulgativas y también algún proyecto de desarrollo donde el pragmatismo leva a muchos a renunciar a actividades abiertas como el contraste de opiniones o la búsqueda de puntos de coincidencia entre grupos diferentes.

Las posturas que son fruto de un pacto estable son bien conocidas y alguna de ellas está muy consolidada. Estoy hablando del pacto «ecologista, antibélico y antinuclear» que tan a menudo se presenta sin matices como un receptáculo donde caben todos los que quieran luchar a favor de cualquiera de las causas sugeridas. La unión hace la fuerza y este parece el primer punto fuerte del pacto. Paradójicamente, puede convertirse también en raíz de debilidades como la que sugiere el espíritu de este libro. Es importante no subestimar los contenidos de los que personifican la postura y valorar con detención los argumentos que afloran y también las conexiones que explican el hecho. Es importante valorar y apreciar un gran número de denuncias realizadas por el pacto del que hablamos. Estas van desde las relativas a transgresiones ambientales hasta el señalar como grandes grupos financieros que son propietarios del «negocio de la guerra». Hablo de denuncias que, por supuesto, canalizan adecuadamente actitudes de rechazo muy amplias en nuestra sociedad. Tan importante como esta valoración es, según pienso, separar los problemas para tratarlos lo más correctamente posible. Conozco mucha gente, tal vez hoy un poco silenciosa, que comparte conmigo el rechazo a todo tipo de guerra, el convencimiento de que tenemos que caminar con firmeza hacia un mañana ecológico y 100% renovable y la conciencia del papel de las centrales nucleares en la transición energética. Comparto el rechazo al «negocio de la guerra» y pienso que puede y debe ser contundente. No acepto en ningún caso que se quiera aprovechar su empuje en el intento de capitalizarla en contra las nucleares o el «negocio de las nucleares». Siempre he considerado las centrales nucleares como una infraestructura de servicio público que hoy tiene un propietario porque una ley en su día lo pidió. ¡Esto está muy lejos de paralelismos con la guerra! Aglutinar esta diversidad de temas en un único receptáculo a menudo dificulta la capacidad de avanzar. Debemos ser justos, no obstante, con los representantes de la postura que estoy comentando. Realmente coincido con ellos en muchos contenidos del ámbito antibélico, ambiental y de defensa de la biodiversidad y considero oportuno aislar en sus discursos aquellos pensamientos que vale la pena considerar. A veces esto es difícil de hacer debido a adhesiones un tanto ruidosas que añaden desconcierto.

Hay posturas que nacen a partir de un pacto coyuntural. Normalmente se trata de un pacto parlamentario, pero también puede tener lugar en otros entornos. Partidos que no son antinucleares en su contenido programático, cambian de posición en el proceso de toma y daca previo a un pacto. Todos conocemos las dificultades de los pactos parlamentarios. Allí donde no llega la confluencia de acciones de programa a veces llegan unas manifestaciones antinucleares como una declaración de cerrarlas antes de tal fecha. Hacerse antinucleares coyunturalmente abre las puertas a pactos diversos.

Otra postura antinuclear estratégica es la que se da entre los que tienen intereses en otras fuentes de energía. Hay quien se hace antinuclear interpretando que las nucleares son la competencia. Las posturas antinucleares de este grupo se dan en organizaciones interesadas en la producción fósil y también en la renovable. Conviene comentar el hecho porque responden a razones muy diversas. Preguntémonos, ante todo: ¿quién compite contra quien hoy y en el futuro próximo? En la estructura de producción eléctrica que venimos utilizando, cada tipo de central tiene su función, sus particularidades, y por tanto su espacio de desarrollo. Las centrales productoras fósiles y las nucleares a menudo están en competencia, pero ninguna de ellas compite con las renovables. En la estructura existente, cuando una nuclear se detiene, rápidamente se ponen en marcha diversas centrales térmicas para cubrir la demanda. Ya hemos hablado antes de ello, a raíz de comentar particularidades de la gestión de la red o de otras características de los convertidores energéticos. Hay posturas antinucleares ligadas al mundo de la producción fósil que afloran en puntos muy concretos de la geografía. Hay países y regiones que se hacen antinucleares para proteger su carbón, su petróleo o su gas. Cerrando las nucleares del país favorece su desarrollo fósil. Creo que no es un hecho frecuente dado que son muchos los países conscientes de la necesidad de detener las combustiones, pero el hecho existe. Paradójicamente, me he encontrado con relativa frecuencia con posturas antinucleares en organizaciones con intereses en el desarrollo de las energías renovables. Ya hemos dicho, sin embargo, que por un lado no compiten en el presente, y por otro lado, un uso coordinado de las dos opciones puede ser enormemente ventajoso durante la transición.

4.2.4. Otras posturas antinucleares

Hay quien quiere luchar contra la arbitrariedad, contra un cierto neoimperialismo o incluso contra el centralismo. ¡A mí tampoco me gusta ninguno de estos contenidos o movimientos! ¡La arbitrariedad nos aleja de la razón, de la lógica y de la justicia! ¡El neoimperialismo sugiere explotación del fuerte hacia el que no lo es tanto! El centralismo sugiere concentración de poder y nuevamente riesgo de arbitrariedad. Curiosamente he visto posturas de rechazo a las centrales nucleares argumentadas con razones como estas. A primera vista parece algo sin sentido. ¡Si deseáis luchar contra lo que decís, hacedlo! ¡Hacedlo de forma directa organizando argumentos contra la arbitrariedad, o contra lo que sea! Relativamente a menudo nos encontramos a quien pone en un mismo saco todo lo que quiere criticar y arremete contra todo. También he observado posturas realmente enrevesadas como la de los antinucleares por cortesía con el anfitrión de la reunión, la de los que se maravillan de que estemos hablando del tema convencidos de que las decisiones en este ámbito ya han sido tomadas y el cierre de las centrales pactado, o incluso la de los que son simplemente contrarios a las empresas propietarias de las nucleares.

4.2.5. Balance y reflexiones

Cuando debatimos «Nucleares sí, nucleares no» lo hacemos inmersos, como colectivo ciudadano, en un entorno complejo que puede estar participando de sentimientos y miedos, de pactos de posicionamiento político e incluso de algunas confusiones que pueden llegar a ser importantes. Mi diálogo con personas defensoras de posturas antinucleares diversas me lleva a un intento de síntesis y reflexión. He hablado con ellos en ambientes diversos: algún debate público, tertulias sobre energía y conversaciones en grupo reducido. Antes que nada, vale la pena decir que les suele sorprender mi punto de partida. Alguna vez me he presentado enfatizando de entrada mi postura de una manera como la que sigue. «¡Pienso que nuestra meta es un mañana sostenible y 100% renovable y que llegaremos a él en España en unos 30 años aproximadamente, y en todo el Sur Global espero que poco después!» Seguidamente expreso mi convicción de que «necesitamos irremisiblemente centrales nucleares durante estos 30 años, y probablemente solo durante 30 años en España para hacer posible el logro de la meta anhelada que no es otra que evitar el colapso del planeta». Según la reacción de mis contertulios puedo decir algo más o pasar a escuchar sus contenidos. Los discursos de los representantes de estos grupos tienen formas diversas, pero cuando las condiciones de entorno lo permiten, afortunadamente muestran afirmaciones inequívocamente socioconscientes y de progreso. A menudo muestran una clara determinación de luchar contra el cambio climático y lo hacen con un esquema de respeto al medio ambiente y a las generaciones futuras. En estos puntos solemos estar muy de acuerdo y eso es extremamente importante. Pocas veces, sin embargo, han entrado en el conocimiento que les permitiría decir algo sobre descarbonizar con celeridad o alguna afirmación sobre seguridad nuclear o sobre gestión del combustible nuclear usado.

Continuando con la observación de estos grupos, me ha parecido ver como si hubieran vivido un entusiasmo colectivo favorable que, en algún momento, producía entre otras cosas su cohesión. Lo que se prestaba quizás en ese momento era tener la cabeza fría y por un lado investigar el porqué sociológico de aquel entusiasmo, y por otro lado informarse más a fondo de la utilidad social de las centrales nucleares, es decir, progresar en el conocimiento del tema. No dudo que alguien lo hiciera, pero el entusiasmo y la cohesión son, para el grupo, atributos muy codiciados que han contribuido enormemente a la consolidación de muchos antinucleares. El antinuclear que se encontró con una euforia colectiva a favor le costó mucho autocriticar su propia actitud. Además, la postura era potenciada por aquel sentimiento de miedo experimentado en ocasiones por alguna parte del colectivo y sobre todo no aclarado por quien podía hacerlo con solvencia. ¡Recordemos que el miedo colectivo es un tema delicado con el que deberíamos tener socialmente una cautela exquisita! El resultado de todo es que existe un gran grupo que está dentro de la órbita socioconsciente con un posicionamiento ideológico y participa de posturas antinucleares como las citadas. Cuando tienes ante ti una persona a quien la euforia antinuclear del momento le acoge y le da votos, a veces decide simplemente, no escucharte y renunciar a la mejora de su conocimiento del problema. Este grupo ha crecido por razones diversas: a veces por unificación de otras formaciones más reducidas, a veces alrededor de una reivindicación local concreta o por otros motivos. Tarde o temprano afloran, en el colectivo en cuestión, afirmaciones y actitudes mucho más tácticas y por lo tanto mucho menos esenciales. Es interesante escuchar y observar aquellos hechos que alguna vez permiten entender un poco más la dinámica social inherente a la conformación de los grupos. Los hay de muchos tipos y los hemos visto en los párrafos anteriores. Hay declaraciones, programas, pactos y alguna confusión básica.

Los resultados para los intereses de los grupos en cuestión son aparentemente positivos ya que dan lugar a una cohesión mayor. Veremos que solo aparentemente, dado que dicha cohesión no se basa en el conocimiento sino en la renuncia a interactuar más abiertamente con el científico para llegar a un mejor dominio del tema. Alineados en grupos antinucleares, encontramos en efecto partidos diversos, de derechas y de izquierdas, y modificar su ideario puede ser complicado. Mi diálogo con representantes de estos grupos me ha llevado casi siempre al sentimiento que no son individualmente antinucleares, pero en grupo no se atreven cambiar los contenidos consolidados. A fuerza de hablar con ellos, los he encontrado más tácticos que intrínsecamente convencidos del aspecto en cuestión. Así creo se han convertido antinucleares por presión ambiental o a veces por inercia. ¡En mi opinión, el grupo antinuclear finalmente resulta ser muy numeroso! Es un colectivo que constata que ser antinuclear le da cohesión y así, a pesar de vivir una cierta controversia interna, no quiere renunciar al hecho. ¡El antinuclearismo se ha instalado en su contenido ideológico!

Estas reflexiones me llevan a pensar en el conocido «efecto del enemigo común» (o *common enemy effect*) que aflora de vez en cuando. Es un concepto reiterativo y diáfano en textos de historia o de psicología social, pero también el periodismo lo utiliza con frecuencia en ocasión de presentarnos algunos pactos entre grupos. El ejemplo que más a menudo vemos en la prensa, utilizando la denominación en cuestión, es la del pacto entre grupos muy diferentes que quieren sobre todo evitar que un determinado cabeza de lista sea, por ejemplo, alcalde de la ciudad. En situaciones como esta, grupos muy diferentes ignoran contenidos en juego a cambio de pronunciarse sobre todo como contrarios al candidato que vetan. Un hecho similar se da en el campo de la energía, donde a veces se le propone al ciudadano que ignore una serie de contenidos relevantes sobre socioconciencia y clima y se limite a vetar las nucleares. Al igual que hemos visto maneras muy diversas de ser antinuclear, también hemos visto que se puede ser pronuclear de diferentes formas. La que explica este libro es, además de moderadamente pronuclear, climáticamente ambiciosa, ecologista, sostenible y anticonsumista. Hay pronucleares en todos y cada uno de los grupos ideológicos citados anteriormente, y también en los que hemos llamado negacionistas de la sobriedad. ¡Qué poco honesto sería confundir! ¡Sería promover una visión particular absolutamente sesgada! Este es un hecho que desgraciadamente tiene lugar de forma notoria y adicionalmente viene estimulado por la negativa de dar al ciudadano una formación en materia energética amplia y abierta.

En estas condiciones podría ocurrir que un partido se hiciera antinuclear, aceptara las nucleares como enemigo común, pidiera su cierre y lograra en el tira y afloja que otros partidos toleraran su decisión de gobierno de mantener en funcionamiento determinadas centrales de carbón productoras de CO_2 y humos. ¡Desde fuera y con perspectiva medioambiental nos parece aberrante, pero el enemigo común une mucho! La historia está llena de ejemplos donde se ha utilizado el enemigo común para producir cohesión. Historiadores y psicosociólogos llegan a describir situaciones donde inventar un enemigo común se ha convertido en una táctica definitiva para producir unión allí donde era difícil conseguirla por otros medios.

¡Ninguna de las posturas antinucleares expuestas en esta sección parece incuestionable y sin embargo el sentimiento ciudadano más extendido es antinuclear! En efecto, las posturas que alegan inseguridad no tienen el aval mayoritario de la comunidad científica de especialistas en seguridad nuclear y las que se basan en pactos y pragmatismos tienen un fundamento limitado. Sin embargo, la opinión pública, naturalmente dada por razones obvias y honestas en principio a visiones simplificadas de los problemas complejos, parece tener la tendencia a considerar las centrales nucleares como un enemigo común. Este es un hecho, tal vez deseado por algunos, que yo considero además de erróneo y enormemente injusto. Es quizás un hecho que liga con una dinámica social de buenos y malos como las que a menudo dificultan el entendimiento entre personas. En la visión más pesimista, las nucleares se han convertido no solo el enemigo común que une una serie de grupos sino, también erróneamente, en el emblema de posturas socioconscientes y sostenibilidad.

Revertir la situación es uno de los escollos más relevantes del momento. Yo suelo manifestar que me gusta reconocer la cohesión como un bien moral valioso, pero creo que esta cohesión se debe conseguir con conocimiento y no por la vía de mantener visiones poco elaboradas del saber. Esto me ha llevado a ofrecer, en varias ocasiones, mis conocimientos y mi experiencia docente en tecnología nuclear con el fin de colaborar en alguna acción de este ámbito. He tenido los dos tipos de respuesta. Ha habido grupos que han aceptado el ofrecimiento y han hecho posibles experiencias que siempre han sido positivas. ¡Es evidente que hablando se entiende la gente! ¡Hablar significa hablar, escuchar, retroalimentar y sintetizar si es posible! Actitudes positivas las encontramos afortunadamente en personas diversas con ideologías diversas. En cuanto a las retroalimentaciones, han constituido una oportunidad que claramente me ha permitido evidenciar y entender la enorme cantidad de puntos que compartimos el conjunto de los grupos socioconscientes. ¡También ha habido grupos que no han aceptado mi ofrecimiento!

También he debatido con muchos de estos grupos la necesidad de que, en coyunturas inciertas como la que vivimos, parece importante que la socioconciencia, sea pro o antinuclear, se mantenga unida al iniciar temas importantes como los relativos a la sostenibilidad y temas urgentes como los relativos a la lucha contra el cambio climático. Esta unidad permitiría superar y romper una idea de buenos y malos que no ayuda nada a avanzar. En un futuro próximo, si en algún momento la descarbonización se hace más difícil aún de lo que hoy ya es, las nucleares deberán convertirse en aliados irrenunciables de la transición energética, y alguien tendrá que descargarlas de este carácter de enemigo común de la sostenibilidad que hoy errónea e injustamente se les atribuye.

4.3. La opción vigente

4.3.1. ¡La transición energética ha comenzado!

Ha comenzado y va camino de realizarse siguiendo los principios establecidos. Oficialmente siempre se dirá que esto se hace según está escrito y pactado, y también es verdad. Se seguirán los textos de referencia, pero también lo que motivan sus omisiones y sus insistencias. A partir de ahí ha comenzado ya el trabajo de llevar a cabo la transición energética que, a pesar de arrancar del mismo punto, será diferente en cada país. Casi todos los países desarrollados tienen industria, vehículos que aseguran la movilidad, red eléctrica y, a veces, un confort que requiere un consumo energético importante. Esta situación hoy en día hace que sean muchos los que han de prever una reducción importante de emisiones. Obviamente hay países, entre los menos desarrollados, que ven el problema mundial desde otra perspectiva y estarán más interesados en todos aquellos aspectos de la iniciativa que refuercen su progreso. A priori hay, pues, un gran respeto a la soberanía de los estados y una también gran libertad para que cada país fije su camino hacia de transición energética. Esta gran libertad puede verse, y de hecho se ve, altamente limitada en función de la situación que de entrada nos encontramos en cada país. Quizás algún país mantiene esta libertad de acción, pero la mayor parte de ellos no. La mayor parte de los países necesitan un esfuerzo importante de desarrollo y de cambio para cumplir sus objetivos. Ya hemos dicho que el Acuerdo de París, fruto del Convenio Marco de las Naciones Unidas sobre el cambio climático, es quizás el documento clave que impulsa la actual transición energética. Ya hemos resumido su contenido y ha sido citado repetidas veces como punto de partida de la opción vigente. Ratificado por un gran número de países, va siendo concretado por directivas, leyes y reglamentos.

4.3.2. Encuadre actual de la transición en Europa

El impulso europeo se concreta estableciendo que el marco de actuación en la Unión Europea en materia de energía y clima es competencia del Consejo de Europa, que es el órgano que lo fundamenta, lo aprueba y lo actualiza. Varios textos recogen directrices y pactos, y entre ellos destaca el paquete normativo de energía y clima aprobado con el título *Clean Energy for all Europeans*. Se trata de un paquete de medidas que debe permitir el incremento de las renovables en los balances finales de energía, el desarrollo de la eficiencia energética y la intervención de un consumidor activo en los mercados de energía. La Unión Europea intentará de esta manera, no solo adaptarse a la transición, sino hacerlo desde una posición de liderazgo.

En cuanto a los objetivos concretos para 2030, Europa se propone una reducción de las emisiones de gases de efecto invernadero en un 40% respecto a los valores del año 1990 y consolida un mercado de derechos de emisión respetuoso con los compromisos pactados. La penetración de las energías renovables debería alcanzar una cuota mínima del 32% sobre consumo final de energía y el ahorro en eficiencia debería ser del 32,5%. También se han establecido detalles sobre las interconexiones eléctricas entre países. Los textos aprobados por organizaciones europeas muestran una gran ambición retórica e intentan animar a los estados a la participación en estos principios, a partir de Planes Estatales de Energía y Clima (*National Energy and Climate Planes* - NECPs) que deben ser aprobados por los conductos establecidos por cada estado y se convierten en vinculantes. Hablan de una nueva estrategia de crecimiento encaminada a transformar la sociedad de forma equitativa y próspera con una economía eficiente y competitiva. En Europa se da por hecho que no habrá emisiones netas de gases de efecto invernadero en 2050 y se insiste en un aspecto también muy ambicioso como el de disociar el crecimiento económico del uso de recursos.

Los textos en cuestión no olvidan citar las industrias de gran consumo energético, como el acero, la química y el cemento y las califica de imprescindibles para la economía. Mencionan la economía circular y las políticas de productos sostenibles, reutilizables, duraderos y reparables. Incluso llegan a hablar de la conveniencia de atenuar el riesgo del *green washing*. Llamamos *green washing* a las prácticas engañosas de presentar como respetuosos con el ambiente productos que en realidad no lo son. Dicho Pacto Verde Europeo menciona la construcción, el transporte y las estrategias forestales como actividades a tener presentes en el progreso de la transición. Reconoce la necesidad de grandes inversiones para llevar a cabo lo que se dice, y culmina con un llamamiento a la participación y al compromiso ciudadano para conseguir el éxito del pacto.

El comentario que creo más oportuno con respecto al pacto verde europeo es relativo a su ambición y operatividad. Es realmente una buena lista de puntos a desarrollar si queremos llegar a un mañana ecológico. Aplaudo esta ambición porque no rehúye temas como los citados anteriormente que, de no considerarse, podrían hacer fracasar las iniciativas en juego. Estos acuerdos europeos dejan muchas decisiones a los estados con lo que ello tiene de ventajas y de inconvenientes. Entre las ventajas, tenemos que a raíz de estos textos los estados se sienten motivados a crear una solución válida para cada uno de ellos y lo pueden hacer siguiendo sus propios criterios. Dos inconvenientes son, a pesar de todo, notorios. Uno lo encontramos en el hecho de que hay un riesgo de que los estados no administren de forma óptima la motivación citada y actúen pensando sobre todo en sus problemas internos y olvidando la solidaridad interestatal. El otro viene del hecho de que, a pesar de reconocer estar ante una tarea compleja, el documento no proporciona guías y opciones diversas para ayudar en la planificación del cumplimiento de objetivos.

Otro documento interesante en el contexto europeo, emitido en el primer trimestre del año 2021, es el que lleva por título: *Technical assessment of nuclear energy with respect to the 'do no significant harm' criteria of Regulation* (EU) 2020/852 (*Taxonomy Regulation*). Se trata de un informe técnico preparado por el JRC (Joint Research Center) que, basado en el estudio realizado, concluye que no hay ninguna evidencia científica de que la energía nuclear haga más daño a la salud humana o al medio ambiente que otras tecnologías de producción de electricidad incluidas ya en la taxonomía europea como actividades de apoyo a la mitigación del cambio climático. Se trata de un informe científico, preparado por un centro de investigación de reconocido prestigio. La Taxonomía de la Unión Europea es un sistema de clasificación que establece una lista de actividades sostenibles para el medio ambiente con el fin de facilitar la aplicación de los pactos de energía y clima antes citados.

Hemos visto, pues, a raíz de los comentarios generales, la esencia de la actividad reguladora europea. Europa, aunque dando mucha libertad a los estados que la configuran, ha marcado un camino de incentivación de las renovables y los recursos distribuidos. En cuanto a las nucleares, el Consejo de Europa ha tenido un comportamiento, tal vez menos explícito, pero equivalente. Hoy 14 países europeos tienen reactores nucleares en explotación y 8 de entre ellos están construyendo alguno nuevo. Alemania, Bélgica y Suiza pararán la producción nuclear en la década de los 2020.

4.3.3. Encuadre actual de la transición en España

Las realizaciones llevadas a cabo en España hasta la fecha se concretan sobre todo en acciones de impulso a la transición. Encontramos documentos que encuadran la situación y algunas iniciativas legislativas y reglamentarias que abren la puerta a los movimientos de una emprenduría que tarde o temprano tendrán relevancia en los desarrollos esperados. A continuación, se distinguen dos grandes bloques de información que ilustran el encuadre de la transición en España.

El primero de los bloques se refiere sobre todo al documento titulado *Análisis y Propuestas para la descarbonización* que el gobierno español anterior pidió a un grupo de expertos en energía. Aunque no pretendo valorar el contenido del informe preparado en 2017, utilizaré la definición de su mandato y su índice de contenidos, como aspectos que dan una idea de las condiciones de contorno de hecho.

El mandato dice textualmente «En concreto, el Acuerdo establece que la Comisión de Expertos deberá remitir al Gobierno, a través del Ministerio de Energía, Turismo y Agenda Digital, un Informe que analice las posibles propuestas de política energética, el impacto medioambiental, las alternativas existentes y su correspondiente coste económico y la estrategia necesaria para cumplir los Objetivos [en materia de energía y clima] de la forma más eficiente, garantizando la competitividad de la economía, el crecimiento económico, la creación de empleo y la sostenibilidad ambiental».

Considero que es un mandato, al menos razonable, si bien queda ceñido a todo lo que se pueda establecer «garantizando la competitividad de la economía, el crecimiento económico, la creación de empleo y la sostenibilidad ambiental». Estas garantías exigidas dan lugar a ventajas e inconvenientes. Entre las ventajas, está el hecho de que el contenido del informe se convierte en una herramienta solvente para responder propuestas europeas actuales y para empezar a trabajar mañana mismo. ¿Estas ventajas son suficientes? ¿Justifican la iniciativa? Quizá si nos fijamos en los inconvenientes pronto nos parecerá que no. Lo más relevante de estos es el hecho de que el mandato coacciona la autocrítica de los expertos y recorta todas aquellas recomendaciones que conecten con limitar la actividad o incluso preconizar nuevos pactos internacionales, o criticar las directrices europeas… Sin embargo, si califico el mandato de razonable es porque estoy convencido de que estos contenidos deben estudiar primero en estas condiciones de contorno, dejando la puerta abierta, y yo diría que bien abierta, a consideraciones de un contexto más amplio.

En cuanto a su índice, en él podemos encontrar: Escenarios (energéticos y eléctricos); Precios y fiscalidad de los productos energéticos; Mercado eléctrico, inversiones, recursos distribuidos; Movilidad sostenible (electrificación del parque de vehículos, biocombustibles, transporte ferroviario de mercancías, transporte marítimo y aéreo); Sectores consumidores y eficiencia; Rehabilitación energética de edificios; Sector industrial; Escenarios futuros; Transición justa y pobreza energética; Reflexiones sobre la transición… Creo que también el índice es un buen exponente de dónde se sitúa el debate institucional y por tanto deja fuera de momento cambios significativos sean sociales o de solidaridad internacional.

El estudio analiza diversos escenarios realistas de descarbonización y evalúa las dificultades de cada uno de ellos para alcanzar el cumplimiento de los compromisos con Europa y con París 2015. El grupo de expertos concluye que, en todos los casos planteados en el contexto español, menos en el caso donde adicionalmente se postula la no extensión de la vida útil de las centrales nucleares, el objetivo de reducción de emisiones se cumple. En cuanto al cumplimiento del objetivo de penetración de las energías renovables que, en las fechas en las que el grupo trabajaba, estaba establecido en un 27% sobre la demanda energética final en 2030, pareció ya entonces complicado de lograr. El informe decía que esto solo se podía conseguir con un buen ahorro energético por la vía de la mejora del aislamiento de las viviendas, o aumentando la cuota de biocombustibles en el transporte, siempre que no se diera ninguna reducción del precio del gas. Hoy el objetivo ha sido revisado, se ha convertido en más ambicioso y consecuentemente deberíamos interpretar que tendremos aún más dificultades en cumplirlo.

Hay dos puntos más a resaltar del mismo informe, por un lado, se nos habla con insistencia del impacto de las incertidumbres existentes, y por otro, de los razonamientos que tienen lugar considerando siempre la estructura actual del mercado eléctrico. Un primer ejemplo claro de incertidumbre es justamente lo que acabamos de comentar. Para alcanzar el objetivo de penetración de las renovables, dicen los expertos que se debe asumir que las incertidumbres en el ahorro para el aislamiento de las viviendas, las del aumento de la cuota de bio-combustibles y las de la eventual reducción del precio del gas no juegan de forma concatenada en contra del cumplimiento. El informe está hablando de forma clara de una incertidumbre que identifica correctamente para que el punto no pase desapercibido y se tomen las acciones oportunas.

En cuanto a las consideraciones sobre la estructura actual del mercado eléctrico, está claro que cualquier comité de expertos debe acordar unas bases para trabajar y las escogidas en este caso tienen sus razones. Si bien la transición energética se plantea a 30 años vista, podemos decir que el informe se fija en 2030 como objetivo y solamente algunas aportaciones se refieren a 2050. En este marco temporal, el debate que introduce sobre fiscalidad energética o sobre el precio del CO_2 tiene un sentido y una relevancia en el presente. En planes a 30 años vista, obviamente sería razonable pensar que la mencionada estructura de mercado puede cambiar.

El segundo bloque se basa en documentos diversos, entre ellos: el *Plan Nacional Integrado de Energía y Clima 2021-2030 (PNIEC)*, la *Ley de Cambio Climático y Transición Energética* y el llamado Acuerdo Nuclear.

El Plan Nacional Integrado de Energía y Clima 2021-2030 (PNIEC) consiste en un informe solicitado por la Unión Europea (UE) a los Estados miembros con ánimo de dar solidez a su compromiso de cumplir los requerimientos del Acuerdo de París 2015 y documentos europeos subsiguientes. Los PNIEC los países europeos deberían avalar los objetivos más relevantes y aportar una mayor credibilidad de cumplimiento. El PNIEC español corrobora y describe la contribución española a los objetivos europeos para 2030 en los siguientes términos:

- 23% de reducción de emisiones de gases de efecto invernadero respecto a 1990 (UE: 40%).

- 42% de utilización de energía renovable sobre energía final (UE: 32%) lo que representa un 74% de energía renovable en la generación eléctrica.

- 39,5% de mejora de la eficiencia energética (UE: 32,5%).

- 15% interconexión de los sistemas eléctricos de los Estados miembros.

La creación de un ministerio específico de Transición Energética por parte del gobierno actual constituyó un paso adelante para hacer progresar los desarrollos que pedía el pacto de París. Esto permitió al gobierno comenzar a convertir en leyes y reglamentos sus grandes directrices programáticas. La Ley de Cambio Climático y Transición Energética es quizás la iniciativa más relevante. Se trata de una ley que supone un buen impulso en el ámbito de las energías renovables y que fija los objetivos españoles de reducción de emisiones en un 20% respecto a los niveles de 1990. En línea con lo que se solicita desde Europa la ley consolida una hoja de ruta que, tras cumplir con los objetivos de 2030, debería culminar en un sistema eléctrico 100% renovable y una neutralidad climática para 2050.

En España se prevé instalar 3000 MW de potencia al año en instalaciones de energía eléctrica de origen renovable. Todo ello está comenzando ahora en 2020 y se cuenta trabajar durante toda la década hasta cumplir los objetivos de 2030.

En cuanto a la problemática de los combustibles fósiles, se abordan varios niveles: minería, vehículos, políticas de subvenciones. Se prohíben nuevas autorizaciones para prospecciones y explotación de yacimientos de petróleo o gas dentro del territorio incluyendo el mar. También se frenan los subsidios y las inversiones que favorezcan el consumo de combustibles fósiles. En cuanto a los vehículos, a partir de 2040 no se permitirá la matriculación de turismos y vehículos comerciales ligeros con emisiones de CO_2 al tiempo que se fomentará la instalación de puntos de carga eléctrica para los vehículos sustitutorios.

En cuanto a la eficiencia energética en los edificios, se prevé la renovación de los edificios públicos que lo necesiten además de una media anual de 100000 viviendas entre 2021 y 2030. Los municipios de más de 50000 habitantes deberán contar con zonas de bajas emisiones antes de 2023 y pensando en el transporte aéreo, fomentará el biometano y otros combustibles sintéticos, de origen renovable.

Finalmente, el documento llamado acuerdo nuclear completa el contenido de este bloque. Consiste en un pacto entre el gobierno y los operadores de las centrales nucleares actualmente en funcionamiento en España. Según este acuerdo, estas deberían finalizar su vida operativa entre 2022 y 2035.

El conjunto de leyes y pactos que da forma a la reestructuración del sector energético español quiere un comentario valorativo. Cuando una transición debe ser tan profunda como la piden los textos europeos, es natural esperar de los poderes públicos acciones de impulso, acciones para evitar prácticas desacertadas y acciones de salvaguarda para superar incertidumbres.

Las acciones de impulso pueden ser legislativas o de inversión pública en nuevas infraestructuras. Las primeras se han dado y siguen su curso encaminado a facilitar la activación de la emprendeduría adecuada a la circunstancia por medio de incentivos fiscales y ayudas económicas. Entiendo que las segundas no tienen hoy ningún desarrollo masivo y, en cualquier caso, esperan acontecimientos. La incentivación de la emprendeduría ha sido lanzada con reglamentos que permiten iniciar un camino largo que puede tener sus tropiezos. ¡El tiempo nos lo dirá!

El siguiente tipo de acciones de gobierno también ha comenzado a concretarse. Frenar inversiones que favorezcan el consumo de fósil en ámbitos diversos o no admitir la matriculación de vehículos con emisiones de CO_2 son acciones destinadas a evitar prácticas inadecuadas. Este paso ha sido realizado y su aplicación deberá demostrar que se ha hecho de forma acertada. La valoración de este punto requiere un tiempo.

Cuesta encontrar en los pactos y reglamentos acciones destinadas a hacer frente anticipadamente a las incertidumbres del proceso de transición y salvaguardar su éxito. La insistencia en la magnitud de la transformación necesaria de la sociedad no articula esfuerzos conjuntos de los ciudadanos y parece más una especie de discurso para animarlos a convertirse en promotores, inversores y transformadores de la manera de vivir y producir energía. El entusiasmo tiene una vertiente importante y en general es bueno, pero puede ser del todo insuficiente. Ciudadanos animados a transformar son indispensables, pero serán mucho más eficaces cuando la iniciativa pública se convierta en contribución y ejemplo. Incluso acciones ya presentadas de impulso al cambio o de bloqueo de malas prácticas están pendientes de la reacción del ciudadano. La transición comporta, pues, unas incertidumbres sobre todo temporales grandes, raramente se habla y más raramente se toman acciones para abordar con margen las fases más comprometidas de la transición. Se da por hecho el cumplimiento de los compromisos de 2030 y no se habla nada del margen de seguridad de la acción. Se ha pactado que las centrales nucleares se detengan en unas fechas definidas sin razonar en profundidad la adecuación de estas fechas. Volveremos sobre el tema a la hora de establecer la potencia nuclear necesaria en el mix español en el futuro próximo.

4.3.4. Encuadre actual de la transición en el mundo

Los países del mundo, en su mayor parte, han firmado el Acuerdo de París y por lo tanto están o deberían estar tomando acciones encaminadas a reducir las emisiones. En las próximas cumbres deberíamos ver qué nivel de aceptación tienen las propuestas formuladas por los estados. Si somos optimistas, pensaremos que la mayor parte de los países estarán planificando políticas energéticas consecuentes con los compromisos adquiridos y llevando a cabo acciones descarbonizadoras contundentes. De momento, los resultados del COP25 no son muy alentadores.

La situación de Estados Unidos es difícil de tratar. Alguien podría pensar que con el cambio de presidente las cosas son ahora radicalmente diferentes. En cuanto a colaboración internacional y participación en las cumbres, la afirmación vale. ¡Trump señalaba el cambio climático como una ficción inventada por sus enemigos, Biden utiliza un discurso de cooperación! Cuando miramos la realidad concreta del país, hay una controversia energética y climática grande que de hecho ya existía en la época Trump. El resurgimiento norteamericano de los sectores del carbón y del petróleo había dado empuje a los negacionistas, pero en contrapartida, era fácil encontrar bastante a menudo y durante el mandato citado, con lo que algunos llamaban el *We are still in* ('Todavía estamos dentro'). Los argumentos y la gesticulación negacionistas son preocupantes por sí. El sistema, que sigue teniendo importantes controversias no resueltas, mantiene su dinamismo y una cierta evolución. Por citar un par de ejemplos, en los últimos tiempos, Estados Unidos han incrementado más que nunca sus instalaciones de energías renovables y han alargado la vida útil de sus reactores nucleares de 40 a 60 años. Más adelante y en varias ocasiones volveremos sobre lo más relevante de la situación.

Arabia Saudita e Irak son dos grandes exportadores de petróleo y gas. Si bien ambos han mostrado interés en una cierta diversificación de los suministros energéticos pensando en producción renovable y nuclear, su presente depende altamente de los combustibles citados. Quizás, consecuentemente, no han firmado el Acuerdo de París.

Entre los firmantes del Acuerdo de París tenemos la India y China. Su inclusión puede considerarse un punto enormemente positivo. Son países emergentes y superpoblados y aún pendientes de incluir mejoras básicas en el confort más elemental de la vida de sus ciudadanos. 300 millones de personas en la India aún no tienen electricidad doméstica. Ambos países tratan el problema energético con el compromiso de alcanzar en el futuro las metas de emisiones fijadas. Prevén hacerlo desde la diversidad, utilizando energías renovables y centrales nucleares.

4.3.5. Méritos y carencias

La solución que propone la opción vigente muestra méritos que son significativos. Intentemos no caer en maximalismos, hay iniciativas diversas que van en la buena dirección. Una serie de iniciativas de esta transición van encaminadas a la descarbonización de la producción energética y por tanto apuntan a buen puerto. La iniciativa de desarrollar recursos energéticos distribuidos es un hecho que entusiasma a quienes la desarrollan y a mí personalmente también. Hay trabajo por hacer y es difícil predecir detalles sobre su implantación, pero todo apunta a que después de un tiempo, la iniciativa corregirá una parte del problema del seguimiento de la demanda eléctrica. La apuesta por las energías renovables es firme e insta a los gobiernos europeos a entrar con decisión.

La solución vigente muestra también carencias. Cinco de estas carencias pueden ser consideradas limitaciones esenciales que prácticamente definen los fundamentos de las reflexiones de futuro. También hay otras carencias menores que deberían ser consideradas. Estas últimas no forman explícitamente parte de este texto por razones de centrarnos en lo esencial.

La primera, y tal vez la más relevante, de las carencias de la solución vigente es importante y pasa casi desapercibida. Se trata del hecho de que la mayor parte de las opciones consideradas elaboran sus estrategias sin reconocer bastante explícitamente el hecho desestabilizador de la sociedad competitiva. Estamos en una sociedad que no considera admisible poner trabas o dificultades a la iniciativa emprendedora. En la mentalidad global de esta sociedad parece que gastar energía sea un derecho. Según como lo analizamos y según qué entornos sociales consideramos, parece un derecho de alto rango que no admite discusión. Dicha opción vigente no trata este hecho con suficiente empuje. Bien es verdad que estoy hablando de un hecho desestabilizador, por tanto de algo que no invalida muchas de las acciones que se están tomando. Muy a menudo esta carencia desajusta y sorprende y debe resolverse porque de lo contrario la transición energética podría quedar indefinidamente demorada.

Otro punto igualmente importante es el no tratar las incertidumbres de forma suficientemente explícita. El éxito de los cambios que se proponen para reducir emisiones depende de diferentes parámetros. Algunos de ellos fácilmente analizables y cuantificables. Entre estos, por ejemplo, habría la potencia de los convertidores a sustituir. Otros hechos y parámetros son enormemente inciertos y difícilmente predecibles. Entre estos otros encontramos los que tienen relación con algún cambio de costumbres del usuario. A raíz de una sustitución concreta, el usuario puede tener un comportamiento diferente y dar lugar a otro escenario de uso. En la transición en curso hay un tema extremamente relevante que entra de lleno en este esquema. Se trata de la penetración de las energías renovables. ¡Se da por hecho que el usuario se concienciará de su necesidad, y esto le llevará a invertir, instalar y hacer operativa la penetración comprometida para 2030 y su incremento hasta el 100% en 2050! Hay documentos específicos que reconocen la existencia de esta incertidumbre, pero ni lo evalúan ni toman acciones para cubrirla con márgenes, redundancias y diversidades. De manera similar a lo que hemos visto con la penetración de las energías renovables, otras áreas como la implementación de recursos distribuidos o el tratamiento de la eficiencia energética aparecen como temas necesitados de las mismas consideraciones.

Un tercer punto esencial es la poca conciencia global de lo que tienen de urgente las acciones dedicadas a frenar el cambio climático y detener el colapso del planeta. Los científicos especialistas en el tema nos dicen que ya vamos mal de tiempo y afloran síntomas claros de una conciencia muy limitada del hecho. Pronto hablaremos de países que detienen las centrales nucleares antes que las fósiles.

Hay una cuarta carencia muy ligada a la anterior. ¡Los combustibles fósiles hoy mueven el mundo! Cualquier reducción de su uso es compleja. De hecho, se habla de reducción, se conoce que su utilización es enormemente relevante dentro de la economía mundial, ¡pero nadie dice de forma suficientemente explícita que a pesar de esta relevancia la era del combustible fósil se ha terminado o se tiene que terminar! Se sabe también de la existencia de situaciones que lo ponen todo más difícil, como la realidad industrial de Estados Unidos, o las posiciones de Arabia Saudita o de Irak, y no se están dando pasos de aproximación suficientemente serios para encontrar alternativas. Nadie insinúa que deberá negociar con los productores de carbón, de petróleo y de gas y que de la descarbonización expuesta deberá pasar, tarde o temprano, a una reducción drástica de la utilización de combustibles fósiles.

La quinta carencia es relativa al Sur Global. Si bien reconozco que la propuesta vigente tiene aciertos en este ámbito, deja la puerta abierta a que cada uno de los países se preocupe de sí mismo y deje como no prioritarias las acciones encaminadas a la emancipación del Sur Global a pesar de su implicación con el problema energético.

4.3.6. Líneas rojas

Descritas las carencias que considero esenciales, es hora de comentar cómo afloran y también de recordar que cualquiera de las cinco enumeradas puede constituir un contratiempo importante en la transición energética. Recordémoslas: efecto desestabilizador de la sociedad competitiva, tratamiento de las incertidumbres, urgencia climática, posición del fósil en la economía mundial y emancipación del Sur Global.

Considero el concepto de *línea roja* como una idea enormemente comunicativa, útil para caracterizar el pensamiento que nos ocupa. Se trata de un concepto muy utilizado en política que ayuda a delimitar de una forma simple qué contenidos no serán aceptados en ningún caso. Como se puede ver, el concepto tiene la ventaja de ocuparse, al mismo tiempo, de contenidos y de su expresión en el ámbito de la comunicación de masas. De ahí tal vez el éxito de su utilización. Por el contrario, tiene el inconveniente de no aceptar muchos matices. Hoy en el entorno de debate energético y del colectivo del que hablamos, dos líneas rojas suelen aflorar con gran insistencia. Estas son: «Mi país primero» (más extendida como *My country first*) y el «Nuclear no».

El *My country first* ha sonado mucho últimamente. Si bien ha sonado sobre todo como *America first* en boca del anterior presidente de Estados Unidos, todos sabemos que son muchos los gobernantes y los países que hacen suya la afirmación y probablemente desde hace tiempo. No es el mundo de la energía el primero en poner este tema sobre la mesa. Ya en la reunión del G20 del año 2017 el *My country first* apareció en el debate y fue identificado como una amenaza al cumplimiento de objetivos globales en general. Estamos hablando de un eslogan que tiene un impacto tanto en el efecto desestabilizador de la sociedad competitiva como la posición del fósil en la economía mundial o en la emancipación del Sur Global. Si tu país pasa ante todo, tolerarás que los tuyos vendan sus productos aunque refuercen un consumismo que sabes transgresor. De manera similar, planificarás una transición energética pensando en los tuyos, en tus recursos y olvidando las acciones solidarias encaminadas a reconducir el uso mundial del combustible fósil o el desarrollo del Sur Global.

El *My country first* pone dificultades notables a la reducción real de las combustiones fósiles, a la gobernanza de los pactos internacionales y a la consolidación de la solidaridad general. El cumplimiento del contenido de los pactos internacionales se basa en la buena disposición de los firmantes. En muchas ocasiones afloran dificultades por no ser seguidos y criticados con detalle suficiente, debido a que los intereses finales o coyunturales del país pasan delante. Además de las aplicaciones flagrantes de la consigna *My country first*, que no es necesario recordar explícitamente ya que las vemos a diario, hay otras situaciones menos ruidosas que responden igualmente al mismo vicio. Hablo de las que tienen relación con la transición energética vigente.

Así pues, son muchos los países que no reducen el consumo de carbón con la excusa de que se trata de su carbón o del carbón nacional. Esta decisión es del todo anti-ecológica y retrasa la descarbonización. Alguno de estos países muestra consumos enormes y proyecciones de futuro de seguir aumentándolos. Desgraciadamente, hay países muy variados que han tomado esta decisión. Algunos son acomodados como Estados Unidos o Alemania, que tendrían otras opciones; otros son emergentes como China o la India, y otros no muestran ninguna alternativa como muchos asiáticos. Sin embargo, muchos de ellos han suscrito el Acuerdo de París 2015, y esto genera serias dudas sobre el valor real de haberlo firmado. Los dirigentes chinos atenúan su postura cuando especifican que, si bien seguirán aumentando el consumo de carbón, esto será solo hasta 2030, año en el que iniciarán una reducción.

El *My country first* se manifiesta también cuando encontramos países que se limitan a legislar para ellos y se olvidan de la solidaridad con los demás y de trabajar en tareas comunes y cumbres con dedicación y crítica. Si bien el Acuerdo de París 2015 da mucha libertad de acción, sus preámbulos están rellenos de declaraciones de unidad que paradójicamente no se concretan en alentar la cooperación en el ámbito. Demasiado a menudo encontramos posturas poco motivadoras en las que realmente no parece que la voluntad general sea la de reducción de emisiones. ¡España y otros países pueden estar en este caso! ¡Pueden aparecer como actores que piensan en ellos y solo en ellos! ¡Países que asisten a las cumbres, pero no «participan»! Hay evidencias de que el problema es planetario y apenas afloran propuestas ambiciosas que lo tengan presente.

Otros países toleran la fabricación lejos de su territorio de productos esenciales para su consumo o de componentes a integrar en procesos más complejos. Este problema no es esencialmente energético toda vez que entronca sobre todo con la gestión de la resiliencia local y por supuesto con intereses comerciales. Creo que vale la pena citarlo también como manifestación del *My country first* ya que no deja de ser un reducir emisiones locales manteniendo consumo del producto.

El «Nuclear no» es muy antiguo también y ya hemos presentado las razones que, en mi opinión, explican su nivel de consolidación. Anteriormente también, he expuesto mis experiencias de diálogo con diferentes tipos de representantes de los grupos en cuestión. Mi constatación del carácter inequívocamente prosostenible y ecológico de los grupos con los que he dialogado, me hace pensar, quizás pecando de optimista, que un día pueden superar la línea roja y enrolarse en propuestas más parecidas a la mía. Considero mi propuesta: prosostenible, ecológica y con utilización limitada de la energía nuclear. Hoy el «Nuclear no» dificulta acciones encaminadas a hacer frente a la urgencia climática, al tratamiento de las incertidumbres y a la posición del fósil a la economía mundial.

El «Nuclear no» no permite separar descarbonización de sostenibilidad. La utilidad de esta separación ha sido ya comentada. Consideramos importante que a la larga la humanidad disponga de una producción energética 100% renovable y a la corta debemos descarbonizar nuestra producción de forma urgente para evitar el colapso del planeta. También hemos visto que las tareas urgentes deben ser tratadas de forma dedicada y específica. El «Nuclear no» es pues una traba al logro de una descarbonización a tiempo. También afecta a otros de ámbitos tan diferentes como la geopolítica del fósil o la creación de infraestructura renovable. En efecto, recordamos que el éxito del paro de las combustiones fósiles y de la correspondiente negociación con sus productores necesita que los países prodescarbonización puedan ofrecer a los países en duda un kW instalado descarbonizado en condiciones competitivas con el de la oferta los fósil-dependientes. Estas condiciones se pueden alcanzar con más celeridad ofreciendo un mix renovable y nuclear. Recordemos también que la implantación firme de una producción energética renovable debe ser el resultado de un mutuo proceso de adaptación entre infraestructura y sociedad del futuro. Queremos un todo-renovable a medida de cómo se vaya configurando la sociedad y sus infraestructuras en el futuro y este hecho quiere tiempo, retroalimentación y ayuda descarbonizada a la corta.

Opino que el gobierno de España participa del «Nuclear no». Mi afirmación es rotunda pero respetuosa. Me explicaré. La razón más elemental de mi respeto es el hecho de que estoy opinando sosegadamente de un gobierno democrático en un país democrático. Hay dos razones más que refuerzan mi respeto: en primer lugar, comparto con el gobierno una serie de principios sobre la transición energética y ya he elogiado la creación de un ministerio específico, y en segundo lugar, no dudo de su calidad socioconsciente. He dado pruebas de estas razones tanto al comentar los méritos de la opción vigente como en ocasión de analizar y citar os grupos que considero inequívocamente socioconscientes. Pasamos a comentar brevemente la afirmación sobre la participación en el «Nuclear no». Si bien diversas manifestaciones del gobierno la corroboran, hay una que nos interesa especialmente en el capítulo que estamos desarrollando. Hablo del cierre recientemente pactado de las centrales nucleares. Para que el cierre de las centrales nucleares pueda considerarse correcto y ponderado, debería hacerse demostrando de forma rotunda que las funciones que estas centrales realizan hoy estarán cubiertas en el momento de producirse el paro. El gobierno ni ha presentado evidencias del hecho ni tampoco mostrado qué científicos ha consultado con el fin de avalar la decisión. Cuando la crisis del coronavirus, el mismo gobierno tuvo claro que le convería el aval de la comunidad científica y obrar en consecuencia no solo consultando a los técnicos sino facilitando el diálogo entre expertos diversos y gestores. En el caso que nos ocupa se evidencia una credibilidad cuestionable. El gobierno se ha limitado a hablar y a llegar a acuerdos con los propietarios de las centrales. Es oovio que tenían que hablar y que los propietarios de las centrales tienen mucho que decir, pero la producción de energía es un servicio público y darle garantías de futuro al ciudadano es una tarea del gobierno sea cual sea el régimen del mercado energético. De hecho, el sector eléctrico ha demostrado su viabilidad en regímenes diversos. Una decisión como esta, referida a actos que culminarán dentro de 10 años que pueden crear problemas dentro de una o dos décadas, se debe tomar con consenso y en el momento adecuado. No tengo noticia de que el gobierno lo haya consensuado con la oposición ni con otros partidos. No soy el único en opinar que la decisión se ha tomado anticipadamente. El día en que la descarbonización sea un hecho, veamos el final del túnel y tengamos evidencias de que hemos evitado el colapso del planeta, entonces será el momento de tomar esta decisión. Cuando hayamos eliminado el uso del carbón y tengamos el petróleo y el gas en vías de parada, entonces será el momento de pensar y planificar la reducción de la producción nuclear. Si el gobierno lo ha hecho ahora, será porque tiene el «Nuclear no» como una línea roja.

Con dos lenguajes diferentes he presentado un mismo problema. Hablar de carencias de la solución vigente es más técnico o más profesional, y hablar de líneas rojas es más comunicativo. Un sistema hace la explicación más pesada y el otro un poco imprecisa. De una manera u otra tenemos que captar qué le falta a la solución vigente para conseguir las garantías de éxito que merece la transición.

5

Consolidación de la propuesta

En estas condiciones, podemos desarrollar lo que llamo *consolidación de la propuesta*. Consolidar es, en este caso, completar y matizar la propuesta, pero también impulsarla e identificar las áreas necesitadas de divulgación, debate o futuro desarrollo. Este capítulo está organizado en tres secciones que desarrollan la consolidación en los ámbitos tecnológico, social y de gestión, y una sección final que incluye un resumen recapitulativo.

5.1. Consolidación del ámbito tecnológico

La conveniencia de un mix eléctrico descarbonizado y robusto se apoya en razones muy diversas que responden a criterios funcionales y estratégicos. Los criterios funcionales son básicamente criterios de red eléctrica que deben garantizar sobre todo la capacidad de regulación. En cuanto a los criterios estratégicos, convendrá garantizar la fortaleza de la tecnología, aportar la diversidad necesaria para consolidar la transición y ayudar y facilitar el asesoramiento en el entorno internacional.

Una de las tareas analíticas a realizar es determinar la potencia necesaria del parque de centrales nucleares de cada país, partiendo del presente y durante el tiempo que sea necesaria. Si las centrales nucleares deben contribuir al cumplimiento de unas determinadas funciones, un acuerdo entre expertos conocedores de estas funciones nos permitirá determinar la potencia. Necesitaremos también que la síntesis de los contenidos de los expertos sea llevada a cabo por un gestor técnico con conocimientos suficientes para tal propósito. Es muy importante la elección de qué expertos pueden hacer una aportación significativa en esta decisión. Por un lado, se debe apreciar la solvencia en su campo específico de experiencia, pero por otro también se debe valorar su flexibilidad mental y su capacidad para seguir con ponderación las aportaciones de los otros campos de especialidad. La estimación de las dimensiones del parque nuclear es una tarea necesaria y multidisciplinar. ¡Aquí no valen jugadas de póquer! ¡Se debería conseguir una evaluación científicamente incontestable! Se debería llevar a cabo un debate científico consensuado. Un debate de aquellos que enfatizan el intento de avanzar y resolver controversias. Un debate poco vistoso, y por supuesto nada televisivo. Intentemos aclarar un poco cada uno de los puntos anteriores. Hagámoslo con criterios de gestión técnica y teniendo muy presente el objetivo fundamental que tenemos entre manos: detener las combustiones fósiles antes de 2050 con una garantía de éxito razonable. Cualquier planificación de principio debería partir de la realidad actual y probablemente tener presentes unas hipótesis creíbles de cómo evolucionarán las condiciones de contorno en los próximos 30 años. Estamos hablando de condiciones del problema funcional o de red eléctrica y del problema estratégico. El mix energético necesita, pues, una reestructuración basada simultáneamente en criterios funcionales y estratégicos. Los apartados que siguen describen su configuración.

5.1.1. Configuración del mix energético con criterios funcionales

Si queremos una transición suave y humanamente válida, el primer día de esta transición, necesitamos en el ámbito de red eléctrica como poco la misma potencia. El primer día de esta transición, necesitamos en nuestras carreteras, vías de tren y puertos, la misma capacidad de movilidad. A continuación, la transición pide soluciones para temas diversos. Entre estos:

– La recarga de las baterías de la flota de los nuevos vehículos eléctricos.
– La conversión en eléctricos de algunos consumos térmicos.
– El paro de las centrales que queman combustible fósil.
– La reforma gradual de la red eléctrica.

Por supuesto, la realización de los cambios que permitan resolver estos temas será escalonada y puede durar años. No podemos olvidar, ni la magnitud del hecho ni las prestaciones de estabilidad y seguridad de funcionamiento que debe tener la red eléctrica y el resto del sistema energético desde el primer día. Si queremos una transición suave y con garantías de éxito, tendremos que consolidar un mix energético robusto, diverso y vigoroso que asegure equilibrio y cubra incertidumbres. Cuanto más robusto sea al inicio de la transición, más facilidades dará al establecimiento de un mañana renovable. La robustez, citada ya anteriormente, se muestra indispensable como garantía de éxito.

Comentamos primero el cambio relativo a las baterías de la flota de vehículos. Hoy en España hay 25 millones de vehículos privados, cada uno de ellos realiza una media de 12000 km/año y la sustitución de la flota completa necesitaría, según hemos visto antes, una energía eléctrica anual de 82000 GWh. Vamos a pensar, en primera aproximación, que la sustitución se hace de forma lineal. Está claro que podríamos hacer hipótesis más sofisticadas y tener presentes hechos como que conforme avance el proceso, los precios bajarán y la sustitución se acelerará, o que el usuario, consciente del problema, reducirá el número de kilómetros anuales. En esta primera aproximación, deberíamos sustituir cada año 1/30 parte de estos vehículos, es decir, 25000000 / 30 = 830000 vehículos, y prever la carga de sus baterías en los balances de energía. Esta carga sería de 82000 GWh / 30 = 2730 GWh. Recordemos que esta sustitución no tiene por qué hacerse con producción eléctrica regulable y por lo tanto convendría simplemente asegurar que utilizamos energías renovables para este propósito. Además de vehículos privados, existen otros tipos de vehículos. La producción de la energía necesaria para todos ellos debería ser contemplada en los balances y entrar de lleno en las previsiones de futuro inmediato.

Comentemos a continuación, y aunque sea cualitativamente, el cambio generado por la conversión en eléctricos de algunos consumos térmicos. Este es un hecho que puede darse en el ámbito doméstico o industrial. En el primero, hay dos consideraciones. Por un lado, el todo-eléctrico doméstico es fácilmente realizable, es limpio y en general la bomba de calor le está ganando la partida a la caldera de biomasa, aunque esta última podría ser promocionada si localmente se considera interesante. Aunque, por otra parte, si el ciudadano sigue su pauta habitual frente a los cambios, y su caldera fósil sigue funcionando correctamente solo la cambiará si se encarece el combustible o le prohíben su utilización. En el plano industrial, las cosas son un poco diferentes. Ya hemos dicho en su momento que, si bien todas las opciones están abiertas, transformar en eléctricos los usos térmicos industriales tendría un impacto en el consumo eléctrico resultante y, si se hace de forma masiva, debería tenerse en cuenta. Es importante tener presente que este es un problema de potencia, es decir: es el proceso industrial el que marca el instante y la intensidad en que el consumo es necesario. Recapitulemos y completemos los comentarios a los cambios debidos a la conversión eléctrica de consumos térmicos. Su incertidumbre inherente puede ser limitada con alguna planificación, pero en general solo puede ser claramente cubierta si se prevé una mayor producción eléctrica. El cambio pide pues robustez en la producción eléctrica durante la transición.

Los comentarios siguientes son relativos al paro de la producción fósil eléctrica. Esta en España es considerable, recordémoslo, en 2020 fue de 80193 GWh. En 30 años esta producción debe ser parada y sustituida por otra descarbonizada. Esta parada y sustitución debe ser abordada de forma continuada y desde el primer momento. Tanto por razones de eficacia como por razones de los compromisos de emisiones. Tanto el paro como la sustitución requieren una reflexión. El paro puede parecer relativamente simple. Pensemos también en la hipótesis lineal. Consistiría en dejar de producir 1/30 parte de los 80193 GWh cada año y esto sería correcto. También parece correcto establecer un itinerario de cierre de centrales o de limitación de su producción que empiece parando el carbón, siga por el petróleo y termine por el gas. Recordemos lo dicho en referencia a las tasas de producción de CO_2 de cada uno de estos combustibles. Las cogeneraciones que utilizan combustibles fósiles podrían ser consideradas al final. En la práctica, la sustitución es un poco más compleja, ya que nos obliga a tener presente qué función realizan en la red eléctrica las centrales que deben ser paradas. El primer año deberíamos detener la producción de 80193 GWh / 30 = 2673 GWh y sustituirlos por una cantidad idéntica de energía a producir en centrales eléctricas con una capacidad de regulación similar a la de las centrales paradas. La potencia sería, este primer año, de 2673 GWh / 8760 horas = 0.31 GW. Ya lo hemos dicho, cada día en unas horas concretas, un importante número de centrales fósiles son hoy cruciales en regulaciones diversas, entre ellas el ajuste de la producción para equilibrar demanda y producción. La producción sustitutoria dedicada a esta función no puede ser intermitente y más adelante completaremos el razonamiento que sostiene esta afirmación.

La reforma gradual de la red eléctrica genera los comentarios más relevantes relativos a la configuración del mix. Se trata de una reforma originada por un hecho dominante que es la ya comentada, implementación de recursos distribuidos, pero afectada además de forma significativa tanto para la reconversión de los consumos térmicos como por el paro fósil. Se trata de una reforma progresiva que en todo momento debe garantizar su funcionalidad adecuada.

Una red eléctrica, para seguir a la demanda, ya lo hemos visto, necesita disponer de una potencia productiva regulable que ya hemos citado varias veces y que, a día de hoy, es de una magnitud considerable. Con esta potencia regulable, la red eléctrica se convierte en versátil y flexible y por tanto consigue acomodar y potenciar fuentes de energía intermitentes como las energías eólicas y solares. Todo esto puede mejorar con las expectativas de la producción distribuida y almacenamiento local. Sin embargo, debemos recordar una vez más que las transiciones quieren un tiempo, que gastamos una importante cantidad de fósiles para producir electricidad y que por tanto su sustitución será compleja. Consolidar la robustez del presente conferirá garantías a la transición. Entre estas centrales de producción regulable tenemos las térmicas, las nucleares y la mayor parte de las hidroeléctricas, cada una de ellas con sus tiempos de respuesta. Las térmicas se autoexcluyen, ya que justamente queremos detener la producción fósil. Las hidráulicas pueden hacer esta función en la red española, pero no parece fácil aumentar ni su número ni su potencia. Quedan también a medio plazo las nucleares para contribuir al mantenimiento de la versatilidad y la flexibilidad de la red, para apoyar la proliferación de centrales renovables e indirectamente para frenar la omnipresencia de la energía fósil.

¿Qué hacemos si se nos pide que paremos las centrales térmicas que utilizan combustibles fósiles? ¿Qué hacemos si queremos mantener la flexibilidad de la red y su seguridad de funcionamiento actuales? A la larga, descentralizar la producción y otras cosas como las que hemos ido citando, pero analizándolc, y sobre todo teniendo presente la necesidad de márgenes y redundancias, parece que los mejores aliados a la corta para garantizar esta transición son la energía hidroeléctrica y la nuclear. Ambas tienen sus limitaciones. En el caso español y en cuanto a la hidroeléctrica, debemos recordar que somos un país con poca agua. En cuanto a la posibilidad de construir nuevas centrales, la iniciativa parece complicada para las dos tecnologías, al menos en España. Establecer un uso razonable de las instalaciones nucleares ya en funcionamiento puede ser la solución para dar vigor y firmeza a un mix eléctrico con una creciente contribución renovable.

Entre las hipótesis a considerar al abordar el problema con criterios de red eléctrica, hay tres especialmente relevantes: la evolución de la actividad económica y por tanto del consumo energético, el escalonamiento temporal del cierre de las centrales de carbón, petróleo y gas, y finalmente la evolución del nivel de descentralización alcanzado en la red eléctrica. Para la primera, hay predicciones de organismos diversos, para la segunda, el escalonamiento viene marcado por los compromisos de 2030 y la completa parada para 2050, y para la tercera hay una incertidumbre notable.

Si estamos parando las centrales térmicas por razones ecológicas, la pregunta es ¿qué potencias hidroeléctrica y nuclear deberían contribuir en una base regulable para la red eléctrica española que desde hoy y durante los años de la transición asegurara su funcionalidad con seguridad, estabilidad y capacidad de cubrir los picos de potencia? ¡La pregunta parece pedir planificaciones temporales a 30 años vista! Hoy la respuesta es 17 GW hidroeléctricos y 7 GW nucleares, que son los que hay instalados, pero recordemos que partimos de la realidad actual, ya lo hemos dicho, ¡y vamos hacia 2050! Hoy todavía contamos con un número importante de centrales productoras de electricidad, sean térmicas de tipo diverso o quemadoras de residuos que suman sus potencias regulables y garantizan, tal como hemos visto, un suministro seguro y estable. ¡El razonamiento que hacemos parte de que hoy la red funciona correctamente! Esto significa que su estructura actual permite la realización satisfactoria de todas las funciones necesarias para conseguir el suministro, incluyendo entre otros la estabilidad y el cubrimiento de picos de potencia. Partimos de que el mix actual es funcionalmente adecuado. Pronto las térmicas comenzarán a detenerse escalonadamente y deberán ser sustituidas por otras centrales con unas capacidades de regulación equivalentes y unos tiempos de respuesta similares. ¿De verdad se nos está pidiendo una planificación a 30 años vista? Conforme avance el razonamiento, confío aclarar lo que realmente se nos está pidiendo.

Hoy no tenemos problema, la red funciona correctamente. En un futuro lejano, tampoco lo tendremos, ya que confiamos en que con tiempo por delante la descentralización haya tenido lugar en profundidad, y consecuentemente, un importante número de usuarios esté desacoplado de la red y esta tenga una versatilidad mayor. Si la descentralización ha sido completada profundamente, la regulación de parámetros funcionales y el cubrimiento de picos de potencia a la nueva red será viable y realizable sin gran esfuerzo de ingeniería. ¿Cuánto tiempo tardaremos en alcanzar esta descentralización anhelada? ¿Realmente la conseguiremos? Los expertos en descentralización no suelen poner fechas, ya lo hemos visto antes. Saben que el ritmo de esta realización depende de la creación de infraestructura renovable y distribuida, y esta depende de la iniciativa de un usuario al que hemos habilitado para gestionar el tema. Algún experto llega a decirte: no sé si estaremos 20 o 30 años en completar la tarea, lo que es importante es tener las capacidades de avanzar correctamente en función de las necesidades.

Intentemos establecer los grandes rasgos de la gestión de esta larga transición del funcionamiento de la red eléctrica. Empecemos pensando los 30 años de parada fósil como 3 periodos de tiempo. El primero de ellos ya ha comenzado y se extiende hasta la total parada de las centrales de carbón y de las que figuran como térmicas de fuel/gas (ver figura 5). El paro gradual pero total de estos dos grupos de centrales constituiría la contribución del sector eléctrico en la reducción de emisiones en el periodo. En la hipótesis de parada lineal, este es el periodo 2021-2024. El segundo periodo es el de la parada progresiva de las centrales de ciclo combinado que, en la hipótesis de que nos hemos fijado, ocuparía el intervalo 2025-2041. Se trata de un periodo largo y diverso. En este tiempo sería la parada gradual pero total de los ciclos combinados, la responsable de la contribución eléctrica a la reducción de emisiones. Finalmente, el tercer periodo ocuparía el intervalo 2042-2050 y en él tendría lugar la parada de las cogeneraciones fósiles. Pronto veremos que nuestras predicciones serán razonables para el periodo 2021-2025, inciertas pero realizables para el inicio del siguiente, y difíciles para la continuación del segundo y el tercer periodos.

Retomemos las cifras mostradas, unos pocos párrafos antes en ocasión de presentar el itinerario propuesto de cierre de las centrales fósiles. Hemos dicho que el primer año deberíamos detener la producción de 2673 GWh y sustituirlos por una cantidad idéntica de energía a producir en centrales eléctricas equivalentes desde el punto de vista de regulación de una potencia total de 0.31 GW. ¡Qué fáciles son las cosas el primer año de 30! El primer año, la actividad económica y el consumo energético se estiman idénticos a los del año anterior, y el cierre de centrales fósiles y la descentralización de la red eléctrica prácticamente no han comenzado.

Hay unas cifras que pueden ayudar a centrar la predicción en cuestión para el resto del tiempo. Vamos a calcular un marco que en principio abarca sobradamente el problema. Calcularemos qué potencia regulable adicional necesitaríamos si el consumo se mantuviera y la descentralización fuera nula. Es importante insistir en que estamos hablando de un marco y no de la predicción realista que vendrá más tarde. En este contexto, la energía producida en sustitución en el periodo y potencia eléctrica regulable sustitutoria serían:

Al final del primer periodo (4 años)

$$2673 \text{ GWh} \times 4 = 10692 \text{ GWh}$$
$$0.31 \text{ GW} \times 4 = 1.22 \text{ GW}$$

Al final del segundo periodo (4 + 16 años)

$$2673 \text{ GWh} \times 20 = 53462 \text{ GWh}$$
$$0.31 \text{ GW} \times 20 = 6.1 \text{ GW}$$

Al final del tercer periodo (30 años)

$$2673 \text{ GWh} \times 30 = 80193 \text{ GWh}$$
$$0.31 \text{ GW} \times 30 = 9.15 \text{ GW}$$

Como se puede ver, la cifra de energía a sustituir al final coincide con lo que dice la figura 5.

Esto significaría que, en un escenario marco donde el consumo se mantuviera y la descentralización no progresara, deberíamos encontrar fuentes de energía regulable de potencias crecientes en el tiempo y con valores de 1.22 GW, 6.1 GW o 9.15 GW al final de cada uno de los periodos. Encontraremos estas fuentes en las hidroeléctricas regulables y las nucleares durante toda la transición y en algunas térmicas al principio de esta y hasta su parada. Este es pues el marco, la envolvente o el paraguas bajo el cual se mueve el problema.

Ahora corresponde afinar más y, teniendo presente el marco establecido, entrar en el problema con más detalle. Tendremos que estimar la evolución del consumo, de la función descentralizadora y de la funcionalidad de la red remanente.

Empecemos por el primer periodo. ¡Consideramos que en los próximos 4 años estaremos seguramente dedicados al intento de salir de la crisis en la que estamos inmersos! Consideramos también que la estructura de la red eléctrica habrá cambiado sobre todo debido a la implementación de recursos distribuidos. ¿Qué tipo de experto necesito como asesor para evaluar lo más cuidadosamente posible estas evoluciones? Necesito tres tipos de experto: un primero en crecimiento económico conocedor de la tipología de la crisis actual, un segundo experto en recursos energéticos distribuidos, y un tercer experto en gestión técnica de red eléctrica. El primero debería criticar el escenario económico investigando variaciones y tendencias esperadas. Debería mojarse avanzando detalles sobre el progreso previsto en las acciones encaminadas a la salida de la crisis del coronavirus. En primera aproximación, quizás se atrevería a pronosticar una ligera disminución del consumo, pero seguro que otras incertidumbres afectarían su razonamiento. Quizás quedarían en el aire preguntas tales como: ¿en 4 años habremos asimilado una manera clara de progresar estructuralmente ahorrando energía? o, ¿en 4 años sabremos avanzar en la revolución tecnológica que tenemos entre manos ahorrando energía? La aportación de este experto muy probablemente pediría margen en la capacidad de producir energía. El segundo experto debería predecir qué fracción de los consumidores eléctricos estarán ya servidos por infraestructuras distribuidas y caracterizar su nivel de desacoplamiento. Este segundo experto debería estimar también qué reconversiones de consumos térmicos en eléctricos tendrán lugar en el periodo, cuáles de ellas lo serán de forma desacoplada y en consecuencia matizar los resultados del primer experto. El tercero, finalmente, debería prever qué diferencias sensibles tendrá la nueva red parcialmente descentralizada, en función de la nueva situación. ¿Seguiremos teniendo picos de demanda como los actuales? También habría alguna pregunta afectando experiencias diversas, como por ejemplo: ¿qué hará el ciudadano o la pequeña empresa a quien habremos habilitado para que gestione, mantenga e invierta en la creciente infraestructura energética distribuida? ¿Será capaz de invertir con la celeridad que le propone el gobierno? o ¿el coronavirus le habrá cambiado las prioridades y tal vez no podemos contar con él para nada? De aquí debería salir la potencia regulable que necesitamos a los 4 años. ¿Qué piensas, lector? ¿Será mayor o menor que la que disponemos hoy? ¡Qué difícil te lo pongo! ¡Es difícil hacer predicciones a 4 años vista! y ¡todo es más difícil aún en el entorno de una crisis excepcional! Si es difícil hacer predicciones a 4 años vista, más difícil será hacerlas para completar el calendario hasta 2050. Estamos entrando en un problema con dos grandes incógnitas que son las predicciones a 30 años vista del consumo y de la reconfiguración de la red eléctrica. Son incógnitas bastante inciertas, difíciles de predecir y que involucran expertos de diversas especialidades. Si los expertos se motivan, se coordinan y se comunican, seguro que llegarán a una mayor comprensión de la situación y finalmente ajustaremos más nuestros resultados. Si, en cambio, cada experto se aísla de las otras competencias, marca terreno como hemos dicho antes, el conocimiento real de la situación será precario y la decisión deberá tomarse con los datos sin elaborar.

Completemos el razonamiento relativo al periodo 2021-2025, y hagámoslo recordando unas cifras ya presentadas en la figura 5: hoy en España hay una potencia de producción eléctrica a partir de fósil de 40 GW que en 2020 produjeron una energía eléctrica de 80193 GWh, 9216 GWh de los cuales fueron producidos en centrales de carbón o las que figuran como térmicas de fuel/gas. En este periodo, pues, se irán parando. Seguirán operativas, sin embargo, además de las cogeneraciones, las centrales de ciclo combinado de gas con una potencia total de 26.2 GW. La potencia instalada de estas últimas es sobrada. Ya en 2020 su factor de carga global fue de 19.1% (ver figura 5) y podrían, durante este primer periodo y con una planificación adecuada, estar disponibles para la regulación y al mismo tiempo mantener aproximadamente su producción con el fin de no interferir en el cómputo de emisiones. Recordemos que la reducción de emisiones en este intervalo de tiempo se hace mediante la parada progresiva del carbón y el fuel/gas. La potencia eléctrica regulable sustitutoria que en el cálculo-marco hemos cifrado en 1.22 GW sería cubierta pues por centrales de ciclo combinado de gas trabajando del modo descrito, esto es, a una potencia relativamente baja durante la mayor parte del tiempo y siguiendo carga cuando sea necesario. Este es un tipo de funcionamiento muy próximo al actual tal y como hemos visto anteriormente. Los 17 GW hidroeléctricos y 7 GW nucleares deberían mantenerse irremisiblemente durante todo el período y con unos factores de carga y unos tipos de funcionamiento similares a los actuales.

Pasemos al segundo periodo, en principio entre 2025 y 2041. Es un periodo muy largo, sus inicios son predecibles de forma similar a la anterior, y en cambio más adelante aparecerán situaciones más difíciles de prever. ¿Qué ducas se irán disipando? ¿Qué nuevas realidades aflorarán? Empezamos por lo que es más positivo. Gracias sobre todo a las implementaciones que habrán tenido lugar en el ámbito de la descentralización de la red, la situación será más tangible y quizás conoceremos tendencias más firmes de consumos y transformaciones. Nada será definitivo, pero, al menos, tendremos más puntos de conocimiento de la realidad. Habrá una dificultad esencial acuciante. El paro de los ciclos combinados de gas en la hipótesis lineal, en la que nos basamos, comienza en este periodo, si bien su escalonamiento extenderá hasta el final. Si en el periodo anterior habíamos dicho que con todas las nucleares y una planificación inteligente de hidroeléctricas y ciclos combinados de gas, la regulación era viable, en este segundo periodo corresponde alcanzar las mismas garantías con una potencia decreciente del conjunto de los ciclos combinados. Hidroeléctricas y nucleares, en este segundo periodo, pasan a ser aún más indispensables con la dificultad adicional de que las hidroeléctricas tienen en España factores de carga entre 12% y 24%. El escenario marco, que pedía cubrir 6.1 GW con potencia regulable, nos dice ahora bien poco. En efecto, el marco pasa a ser solo una referencia de cómo podrían ser las cosas en condiciones muy adversas donde coincidieran un eventual retraso grande de las implementaciones descentralizadoras y una sequía que disminuyera la contribución hidroeléctrica. Lo más relevante de este periodo es que la reducción de las emisiones del sector se hace mediante la parada progresiva de los ciclos combinados de gas, y esta es una tarea que no se puede retrasar. ¡Solo tenemos 30 años para detener todo el fósil!

¿Cómo será el tercer periodo? Predecir algo de forma solvente en este momento es naturalmente más difícil y probablemente no tiene sentido hacerlo. Siguiendo con la hipótesis lineal, el periodo se inicia en el momento de completarse el cierre total de las centrales ciclo combinado de gas. Creo, no obstante, que no tenemos que ir tan lejos en unas predicciones que en el periodo anterior ya hemos calificado de inciertas y difíciles. Según como avance el proceso, es de esperar que la red española haya alcanzado un nivel de descentralización grande y que esté funcionando entonces de forma radicalmente diferente. Es de esperar que, en aquel momento, sociedad, industria y red se hayan adaptado mutuamente y se hayan adecuado a la novedad. También puede ocurrir que, debido a una nueva crisis o una eventualidad negativa social o tecnológica, todo se demore y nos veamos obligados entonces a utilizar las nucleares tal como hoy lo hacen en Francia o, lo que es peor, perdamos la capacidad de cumplir los compromisos de paro del fósil.

Como hemos anticipado, podemos considerar nuestras predicciones como razonables para el periodo 2021-2025, inciertas para los primeros años del segundo periodo y difíciles para el resto de la transición. Sin embargo, creo que ¡no estamos acorralados y es importante proclamarlo! También es importante recordar que estamos en el camino de un mañana 100% renovable y que el momento preciso que estamos comentando es quizás el más crítico y difícil de resolver. Todo ello da pie a una solución de compromiso como las que, en el mundo de la gestión de proyectos tecnológicos y, dicho sea de paso, en la propia vida también, se toman a menudo. ¡Es como si hiciera pasar al experto en este tipo de gestión delante de las tres competencias específicas antes citadas! Ya había anticipado la necesidad de un gestor tecnológico. ¡No se trata de dar un salto en el vacío! Se trata de hacer algo típico del mundo de la gestión tecnológica y hacer dos pasos. El primer paso es decidir hoy el alargamiento de la vida operativa de todo el parque nuclear español. Las predicciones nos dicen que las necesitamos irremisiblemente los primeros 15 años y como salvaguarda 15 años más. El segundo paso sería establecer unas rutinas de seguimiento progresivo que permitan la adaptación a la realidad que vaya apareciendo. Estas se fundamentarán en la información firme sobre los resultados de las implementaciones realizadas y en la caracterización más sólida de la nueva funcionalidad de la red. Este segundo paso sería continuar la proyección de futuro y decidir, con una anticipación razonable y con muchas más garantías de éxito, sobre los siguientes 4 años probablemente, o quizás sobre 10 o 25 si la realidad, hoy desconocida, permite en ese momento predicciones más extensas en el tiempo. A la postre, podemos ver que la situación, en línea con otros principios ya presentados, no pide una programación temporal estricta pero sí un paso firme y sensato encaminado a una realización inmediata que facilitará la continuación.

Este modo de razonar, muy experimentado en el mundo de los proyectos tecnológicos, nos fuerza a hablar de lo que llamamos *riesgo del proyecto*. Considerar el riesgo de un proyecto o de una decisión es evaluar los acontecimientos que pueden tener un impacto en el objetivo trazado y hacerles frente anticipadamente tomando acciones para hacer más improbable su aparición. En el proyecto que nos ocupa, y pensando en el objetivo de detener las combustiones fósies, el plan trazado comporta contar con hidroeléctricas y nucleares, implementar recursos distribuidos y renovables de forma armónica con la evolución de la sociedad y observar y tener en cuenta la nueva caracterización de la red eléctrica.

Si alargamos la vida de las nucleares existentes en España produciremos una robustez que vigorizará todas y cada una de las implementaciones energéticas en curso o en proyecto y, sobre todo, conferirá garantías de éxito a un camino cargado de incertidumbres. Si en cambio renunciamos al alargamiento de vida y nos limitamos a construir recursos distribuidos y renovables, nos podemos encontrar con una situación comprometida. La renuncia nos puede llevar no solo a periodos inciertos en cuanto a la gestión de la red eléctrica donde afloren dificultades para su seguridad de funcionamiento, sino también a dañar los planes de parada fósil. Por supuesto hay una posibilidad de acertar, esto querría decir que no solo ha habido un cambio sustancial en la operatividad de la red, sino que este ha venido acompañado de un decrecimiento de consumo notable, de un rebrote de la crisis vigente o de algún otro hecho con consecuencias sociales negativas a las que puede ser difícil hacer frente.

Hay decisiones que tomamos por experiencia técnica y otras, por experiencia de gestión. Esta concretamente es una pregunta mucho más «de gestión» o de lo que llamo *gestión tecnológica*. Si la formulamos al emprendedor o al gerente del «negocio» de detener el colapso del planeta nos dará una respuesta clara. Nos dirá arriésgate con ponderación, alarga la vida de las centrales nucleares y gana esta flexibilidad que te irá muy bien durante esta transición. Implícitamente estoy diciendo que los próximos 10 o 15 años son los más inciertos y vale la pena iniciarlos con margen y con robustez, y en una coyuntura como la actual, todo es aún más acuciante. Prácticamente aquí concluye el razonamiento que nos permite determinar la contribución nuclear en la base regulable para la red eléctrica. Tendremos que alargar la vida de las centrales existentes y realizar un seguimiento que permita corregir cualquier eventualidad que aflore en un proceso realmente incierto. La decisión de comenzar a detener las nucleares se tomará en el momento oportuno, esto es: ¡cuando el paro fósil y la descentralización de la red sean un hecho! Confío que la explicación haya sido útil sobre todo mostrando los mecanismos de razonamiento y las competencias requeridas. Muy pronto, al desarrollar la síntesis de configuración del mix lo volveremos a citar.

Terminado el razonamiento y ya fuera del hilo expositivo, es el momento de hacer dos comentarios adicionales que pueden ser oportunos. Uno es relativo a la coherencia entre la planificación de la transición y el avance de la creación de una infraestructura distribuida y renovable, y el otro a la aritmética de potencias tantas veces mencionada. En un capítulo anterior, hemos razonado que el todo-renovable no puede salir de la cabeza de un pensador y que estamos necesitados de una adaptación mutua entre lo que estamos construyendo y la sociedad que se reconfigura libremente. De manera similar, la base regulable de producción eléctrica deberá acomodarse al resultado de dicha adaptación y por tanto se verá influenciada directamente por la funcionalidad de la nueva red parcialmente descentralizada y más indirectamente por la estructura de una sociedad que evolucionará en función de las realidades sociales y tecnológicas que vayan apareciendo y que todavía desconocemos.

El segundo comentario es relativo a la alusión que hago a los 17 GW hidroeléctricos y los 7 GW nucleares que necesito irremisiblemente, lo hago teniendo presentes sus factores de carga y su funcionamiento establecido. En efecto, 17 GW hidroeléctricos con factores de carga entre 12% y 24% dan potencias medias entre 2 y 4.1 GW. Igualmente 7 GW nucleares con factores de carga del orden del 90% dan cerca de 6.3 GW. Si alguien con ánimo de simplificar se limita a hablar de las cifras sin más explicación ni matiz obtendrá una imagen claramente sesgada del problema. Recordemos que, en este caso, para sustituir la función de una central térmica de 1 GW necesito potencias nominales de entre 4 y 8 GW si la producción es hidroeléctrica y en cambio me basta 1 GW nuclear.

5.1.2. Configuración del mix energético con criterios estratégicos

Las razones citadas hasta ahora no son las únicas y, además, es difícil decir si son las más trascendentes. Estamos consolidando lo que antes hemos presentado como segunda enmienda a París 2015, o como «enmienda para una descarbonización robusta». No olvidemos que en algún momento hemos dicho:

- Necesitamos «energía» para disuadir a los productores de combustibles fósiles.

- Necesitamos «energía» para cubrir incertidumbres no contempladas en las predicciones (planes B).

¿Cómo debería ser esta energía, para permitir alcanzar las metas citadas?

Pensemos de entrada y sobre todo, en la primera de estas «energías». Estamos hablando de una energía como baza. La energía es considerada una baza, cuando no la caracterizamos en función de la demanda, sino en función de otras capacidades y condiciones. Esta energía se debe configurar siguiendo las recomendaciones para los países del grupo prodescarbonización tal como han sido desarrolladas en el capítulo de reconducción fósil. Esto quiere decir que, como país del grupo, debemos consolidar una fortaleza en nuestra producción energética descarbonizada. El vigor y la robustez son fundamentales si queremos ser realmente tomados en consideración. Necesitamos fortalecer la infraestructura de nuestra industria e ingeniería energéticas para ser escuchados. Debemos lograr una robustez que permita ofrecer a cualquier país en duda, centrales que produzcan energía cescarbonizada y atractiva en precio y prestaciones, compitiendo con la oferta del grupo fósil-dependiente. Esta capacidad por un lado debe incluir renovables y nucleares, y por otro lado tiene que cubrir las fases de ingeniería y fabricación por supuesto, y también la fase de producción si pensamos en una robustez real.

Renovables para siempre, y renovables y nucleares para la transición. Cada una de estas tecnologías necesitará de acciones de motivación específicas ligadas a sus circunstancias. Las acciones encaminadas a promocionar las renovables coinciden con las acciones que preconiza París 2015 y responden a un camino de progreso en curso. Las relativas al mantenimiento estratégico de la tecnología nuclear quieren un comentario.

En primera aproximación, cuando hablamos de estrategia, se podría proteger en el ámbito nuclear sobre todo las compañías de ingeniería y fábricas de componentes y combustible. En efecto, estas son quizás las entidades que más pueden aportar a la estrategia general de la robustez y de capacidad de ofrecer potencia instalada a quien la necesite. Conviene mantenerlas activas para que puedan seguir trabajando sobre todo para todos aquellos países que precisen un número considerable de nuevas centrales. En la práctica es fácil ver que para mantener viva una tecnología es importante hacerlo de una manera razonable en todos y cada uno de los niveles de realización, incluyendo una cierta producción. Estas razones estratégicas generan unos requisitos que pueden ser cubiertos de forma modesta pero que debería ser sólida. Una manera conservadora de empezar sería manteniendo lo que hoy es operativo, sin dar paso alguno atrás de momento y esperar a que el bloque pro-descarbonización gane terreno. Recordemos que la contribución ce las nucleares en el mix por razones estratégicas depende sobre todo de cómo se va reduciendo el grupo de países negacionistas. Tengamos en mente que cuando se concrete la contribución de cada país a la robustez habrá con toda seguridad un pacto de contenido. Tal pacto puede precisar para cada país qué instalaciones y entidades conviene mantener pensando en la robustez mundial. No parece un pacto complejo, dado que se concreta sobre todo en mantener unas capacidades más que crear otras nuevas. Su carácter internacional hace necesaria la intervención de una experiencia geopolítica.

Al inicio de esta transición, parece que el requisito internacional de fortaleza de la ingeniería sobre la configuración del mix local debería concretarse manteniendo las centrales que hoy son operativas. Esto permitiría mantener viva la tecnología nuclear de forma modesta, pero a todos los niveles de realización. Comentemos el caso español como ejemplo de lo que puede suceder a otros. En España, en el ámbito nuclear tenemos compañías de ingeniería, fábricas de componentes y también de combustible. Todas estas entidades dan servicio a centrales nucleares españolas y extranjeras. Un alargamiento de vida de 20 o 30 años para cada una de las centrales nucleares españolas produciría hoy el efecto vitalizador deseado para la tecnología y su implantación en España, y sobre todo sería una buena contribución a la fortaleza que nos solicita la descarbonización en el ámbito mundial. Este podría ser el contenido de la contribución española a la robustez global. Hablo de una extensión de vida operativa útil y beneficiosa si consideramos que se puede conseguir con un esfuerzo limitado de ingeniería y de inversión. Al igual que en el razonamiento de la sección anterior, también en este caso, conforme avance la descarbonización, el contenido puede ser retocado. Si la diplomacia u otras circunstancias cambian y pasan a un nivel de exigencia diferente la base estratégica se adaptará en consecuencia.

¿Qué «energía» necesito para cubrir incertidumbres no contempladas en las predicciones? Estamos hablando ahora de aquellas eventualidades inciertas que pueden sorprendernos una vez iniciado el plan de desarrollo. Estamos hablando de lo que solemos llamar planes B. Entre estas eventualidades podemos encontrar desde el pequeño contratiempo en el desarrollo renovable o en el campo del vehículo eléctrico hasta crisis económicas notables o la quiebra franca de alguna realización programada en estos ámbitos. También en otra escala podríamos encontrar desde consecuencias inesperadas de la cuarta revolución tecnológica hasta recesiones mundiales insospechadas. Todo lo que tenga una probabilidad suficiente de tener lugar debería ser considerado como razón que pide fortaleza productiva. Por supuesto se trata de ámbitos estratégicos quizá menos críticos en el tiempo que los que hemos presentado hasta ahora, pero igualmente trascendentes. Son típicamente de gestión y algunos son relativamente simples. Si la producción energética mantiene una cierta diversidad y una importante robustez, en principio no se verá afectada por trastornos repentinos. Si estamos cerrando por obligación ecológica las centrales térmicas de una determinada área, no parece recomendable cerrar al mismo tiempo las nucleares de la misma zona o región. Si estamos asesorando a un país del Sur Global que, debido a su plan de progreso social, quiere una determinada celeridad en la instalación energética, tendremos que prever qué mecanismos de falta pueden afectar al proceso y tener a punto un recambio. Cualquier eventualidad que razonablemente pueda aparecer debe estar en principio cubierta por un plan B, que se arranque con un esfuerzo limitado.

En cuanto a la base de diversidad en la producción de energía para consolidar la transición, este es un punto mucho más de gestión que tecnológico. La producción de energía en la fase de descarbonización es una actividad urgente que debemos cumplir en fecha, conviene acometerla con una invulnerabilidad sobrada. ¡Tengamos pues el recambio listo antes de que no nos lo pidan las circunstancias! Este hecho, en el caso español, refuerza la idea antes apuntada de no dar un paso atrás hasta que la actividad urgente a cumplir en fecha haya sido razonablemente cubierta. En el ámbito internacional sería recomendable que cada país tuviera presente el hecho en función de su situación. Como se puede ver, este requisito en el caso de España y de muchos países no parece muy exigente. En algunos casos se alcanzará mediante algún alargamiento de vida operativa y de otros con la construcción de alguna central nuclear para consolidar un plan B de transición. En algunos países esta recomendación viene justificada por la fragilidad de su transición programada o por el hecho de que la puesta en funcionamiento de una construcción de esta complejidad es bastante larga. La invulnerabilidad es necesaria desde el primer momento. Los planes B deben ser asumibles con prontitud. Obviamente, si por otras razones el país ya ha construido o tomado acciones de alargamiento de vida, el punto pierde su relevancia. En contrapartida, si las razones de plena operatividad de la red no pidieran específicamente ninguna acción, entonces sería importante considerar las necesidades de diversidad como un aspecto más relevante.

En cuanto a la base que nos ayudaría a mantener la capacidad de ayuda y de asesoramiento internacional, es más sencillo una vez presentados los puntos anteriores. Todos tienen aspectos comunes. Todo se centra en tener presentes nuestros activos y los eventuales destinatarios de nuestra asistencia. Si en nuestro país hay buenas ingenierías y buenas fábricas de componentes para centrales energéticas, el asesoramiento será óptimo si también mantenemos todas las fases de la tecnología incluida la de producción energética.

5.1.3. Sinteticemos funcionalidad y estrategia

Analizados los puntos que pedimos al futuro parque nuclear español, podemos comprobar que estamos ante un problema con dos condicionantes significativos: la negociación sobre los fósiles y los requisitos fijados con criterios de red. Hoy la negociación fósil no ha comenzado y por defecto recomienda en el caso español unos alargamientos de vida de sus centrales nucleares de 20 o 30 años. En cuanto a los requisitos de red, estos piden los mismos alargamientos citados, y además recomiendan estar atentos y consolidar un seguimiento preventivo que permita tomar las decisiones pendientes oportunamente. En el caso español, siguiendo los razonamientos presentados, tanto los criterios funcionales como los estratégicos apuntan hoy hacia el mismo resultado. En otros casos y países las cosas pueden ser diferentes.

Es muy importante tener presente la esencia de estos razonamientos. En ellos, quiero destacar la lógica de las decisiones más que las decisiones propiamente dichas. He preferido acabar con un resultado concreto: alargamiento de la vida de las nucleares y el convencimiento de no tomar la decisión de parar hasta que la estrategia no esté sólidamente encarrilada. Lo he preferido concretar para ser más claro y comunicativo. Obviamente, con datos mejores, con estudios de itinerarios diversos y con actitudes de colaboración exquisita entre expertos tendríamos una estimación mejor que permitiría ajustar más. Lo que muy probablemente no modificarían unas mejores circunstancias sería la lógica y el entramado de las decisiones a tomar. En los contactos que he tenido hasta ahora con expertos de estos ámbitos, he observado que aún falta un esfuerzo de aproximación. ¡Todo llegará!

En esta coyuntura, propongo que España en un futuro próximo mantenga su parque de centrales nucleares. No es complicado hacerlo. Recordemos que la mayor parte de las centrales nucleares españolas tienen sus centrales de referencia en Estados Unidos, donde la extensión de vida operativa hasta 60 años ha sido autorizada en muchas de ellas y donde se han iniciado estudios pensando en alargamientos de vida hasta 80 años. Se trata de un contenido de ingeniería simple, pero con un resultado que podría ser sustancioso: con una inversión mínima se harían operativos para 20 o 30 años más, $7GW_{\text{eléctricos}}$ descarbonizados y con unas capacidades de regulación adecuados a la funcionalidad de la red eléctrica. La decisión sobre este punto se debería tomar con celeridad, ya que los desarrollos quieren horas de ingeniería y los planes actuales prevén un cierre de las nucleares españolas en pocos años.

Sintetizando, en el contexto español, propongo que en los próximos 30 años el mix eléctrico adapte su configuración en función del progreso de las implementaciones correspondientes y de la evolución de la propia sociedad. El paro escalonado de las centrales que utilizan combustible fósil debe comenzar de inmediato, permitirá cumplir con los compromisos de emisiones de 2030, y finalmente debe dar lugar a la descarbonización total para 2050. No es necesario repetir que las tareas que se programan a 30 años vista necesitan un seguimiento muy cuidadoso y una capacidad de corregir desviaciones. La incertidumbre involucrada conecta en última instancia con el comportamiento del colectivo de usuarios.

La implementación de infraestructuras energéticas renovables deberá hacerse a un ritmo razonablemente alto, pero sobre todo armónico con los cambios sociales y de estilo de vida provocados por los resultados de la revolución tecnológica que estamos iniciando. La irrupción de recursos renovables distribuidos por una parte irá implementando la descentralización de la producción eléctrica y por otro lado contribuirá a la descarbonización.

Las centrales nucleares serán la garantía de que la transición al todo-renovable se hace de forma suave y sin tropiezos, esto es, suministrando la electricidad necesaria para complementar en todo momento la aportación renovable y contribuyendo de forma decisiva a la descarbonización. Serán también garantía de que las renovables progresan al ritmo justo de la transformación social y no de forma alocada, caótica o marcada por las dinámicas que se consoliden en un mercado que hoy desconocemos. Una vez cumplida su función, las nucleares deberán ser paradas. La decisión de comenzar el proceso de parada debería ser tomada en función del avance de la descarbonización. Esto es lo que en lenguaje cotidiano llamamos «cuando se vea el final de túnel». Creo que hay trabajo para las nucleares españolas para unos 30 años aproximadamente. La adecuación de la configuración del mix requiere una gestión tecnológica y una toma de decisiones en función de los resultados que se vayan obteniendo.

En el contexto mundial, por supuesto consideraremos centrales nucleares de nueva construcción. Si en España estimamos una transición de unos 30 años, en otros países se puede necesitar un tiempo mayor. Habrá más decisiones a tomar. Es oportuno en este momento volver al tema del combustible usado y evaluar la conveniencia de que cualquier reactor de nueva construcción permita poner en marcha alguna estrategia de reciclado no solo para el combustible que utilice sino también para el ya usado y producido en las centrales existentes hoy. Instalando reactores recicladores de combustible usado se puede hacer frente simultáneamente a los dos objetivos: cubrir las necesidades de potencia adicionales y contribuir a que las generaciones a venir no tengan que sufrir una presencia grande de materiales radiactivos de desecho. Recordemos que reciclar el combustible usado forma parte de la estrategia original de la tecnología y liga con los criterios generales de la sostenibilidad. Entre las decisiones a tomar en este ámbito, quizás la más importante es averiguar qué o qué tipos de central nuclear son los más adecuados a la situación de país que vivimos. Si damos más relevancia al reciclado, elegiremos un reactor reciclador de generación IV. Una controversia aflora habitualmente, siempre que una decisión de este tipo debe ser resuelta. Por un lado, la modernidad viene acompañada casi siempre de mejores prestaciones y de más seguridad, pero por otra parte a nadie le gusta ser el primero en llevar a la práctica la gran novedad. La discusión está entre construir centrales de generación III+ o de generación IV. De las primeras hay una experiencia, ya que en China funciona alguna de ellas y Corea del Sur está construyendo. Las segundas, además de permitir el reciclado del combustible usado, tienen varios atractivos muy interesantes, tales como: conllevar una seguridad más actualizada, no tener casi requerimientos de planificación de emergencia para el público, ser modulares y construirse en un tiempo corto.

Sintetizando, en el contexto mundial, en este caso veremos que la función estratégica adquiere más relevancia. Por supuesto podríamos extrapolar con cautela el caso español, pero sin olvidar la consolidación de la fortaleza del grupo prodescarbonización. Hemos visto que, en España, una potencia nuclear relativamente reducida puede permitir asegurar un camino de descarbonización con garantías de éxito. Partiendo de la situación de cada país, se podría ajustar cuantitativamente la potencia nuclear a su realidad teniendo siempre en mente contribuir en el mantenimiento de las capacidades globales citadas.

Los países hoy más fósil-dependientes deberían instalar un número considerable de centrales nucleares. Otros países, de tipo medio o próximos a la situación española, podrían simplemente utilizar el alargamiento de vida de sus centrales en plena seguridad. Los países con más relevancia en el ámbito nuclear serían cruciales para garantizar una fortaleza de ingeniería en la descarbonización mundial. A estos se les pediría mantener sus ingenierías y fábricas de componentes para asegurar una respuesta mundialmente adecuada. Este último punto, que consiste en mantener viva la tecnología nuclear, es factible de una manera modesta pero sólida siempre que se apoye en un acuerdo amplio de países y, por lo tanto, siempre que estos compartan el esfuerzo necesario.

La casuística es aún más amplia. Puede haber países que, debido a su latitud o a otras razones, tengan serias dudas sobre poder implementar una opción renovable con la celeridad exigida. Alguno de estos quizá lo intentará, manteniendo un plan B con intervención nuclear que le confiera la garantía suficiente. Algún otro país puede sentirse obligado a tener un plan B con centrales nucleares simplemente por razones de coherencia de gestión. Obviamente también puede haber algún país que pueda empezar a detener alguna o varias centrales antes de 2050. Estos son pocos. Lo que, en cualquier caso, pide la propuesta para todos los países es no tomar la decisión del cierre de las centrales nucleares hasta que el paro fósil esté prácticamente completado.

5.2. Consolidación del ámbito social

En el objetivo de continuar completando la propuesta que ha sido presentada en el capítulo «¿Qué proponemos hacer?», en esta sección se dan algunos detalles de consolidación del ámbito social. Se trata de una consolidación bastante diferente de lo que hemos visto en el ámbito tecnológico. En ese caso, la propuesta se consolidaba mediante unas enmiendas concretas al Acuerdo París 2015 y esto hacía que la justificación correspondiente tuviera un contenido técnico. En el ámbito social, la consolidación parte de una reflexión general y destaca dos grandes temas. La reflexión es que convendría continuar con la pedagogía de los grandes conceptos y principios presentados. La sostenibilidad, el anticonsumismo, la sobriedad o la conexión esencial existente entre el desarrollo del Sur Global y la transición energética son aspectos a desarrollar y comentar con interés creciente. Con respecto a los dos temas uno se refiere a la «Formación y divulgación sobre Energía y Sociedad» y el otro al «Tratamiento del sentimiento colectivo de miedo». Los dos temas exigen la intervención de expertos de disciplinas diversas.

5.2.1. Formación y divulgación sobre Energía y Sociedad

Impulsar la formación del ciudadano en materia energética es un punto fundamental y a pesar de su complejidad debería encontrarse una manera de llevarlo a cabo. Conviene una formación específica dedicada de forma urgente a los colectivos clave del problema y, quizás más tarde, pero con más tranquilidad, a la ciudadanía completa por la vía de la enseñanza reglada. Esta formación debería incluir cuestiones fundamentales como:

- Conseguir que la ciudadanía entendiera la esencia de los conceptos tecnológicos fundamentales involucrados.

- Conseguir que en el plano público se distinguiera entre descarbonizar y alcanzar la sostenibilidad.

- Colaborar decisivamente en producir el sosiego de aquel colectivo ciudadano que experimenta un sentimiento de miedo a las centrales nucleares de acuerdo con lo que se presentará en el apartado siguiente.

- Conseguir que la ciudadanía internalice la necesidad de una vida energéticamente más sobria.

Estoy hablando de una iniciativa compleja pero irrenunciable y conviene encontrar una manera razonable de emprenderla con ambición y realismo. Hace unos 40 años, tuve una experiencia con una finalidad cercana al tema. Me encontraba yo en Francia en una organización del área de energía y tuve una cierta proximidad con respecto a la realización de cursos sobre seguridad de las centrales nucleares, abiertos a dos colectivos profesionales relevantes. Los colectivos eran de periodistas y profesores de instituto. La persona que coordinaba los cursos me explicó detalles sobre contenidos, duración, y número de asistentes. La iniciativa tenía una envergadura considerable. El hecho de haber escogido los colectivos en cuestión me pareció también enormemente acertado y hoy me recuerda el parentesco que, por supuesto, tenía esa acción con lo que ahora nos ocupa. En aquellos momentos, la historia de las centrales nucleares estaba comenzando, Francia había decidido apostar por esta tecnología y el gobierno acompañaba al ciudadano con aquella iniciativa. La experiencia, aunque desconozco más detalles, parece que estaba claramente dirigida a hacer frente a inquietudes muy próximas a las que tenemos sobre la mesa.

Por supuesto hoy nos corresponde preparar una acción que permita razonablemente alcanzar los objetivos de formación trazados. Hablo de una iniciativa a abordar profesionalmente utilizando las técnicas y los asesores adecuados y con la colaboración de profesionales de la tecnología energética y nuclear, de la enseñanza y de la enseñanza de estas tecnologías. No deberían faltar en la iniciativa ni la utilización de tecnologías del siglo actual ni la colaboración de sus conocedores y especialistas.

5.2.2. Tratamiento del sentimiento colectivo de miedo

Aunque solo he escrito unos pocos párrafos sobre este punto al referirme a las posturas antinucleares, estoy hablando de un sentimiento colectivo que necesita ser considerado y tratado. Existe un grupo social numeroso que manifiesta miedo a las centrales nucleares. Ya he dicho que siempre he sentido comprensión y solidaridad con el colectivo implicado y lo he tenido presente en las acciones de difusión y divulgación en las que he participado. Hace unos meses, a raíz de cumplirse el aniversario del accidente de Fukushima, escribí:

Diario ARA 11 de marzo de 2020

> ... Llegados a este punto, el colectivo de expertos en seguridad nuclear por iniciativa propia empezamos a incluir en nuestras actuaciones públicas y privadas una tarea que nos parece absolutamente natural, que es explicar el accidente con todo su contenido incluyendo causas, encadenamiento de los hechos, riesgo, consecuencias y lecciones aprendidas. Esto se hizo allí donde se nos pidió, destacando su rasgo más significativo: las centrales nucleares, después de aplicar las mejoras originadas a partir del análisis de Fukushima, son hoy más seguras que antes. Los escenarios máximos específicos sugeridos por Fukushima tendrían hoy una salida airosa y no accidental para todas las centrales actuales. La divulgación de este mensaje fue y sigue siendo nuestra manera de contribuir al sosiego a la ciudadanía. La cultura de nuestro colectivo de técnicos de seguridad nuclear nos impulsa a la tarea de forma natural, y a menudo las instituciones de las que formamos parte secundaron nuestras iniciativas. No en vano el análisis de accidentes es esencialmente prevencionista. No en vano lo que siempre tenemos en mente en nuestro oficio es que el accidente no se repita ni en la central en cuestión ni en ninguna otra.

> Hoy se cumplen 9 años del accidente de Fukushima, y cuando hago mi balance particular estoy realmente satisfecho de las dos tareas realizadas, esto es tanto del trabajo de análisis como de la contribución en la divulgación de la mejora alcanzada. La primera es propia del oficio y tanto la mayor parte de mis compañeros de especialidad como yo fuimos retribuidos en su día por los canales habituales. A la segunda personalmente me he sumado porque estoy convencido de que es la tarea que culmina la eficacia de nuestra sociedad moderna a la hora de luchar contra el riesgo de accidente y de producir el sosiego de su ciudadanía.

> Me he sentido acompañado por muchos de los que comparten profesión conmigo, pero solo por alguna comunidad comprometida en escuchar a las personas y por alguna institución que se ha hecho eco de estos contenidos. En general, me he sentido solo sobre todo a la hora de culminar la contribución en la producción del sosiego de la gente de la calle. Nuestras leyes y reglamentos son quizás claros y eficaces cuando regulan los objetivos de la primera parte

del oficio de análisis de accidentes, pero seguro que dicen muy poco en cuanto a la divulgación final de lecciones aprendidas. Contribuir a la tranquilidad de la ciudadanía es, en mi opinión, algo muy importante.

¡Este es un ejemplo modesto de algo que creo que estamos obligados a hacer! Acciones concretas y de más envergadura, movidas por un impulso institucional y destinadas a hacer frente al sentimiento de miedo, son en mi opinión absolutamente indispensables. ¡El sosiego de la ciudadanía pide una divulgación activa de contenidos como los del ejemplo enfatizando el hecho de que, a raíz de las acciones tomadas, las centrales nucleares del país son hoy más seguras! ¡Se deben hacer más cosas! Se debería revertir un sentimiento de miedo colectivo que lleva 40 años fortaleciéndose por razones diversas. A raíz del hecho tengo dos comentarios: uno relativo a la trascendencia del punto y el otro relativo al tratamiento del miedo colectivo.

El tema es trascendente, y tal vez mucho más de lo que puede parecer a primera vista. Ignorar esta trascendencia es como confundir los términos *riesgo* y *peligro*, y este es el esquema que suelo utilizar cuando hablo de la controversia en el aula de ingeniería de seguridad. Más allá de dar definiciones de los dos términos, hay una caracterización cruzada que nos ayuda enormemente a captar similitudes y diferencias. Recordemos que el riesgo es una contingencia a la que podemos estar expuestos y que puede producir daño. Como tal contingencia, conlleva una incertidumbre, y su conocimiento y las medidas preventivas que se adopten nos pueden ayudar a hacerla más improbable. Este hecho se lleva a la práctica en el proceso o en la ingeniería de lucha contra el riesgo. Cuando este proceso avanza suficientemente solemos concluir que estamos ante un riesgo razonablemente tolerable. Antes también hemos visto que cuando una sociedad moderna califica de tolerable el riesgo asociado a una tecnología o una actividad es porque ha aceptado el dictamen de una experiencia normalmente multidisciplinar que así lo asegura. También hemos visto cómo la mayoría de las áreas de la industria moderna, incluyendo las centrales nucleares cumplen los requisitos mencionados que suelen estar recogidos en leyes y reglamentos. ¡El peligro, en cambio, es un riesgo inminente y por tanto algo muy diferente! La ingeniería de seguridad utiliza sus técnicas para eliminar peligros y convertirlos en riesgos aceptables. Por supuesto, cuando un riesgo puede ser eliminado deberíamos conseguir nuestro propósito. En muchos casos, sin embargo, reducir riesgos hasta niveles tolerables suele ser suficiente. Cuando un colectivo humano grande capta como peligro lo que los expertos califican de riesgo razonable, tenemos como sociedad un problema grande. No basta con conseguir que las industrias sean seguras, este es un primer paso muy importante. Hay un segundo paso igualmente importante que es lograr que la ciudadanía acceda a un conocimiento suficiente de la realidad de su seguridad.

El tratamiento del miedo colectivo debido a la conciencia social existente hoy quiere también acciones combinadas que necesitan de competencias y coordinaciones diversas. Empecemos exponiendo un paralelismo que considero significativo. Comparemos el escenario actual con el de la seguridad en el trabajo. Es fácil reconocer que la seguridad en el trabajo ha avanzado mucho en los últimos 50 años. En efecto, hace unas décadas la situación en este ámbito era precaria. La industria y el mundo del trabajo en general estaban llenos de manipulaciones temerarias, máquinas diseñadas sin tener en cuenta las personas que tenían que operarlas, protecciones inexistentes... En cualquier caso, la situación se revirtió y hoy las cosas son diferentes. Hay menos accidentes de trabajo, estos son menos graves y los dos indicadores correspondientes mejoran año tras año. Todo ello ha sido posible gracias a las actitudes positivas de las dos partes del diálogo social y la intervención profesional de técnicos de seguridad, médicos del trabajo y los otros expertos ya citados anteriormente. El progreso se basó en factores técnicos y humanos y por supuesto en un esfuerzo importante de formación del colectivo en materia de seguridad y de comunicación eficiente con las personas expuestas.

En el caso que nos afecta ahora, las personas expuestas son las que forman el gran colectivo ciudadano que experimenta el sentimiento de miedo en cuestión, y los escenarios que produjeron el hecho fueron sobre todo los grandes accidentes ocurridos en centrales nucleares. Revertir una situación así es complejo, y puede serlo más aún cuando vemos que llevamos retraso y nos falta la unidad de acción deseada. Repetidas veces he citado que el proceso de análisis de la seguridad de las centrales nucleares se ha realizado profesionalmente, de forma multidisciplinar y con solvencia. Las centrales nucleares son hoy razonablemente seguras, el problema es pues conseguir que dicha solvencia sea percibida para el colectivo afectado. Del mismo modo que no sería ético mantener funcionando instalaciones peligrosas, tampoco sería ético permitir que el miedo a algo que resulta ser razonablemente seguro afecte negativamente a un colectivo humano. ¡El sosiego de la ciudadanía es algo muy importante! ¡Se tiene que trabajar y, en mi opinión, esta es una tarea de gobierno en la que hay mucho trabajo! Afortunadamente ni estamos solos ni empezamos de cero. Como muestra de este punto de partida a continuación, haré algunas consideraciones sobre la experiencia específica necesaria para hacer frente al problema de comunicación.

Al igual que hay expertos en el análisis de riesgo, también los hay en comunicación del riesgo. En algún momento se ha dicho que conforme hemos ido progresando como humanidad, nos hemos visto obligados a convivir con grandes novedades como las debidas a la complejidad de la vida moderna y sus tecnologías. Muchas de estas conllevan un riesgo y es de sentido común asegurar que la ciudadanía es correctamente informada al respecto. Un problema adicional muy significativo es que a menudo el primer contacto del ciudadano con el conocimiento de este riesgo tiene lugar desgraciadamente a raíz de un accidente. Este es un hecho que complica las cosas. En la coyuntura post accidente, sobre todo si se han producido daños, la comunicación pública tenderá a ocuparse sobre todo de los aspectos más acuciantes y dará así respuesta a la necesidad social del momento. Esto significa hablar sobre todo de responsabilidades, de acompañamiento de los afectados y de evaluación de los perjuicios causados. Por supuesto, en momentos como este no parece nada oportuno exponer el razonamiento técnico que permite calificar de razonable o no razonable un determinado riesgo relacionado con el diseño o la operación de la instalación afectada. El colectivo de los profesionales de la comunicación es consciente de las dificultades existentes en torno a la comunicación del riesgo en general y de la difusión de información en coyunturas de crisis. Existe una experiencia específica en torno a este tipo de comunicación. Realmente hay especialistas en hablar de este tema al gran público. Es un colectivo que comparte algunos conceptos con los analistas del riesgo de accidente. Unos y otros hablamos de conocimiento y percepción del riesgo. Sin embargo, se trata esencialmente de expertos en informar al público y por lo tanto con capacidad de contribuir a la mejora de esta comunicación en circunstancias coyunturales de riesgo.

En estas condiciones, el tratamiento del sentimiento colectivo de miedo a las centrales nucleares se concretaría en un conjunto de sesiones de trabajo y comunicaciones a la ciudadanía. Se trataría de diseñar una estrategia formativa concreta de país para establecer los contenidos a comunicar relativos a este campo. La estrategia debería incluir acciones a realizar en varios niveles y entornos. Luchar contra el miedo de un colectivo es hacerlo con el ánimo de producir un sosiego social amplio. Por supuesto, se trata de una iniciativa que se podría integrar en las acciones de formación establecidas en el apartado anterior. Llevarlo a la práctica requiere tiempo y dinero. ¡A menudo se deja para más adelante y se olvida que la conciencia se crea con conocimiento! Estoy hablando de una tarea en mi opinión, absolutamente necesaria y urgente.

5.3. Consolidación del ámbito de gestión

En el ámbito de gestión se incluyen los apartados «Reflexiones sobre aspectos económicos y de mercado», «Gobernanza de las implantaciones» y «Reflexiones geopolíticas». La consolidación de este ámbito, al igual que la anterior, exigirá la integración de expertos de disciplinas diversas para completar el actual esbozo de estrategia-marco.

5.3.1. El valor de la robustez

¡La robustez es finalmente algo muy valioso! ¡Sabemos que hay cosas muy urgentes que hacer! No hay margen de actuación y no tenemos una varita mágica que nos permita materializar mañana mismo lo que queremos olvidándonos de lo que tenemos hoy. La robustez energética nos ayuda a resolver y también a consolidar una plataforma temporal que nos permita observar y corregir, o incluso en algunos casos excepcionales esperar cuando sea recomendable hacerlo. Además, nos permite implementar mejoras con un riesgo más controlado, mientras detectamos la mejor continuación de nuestro progreso.

A raíz de hablar de la reconducción de la utilización de combustibles fósiles han surgido ya una parte importante de las razones que nos llevan a una reestructuración del sistema energético basada en la consolidación de un mix robusto. La robustez del mix es también algo valioso coyunturalmente para mantener la funcionalidad de la red eléctrica parcialmente descentralizada. También, aunque de forma indirecta sabemos que la fortaleza energética es útil para el progreso energético y general del Sur Global. Otras razones afloran en la misma dirección. El tratamiento insuficiente de las incertidumbres en la alternativa vigente constituye una razón significativa. A lo largo de todo el texto han ido apareciendo diferentes incertidumbres. Hemos señalado incertidumbres en parámetros y situaciones tan diversas como los precios de los materiales, el impacto del comportamiento humano de los actores, el crecimiento demográfico en las regiones del mundo, la implementación de reformas... Además, cada una de las otras carencias esenciales de la solución llamada vigente añade también incertidumbre al problema. ¿Cómo evolucionará el efecto desestabilizador de la sociedad competitiva? ¿Qué impacto tendrán las actuaciones de los países que quedan fuera de los acuerdos? ¿Cómo avanzará de forma real la extinción del uso de los combustibles fósiles? Todas las incertidumbres deben ser consideradas.

La robustez se convierte en una ayuda firme para hacer frente a un número grande de las dificultades que pueden aparecer en la transición energética. Es importante ver que estamos hablando de una robustez energética con finalidad muy concreta. ¡Se trata de una robustez pensada para apoyar la lucha contra el cambio climático con el fin de evitar el colapso del planeta! Hablamos de una robustez compatible con las acciones planificadas para el corto plazo y también compatible con el carácter de sobriedad de la propuesta. La robustez deberá ser configurada y gestionada de acuerdo con lo que se está diciendo.

5.3.2. Reflexiones sobre aspectos económicos y de mercado

Casi siempre que intentamos llevar a la práctica un cambio tecnológico que afecta a la ciudadanía, se pone en evidencia la necesidad de tener presente cómo reaccionará. A menudo nos encontramos con temas dominantemente tecnológicos en los que una determinada propuesta de mejora nos parece útil, eficaz y necesaria, y cuando la queremos llevar a la práctica tenemos que reajustarla sustancialmente por razones de sociedad. El análisis de los mecanismos socioeconómicos y de mercado que la puedan afectar debe ser desarrollado profesionalmente y en el momento oportuno. Cualquier iniciativa de estimular, de proteger o de ayudar a la realización de una determinada acción debería contar con la participación de expertos conocedores de los mecanismos citados. Por esta razón, las reflexiones de este ámbito recogidas en el texto o citadas a continuación no son conclusivas y hay que considerarlas como comentarios útiles para una síntesis posterior. Entre estas, menciono a continuación algunos aspectos relevantes de la problemática de emisiones, del mercado eléctrico y de la emprendeduría del futuro energético.

Cuando he hablado de comercio internacional de derechos de emisión, de mecanismos de aplicación conjunta o de desarrollo limpio lo he hecho consciente de que el tema tiene conexiones que van más allá de la tecnología energética sin olvidar la trascendencia de esta última. Lo mismo podría decirse de los elogios que he hecho en algún momento de la filosofía de Kyoto relativa al pago de la compra de derechos de emisión mediante proyectos de desarrollo financiados por el país pagador. Son elogios a una filosofía de actuación pendiente aún de futuros desarrollos y ajustes que pueden llegar a tener una complejidad grande.

De mi diálogo con los expertos de este ámbito sale una recomendación de cautela. La producción y la distribución de energía están en puertas de grandes cambios y parten de situaciones diferentes según el país donde nos encontramos. Solo esta constatación ya nos obliga a ser prudentes en nuestras afirmaciones. El buen profesional del mundo energético en principio sabe desarrollar su oficio en cualquier régimen de mercado energético que cumpla la mínima racionalidad. El correcto tratamiento de la funcionalidad de los elementos tecnológicos que entran en juego en el oficio de cualquier técnico suele estar asegurado en todos los casos, tanto si hablamos de mercados liberalizados como marcos estables u otras fórmulas que puedan surgir. El hecho de estar en puertas de grandes cambios obliga al profesional de la energía a mostrar una flexibilidad potencial a la altura de las circunstancias.

Los estudiosos de temas de economía y mercado suelen decir como afirmación de tipo general y conceptual que las emergencias no casan con los mercados liberalizados. Esta afirmación combinada con la magnitud de los cambios esperados debe reforzar la necesidad de ser flexibles en el futuro inmediato. El arranque de cualquier innovación, no obstante, debe tener presente la estructura de mercado actual y obrar en consecuencia. En este contexto parece correcto que los desarrollos actuales se basen también en la estructura actual de mercado. Cuando se habla a medio y largo plazo, las cosas pueden ser diferentes y nadie debería empeñarse en mantener las cosas como están a toda costa. Los razonamientos técnicos pueden verse coaccionados por la estructura de mercado y este punto nos obliga a pedir flexibilidad para que los objetivos de la transición mantengan su rango.

En varias ocasiones he considerado la necesidad de estimular una emprendeduría adecuada a cada iniciativa en juego. En efecto, si bien cada país decidirá qué acciones se llevan a cabo por iniciativa pública y cuáles por privada, parece indispensable que el redactado de pactos y reglamentos tenga presente qué desarrollo se espera.

Cuando hablamos de implementación de recursos distribuidos, la gran preocupación es hacer realmente viable la habilitación del ciudadano y esto solo se conseguirá estimulando una emprendeduría de dimensiones adecuadas a la implementación de las soluciones. Dar entrada a grandes consorcios alejaría al ciudadano del problema y se perdería una parte importante de la utilidad de la iniciativa. De manera similar, una situación diametralmente opuesta tampoco sería deseable. Si toda la iniciativa y la inversión recaen en el ciudadano, es probable que la implementación de infraestructura renovable se vea demorada. En efecto, el ciudadano puede estar saliendo de una crisis severa, puede tener un bajón de motivación sostenible u otras prioridades.

Recíprocamente se deberá encontrar la fórmula de gestión y de propiedad más adecuada a la realidad de la producción centralizada. Esta incluiría centrales térmicas, nucleares y grandes hidroeléctricas. Las térmicas cerrarían escalonadamente en 30 años. Las nucleares deberían quedar al servicio de la robustez, de la transición y de la lucha para evitar el colapso del planeta. Las nucleares deberían alargar su vida primeramente, más tarde ir cerrando y siempre estar al tanto de las necesidades ligadas a la fortaleza mundial de la opción. Las grandes hidroeléctricas deberían consolidar su funcionamiento y mantenerse. Para cada uno de estos grupos de centrales se debería encontrar y prever un tipo específico de gestión y de propiedad según la función que se les pide.

El Sur Global merece también un comentario en este aspecto. Cuando hemos hablado del Sur Global, hemos dicho que además de infraestructuras de agua y otros, necesita incentivos. Este punto es más complejo, pero también se debe conseguir facilitando que la emprendeduría propia del Sur Global surja y se desarrolle a su manera.

La futura realidad energética es tan nueva que la emprendeduría que la hará posible será probablemente también nueva.

El conjunto de comentarios recogidos en esta sección reafirma la necesidad de incorporar a la gestión de la transición, expertos conocedores de los temas socioeconómicos implicados y consolidar su interacción con los tecnólogos de la energía.

5.3.3. Gobernanza de las implantaciones

Con lo dicho hasta aquí, se han hecho patentes las dificultades que afloran cuando nos planteamos una transición que descarbonice la producción energética y culmine en un todo-renovable teniendo en cuenta el consumismo y el Sur Global. Estamos ante un problema de difícil solución que París 2015 no resuelve de forma franca. Para garantizar acciones urgentes contra problemas urgentes y respuestas sólidas y duraderas contra problemas importantes, conviene pensar la transición energética como un proyecto con todo su contenido ejecutivo. Tanto al exponer la propuesta como en ocasión de su consolidación ha surgido un tema importante que podría constituir la tercera enmienda en París 2015. Hemos hablado y hemos establecido que las decisiones clave que pueden garantizar la eficacia de la lucha contra el cambio climático tienen componentes tecnológicas y componentes de gestión. En algún momento he dicho que no me parecía mal que fueran los jefes de gobierno quienes tomaran las grandes decisiones relativas a la lucha contra el cambio climático. Conforme ha ido avanzando el análisis y exposición del tema ha ido aflorando por un lado la urgencia y la criticidad de las acciones a tomar, y por otro lado la necesidad de actuar y hacerlo con contundencia. Con contundencia se deberían asegurar todas y cada una de las acciones necesarias para detener el colapso del planeta. Esto significa detener combustiones y reorganizar el sector energético en consecuencia con actuaciones en países muy diversos. No es nada nuevo, estamos hablando de un hecho que ha sido detectado por actores diversos del tema que tenemos entre manos. Estamos hablando de la gobernanza de la transición energética mundial.

También hay estudiosos de este ámbito y parece que se les está haciendo poco caso. Estos expertos nos hablan de la gobernanza de las acciones implicadas y terminan evidenciando que no se dispone, en el caso de la transición energética, de un poder real para velar los cumplimientos en juego. Lo hacen con conocimiento y con experiencia. ¡Vale la pena dejarse aconsejar por su profesionalidad! Hablo de una profesionalidad que ha permitido un tratamiento sistemático de la gobernanza e incluso una cierta especialización en el área de energía y clima. El discurso de estos expertos nos ayuda a entender cómo los estados, en el tema climático, han optado por un modelo flexible con sus ventajas y sus inconvenientes. Entre los primeros, tenemos la transparencia y el respeto a la soberanía, pero entre los últimos encontramos la lentitud y por tanto una cierta ineficacia. Los consejos recibidos de este colectivo de estudiosos tienen su aval y han ido consolidándose en base al análisis de situaciones del pasado en ámbitos diversos. Los países que lideran la transición energética están utilizando una estrategia que podría llamarse perfectamente «predicar con el ejemplo». Es realmente una manera de gestionar la transición global estimulando a los demás participantes. No podemos olvidar su lentitud y vulnerabilidad. Actualmente en la transición energética global, se está aplicando de forma casi exclusiva y con pocas opciones de reaccionar en caso de que resulte insuficiente.

Los cumplimientos en juego en esta transición, recordémoslo, afectan muchas actividades tanto energéticas y como no-energéticas que hoy se realizan de una determinada manera. Los hay influenciados por el mercado, y hay algunos que dependen del comportamiento humano. También se habla infraestructuras nuevas y se piden cambios en instalaciones existentes que tienen sus propietarios, reglamentos y estilos de gestión. Los estados se han comprometido en las cumbres a optimizar y activar reglamentos a escala local que permitan el éxito de la transición. Incluso, hay compromisos de acercar al usuario, sea consumidor o productor, a la problemática energética. La gestión de la transición es pues compleja y diversa y debería dotarse de medios para realizar su trabajo con garantías tanto en el ámbito de estado como internacional. En el mundo de los proyectos tecnológicos, hemos apreciado siempre la figura del gestor técnico y probablemente no sabríamos trabajar sin él. Estamos hablando de una figura que personifique el espíritu y la capacidad resolutivos. Internacionalmente nos podríamos preguntar: ¿dónde está el gestor de la lucha contra el cambio climático? ¿Qué poder real tiene para activar el cumplimiento de los compromisos de los países? Alguien puede decir que no hay un gestor único sino 191 gestores, ¡uno para cada país firmante! ¡Las cosas críticas y urgentes tradicionalmente avanzan cuando los gestores tienen las herramientas para ser eficaces! ¡No he visto nunca un negocio o iniciativa con 191 gerentes!

A raíz de lo dicho, convendrá pues pactar una tercera enmienda al Acuerdo de París que optimice la gobernanza de la gestión de las actividades involucradas y de su cumplimiento.

5.3.4. Reflexiones geopolíticas

La irrupción de consideraciones geopolíticas a lo largo del texto requiere un comentario. ¡Alguien podría pensar que nos estamos complicando la vida involucrando una experiencia que solo aflora esporádicamente! ¡Alguien podría pensar que la geopolítica hace su camino y la transición energética el suyo! No es eso. Por un lado, es verdad que muchas de las acciones de la transición energética pueden ser tratadas localmente sin que la geopolítica las afecte, pero por otro alguna realización importante puede ser totalmente invalidada por la irrupción de bloqueos tratables solo desde la geopolítica. El tema más relevante en este aspecto es sin duda el paro fósil y la robustez de la producción energética sustitutoria. Hay un segundo tema, que casi pasa desapercibido, pero tiene conexiones evidentes con la geopolítica. Se trata de la gestión de la escasez de algunos materiales necesarios. Finalmente, solo citar que tanto la implementación de la sobriedad como las acciones de apoyo al progreso del Sur Global forman también parte de este grupo de temas relacionados con la geopolítica. Todos requieren una coordinación entre quien los trata tecnológicamente y quien negocia y pacta internacionalmente aspectos relacionados.

El paro fósil es un tema dominantemente geopolítico y claramente prioritario en la transición energética. Ya hemos visto detalles del entramado de este punto. Sin parada fósil no hay transición energética. Es primordial, pues, establecer una coordinación entre las acciones geopolíticas que deben hacer posible la extinción del uso de estos combustibles y los preceptos más locales encaminados a la parada de su consumo. La robustez necesaria en la producción energética sustitutoria de la energía fósil es justamente un requisito establecido por razones geopolíticas y ha quedado descrito en la propuesta. Hemos visto que los países convencidos de la descarbonización deben hacer un frente común y coordinarse de manera que la robustez sea general y efectiva. Estos países deberán unir esfuerzos para no duplicar tareas y consolidar la robustez de una manera eficaz, y por tanto, modesta y sólida. El uso equilibrado de la energía nuclear, ya lo hemos visto también, es una premisa que se apoya, en muchos casos, en razones geopolíticas. Es el momento de recordar que existen razones de salud del planeta que nos pueden hacer prolongar la vida útil de alguna instalación nuclear, sea una central o una fábrica de componentes, más allá de la fecha en la que, por razones locales podría ser parada. La robustez global es compleja y la geopolítica tiene mucho que decir.

La gestión de la escasez de algunos materiales necesarios para componentes a utilizar masivamente en un futuro para realizaciones de la transición energética reclama un interés especial. Hablo sobre todo de materiales para la fabricación de placas solares, otros convertidores renovables o baterías. Hablo del galio, del germanio, del indio, del telurio, del litio, del neodimio, del disprosio o de cualquier componente necesario en la industria asociada a la revolución tecnológica que vivimos. El tema, citado anteriormente muy de paso, aflora de vez en cuando. Algunos lo ven crítico, recordemos que estamos hablando de futuros usos masivos, y realmente me consta que hay estudios que identifican detalles útiles ¡Se trabaja en ello! El objeto de mencionarlo aquí es para recordar que el progreso en la gestión de su escasez es también un tema geopolítico. ¡Tanto si tenemos que pactar con productores de estos materiales para compartirlos como si debemos encaminar la investigación hacia una alternativa, en el camino encontramos geopolítica! En el pasado ha habido, y todavía hay, hegemonías, y también guerras del petróleo. En el pasado también ha habido pactos aparentemente comerciales y auténticamente pacificadores. El progreso de la humanidad permitirá evitar cualquier efecto negativo de nuevas escaseces que puedan convertirse en críticas.

La implementación de la sobriedad y las acciones de apoyo al progreso del Sur Global han sido expuestas y consolidadas. La gran mayoría de acciones de estos capítulos ponen en juego relaciones entre países y entran de lleno en el ámbito de la geopolítica.

Estados Unidos, Rusia, China y Europa tienen una relevancia especial en la transición: ¡cada uno debe cumplir su función! Estos actores tienen la clave del éxito de la transición energética que no puede tener éxito si no contamos con el apoyo explícito de todos y cada uno de ellos. No basta con firmar acuerdos globales, son actores que deben colaborar muy intensamente para garantizar el éxito de la transición.

¡Rusia y Estados Unidos son potencias mundiales y entendemos que quieren seguir siéndolo! Sus hegemonías respectivas tienen muy presente y utilizan la explotación de recursos fósiles mundiales. Hay posturas diversas que niegan la conexión entre el problema de las hegemonías mundiales y la transición energética. Comento dos de ellas un tanto extremas. A veces encontramos quien dice que, utilizando el discurso propio de la lucha contra el cambio climático se debe convencer a las potencias para que renuncien a sus hegemonías. En otras ocasiones encontramos quien dice que hegemonía y transición deben ser tratadas separadamente. ¡Ambas son bastante engañosas! La primera parece ingenua y la segunda parece sacudirse el problema sin resolverlo. Ambas conllevan un gran riesgo para el éxito de la transición. En efecto, siguiendo cualquiera de ellas, podríamos haber desarrollado una transición localmente avanzada y encontrarnos en un retroceso climático mundial debido a causas que no habrían estado nunca sobre nuestra mesa de diálogo. Creo que la solución está en conseguir que Rusia y Estados Unidos asuman un papel preponderante en la cumbre climática y encuentren una manera de evitar que sus políticas hegemónicas bloqueen el avance de la transición energética.

Estados Unidos ha insistido mucho en el *My country first* sobre todo durante el mandato de su anterior presidente. Muchos coinciden en señalar una reiteración desmesurada de lo que antes hemos citado como línea roja. El ejemplo dado desde el vértice de ese país ha tenido un impacto, por supuesto negativo, sobre otros países y jefes de gobierno. ¡Adicionalmente Rusia también muestra otros aspectos altamente relacionados con la transición energética, como una gran capacidad exportadora de gas! También en este caso el hecho y el ejemplo son preocupantes.

¡China ha llevado a cabo un cambio espectacular en los últimos 30 años! Hoy tiene grandes contrastes, alguna de sus regiones es considerada todavía parte del Sur Global. Este hecho lleva a China a defender su derecho a desarrollarse y por tanto a utilizar combustibles fósiles aún durante un tiempo. Sus compromisos con la transición energética se pactan de otro modo. Su función es también determinante nuevamente tanto por el hecho como por el ejemplo. El ejemplo chino debería concretarse, por una parte, en predecir correctamente los consumos futuros y los tiempos necesarios para su desarrollo, y por otra parte en el cumplimiento posterior de sus metas de reducción y extinción fósil según programa.

Europa tiene, como puntos fuertes, su desarrollo social y también su tecnología. Estos permitirán propagar sosiego y ganar terreno en el ámbito de la confianza mutua entre los pueblos del planeta. En ocasión de la reconducción del uso de los combustibles fósiles, ya hemos dicho cuáles eran las circunstancias europeas más relevantes en el escenario en el que estamos. En cuanto a los fósiles, Europa casi no tiene petróleo, tiene una cantidad de gas limitada y ha manifestado su voluntad de ir parando el uso del carbón. Europa tiene también una capacidad tecnológica, un nivel de desarrollo y una conciencia planetaria que le permitirá alcanzar una sostenibilidad considerable en un tiempo razonable.

Si Europa lidera una transición energética modélica en los sentidos que apuntamos, será tenida en cuenta como ejemplo a seguir. Europa puede convertirse en el socio ideal para muchos países del mundo que deseen avanzar hacia un futuro verde, descarbonizado y también vigoroso. Tener vigor en este caso significa utilizar razonablemente las centrales nucleares y no escatimar la energía que necesitan los desarrollos cruciales, sobre todo los del Sur Global, incluso en momentos de ahorro generalizado y de reconversión descarbonizadora. Europa debería fortalecer sus convicciones constitutivas y utilizar más que nunca un discurso y un ejemplo de respeto al planeta y liderazgo en la reconducción de la transición energética.

La garantía de éxito de los estudios energéticos pide una mínima coordinación entre las acciones de la transición y los actores de los grandes pactos de política internacional. Se tendría que conseguir que estos potenciaran inequívocamente los objetivos climáticos y energéticos. También deberíamos garantizar que aquellas necesidades generales con un impacto en la transición energética local, como la mencionada robustez de ingeniería, sean formuladas de forma profesional, clara y coherente. En estas condiciones entiendo que debería progresar en la integración de expertos en geopolítica en los grupos de estudiosos de la transición. Se trata de conseguir un nivel de integración adecuado a la función que se les encomienda. Ya he dicho que muchas acciones de la transición pueden llevarse a cabo con criterios locales, pero algunas, como las citadas necesitan la proximidad del experto en geopolítica

5.4. Recapitulando la propuesta

La propuesta de transición energética presentada confirma sus dos objetivos ecológicos identificados como fundamentales: evitar el colapso del planeta y alcanzar una producción 100% renovable. Propone una primera enmienda al Acuerdo de París 2015 que es separar en dos fases las acciones relativas de la transición energética. Las fases se llamarán «Descarbonización» y «Culminación del Todo-Renovable».

La «Descarbonización» tendrá el objetivo de prescindir de las combustiones fósiles para evitar el colapso del planeta y se hará utilizando todas las fuentes de energía descarbonizada sobre todo renovables y nucleares. Es una actividad crítica y urgente que quiere una devoción específica. Se llevará a cabo mediante una segunda enmienda al acuerdo de 2015 relativa a la fortaleza o robustez de la producción energética descarbonizada. La redacción de esta enmienda propone alcanzar la citada robustez y utilizarla para conseguir dos hitos relevantes. Estos son facilitar la adhesión de un número mayor de países a la descarbonización y propiciar el pacto con los productores de combustible. Es una enmienda, ya lo hemos visto, con una alta componente geopolítica y enormemente trascendente para el éxito de la transición. La enmienda debe ser explícita y solicitar uso de la energía nuclear allí donde necesite y de la forma medida que se ha establecido. La fase de descarbonización muestra la necesidad de abordar el tema con criterios de gestión tecnológica.

La «Culminación» consistirá en completar la transición hacia un 100% de energías renovables y se llevará a cabo aprovechando la alta penetración de estas implementada previamente para completar el todo-renovable en un tiempo corto después. Es una fase vinculada a la transformación social actual debida a avances de nuevas tecnologías y deberá lograrse asegurando una armonía intrínseca entre la nueva manera de producir energía y el nuevo día a día social sostenible. El cierre de las centrales nucleares se decidirá conforme vayan dejando de ser necesarias para alcanzar los objetivos trazados.

La propuesta hace un tratamiento particular de los ámbitos de sobriedad y del Sur Global centrado en poner en evidencia su conexión con la transición energética. En este sentido, el estudio abre el debate y sugiere contenidos y liderazgos. También sugiere aprovechar tanto la revolución tecnológica actual como el nuevo paradigma energético, como puntos fuertes a utilizar en la implementación de futuros acuerdos de sobriedad. El tema de la creación de asesorías energéticas para el Sur Global es quizás el único para el que se pide llegar un poco más lejos. Se tendría que definir cómo estas pueden llevar a cabo su colaboración aprovechando el impulso proporcionado por París 2015.

El tratamiento del sentimiento colectivo de miedo a las centrales nucleares es considerado como indispensable para la propuesta. Consistiría en el diseño de una estrategia formativa de país para establecer los contenidos a comunicar relativos a este campo. La estrategia debería incluir acciones a realizar para revertir la situación de miedo y alcanzar un sosiego social amplio contando con expertos de la física o ingeniería, de la pedagogía y de la comunicación de masas. La ya citada segunda enmienda debería dar entrada a la acción en cuestión.

Finalmente, la propuesta da respuesta a una inquietud relativa a la gobernanza del proyecto internacional. Así aflora la tercera enmienda a París 2015 que establecerá un organismo administrativo con capacidades resolutivas que facilite el control y la activación de la realización de las tareas relativas a la lucha contra e cambio climático. El organismo podría ser de nueva creación o se podría llegar dotando a algún ente existente de las capacidades necesarias.

Pensamientos finales

6.1. Inquietudes

El contenido de esta sección «Inquietudes» no forma parte de la argumentación de la propuesta, pero da respuesta a cuestiones que con relativa frecuencia afloran en la tertulia energética. Los científicos somos humanos y nuestro humanismo a veces pasa desapercibido debido justamente a nuestra voluntad de razonar con asepsia y de alejarnos de posturas partidistas. Como humanos nos duele no ser escuchados, ser encasillados de forma equívoca o ver cómo se ignora a menudo nuestra vertiente socioconsciente.

6.1.1. Formación y debate

Hay dos cosas de tipo humano que me inquietan auténticamente en este asunto de transición energética. Una es la falta de sensibilidad general a la necesidad de formación en materia energética y otra radica en unas intenciones manifiestas, quizás no tan generalizadas, de preconizar debates sin haber suministrado formación previa al ciudadano.

La pedagogía moderna es siempre respetuosa con el destinatario de la acción formativa. ¡Si no fuera así, ya no sería pedagogía! Se trata de algo absolutamente lejano al adoctrinamiento. He constatado que a menudo aquel que te dedica una hora de atención y de diálogo, y trabaja un poco contigo, puede que no acabe dándote la razón en todo, pero sí acaba diciendo: «nos entenderemos». Normalmente te rechaza aquel que solo te dedica 30 segundos, que tal vez no son ni 30. Quizás te dedica solo 30 segundos porque sabe que, si te dedicara más, entraría en controversias internas. Este libro es fruto de haber dedicado tiempo, bastante tiempo, a escuchar a personas diversas con pensamientos diversos y después haber intentado una síntesis.

Siempre he estado dispuesto a colaborar en alguna tarea como la que he detallado anteriormente. Tal ha sido y es mi convencimiento de que el conocimiento produce conciencia que, la necesidad de dar formación a la ciudadanía había sido, en algún periodo de mi vida, mi única reivindicación ligada al ámbito energético. Hoy reivindico más cosas, este libro es prueba de ello y aún considero indispensable llevar a cabo acciones formativas como las comentadas. Repetidas veces he intentado convencer de que valía la pena hacerlo en nuestro país. Las respuestas obtenidas han sido muy tímidas.

El segundo punto de inquietud, en cierto modo consecuencia de lo anterior, es el hecho de encontrarme bastante a menudo con quien preconiza un debate energético sin las mínimas garantías de haber suministrado al ciudadano y a los participantes una formación previa suficiente para avanzar. A menudo debatimos, y lo hacemos en entornos diversos, a veces en el grupo de trabajo entre técnicos de la misma especialidad, a veces en entornos multidisciplinares y también con ideólogos. Normalmente se intentan crear las condiciones objetivas para que el debate permita intercambiar y avanzar y creo que, en estos entornos reducidos, muchas veces se consigue.

En otros entornos de debate, sobre todo en los que combinan ciencia e ideología, vale la pena entretenerse en comentar brevemente en lo que podríamos llamar el uso de imprecisiones que alguna vez llegan a ser auténticas falacias. Creo que es importante dedicarle una reflexión sobre todo porque las he visto en ámbitos diversos y con signos muy diferentes. Cuando una afirmación significativa es utilizada por un participante para decantar un debate a favor de sus tesis, debería ser una aseveración previamente y claramente aceptada por los participantes, no siempre es así, a veces se puede tratar de algo poco contrastado o absolutamente no-contrastado. ¿Cuál suele ser la dinámica interpersonal subsiguiente? A menudo sigue una misma pauta, el participante perjudicado se ve obligado a dedicar parte de su tiempo a denunciar el hecho e incluso intentar aclararlo. Este es un hecho que desfavorece al perjudicado, rebaja la calidad del debate y alguna vez consolida auténticas falacias. Cuando ponemos ideólogos y científicos en un solo debate, estamos obligados a conducir correctamente su convivencia. Rechazo frontalmente iniciar debates que no cumplan los mínimos establecidos. Hacer un debate sin estos mínimos nos llevaría a equidistancias y retrocesos notables.

6.1.2. Avances científicos y tecnológicos

La singularidad y la relevancia de la especie humana en el planeta me hace señalar nuestro interés como especie en entender y modificar con sensatez nuestra relación con el universo: ¡somos protagonistas de la aventura planetaria, en lo que tiene de fascinante y en lo que tiene de conjetura responsable! Si bien hay más cosas que nos definen como humanos, sin este interés en entender lo que se deja entender, quizás dejaríamos de serlo. La humanidad siempre ha estado necesitada de motivos que dinamicen, muevan y financien la investigación científica. La ciencia y la tecnología son enormemente humanas toda vez que responden a la inquietud de analizar, entender e intentar acomodar al interés general.

¡Los reactores nucleares son un producto más de este progreso humano como en su día lo fueron la agricultura o los metales! Todos estos productos existen gracias a razones diversas. Citaré un par de ellas. Primeramente, ha habido alguien, con espíritu observador y de progreso, que se ha propuesto producir algo nuevo e ingenioso que sea útil para avanzar. La observación, la voluntad de progreso y el sentido humano son el fundamento de la ciencia. En segundo lugar, alguien ha confiado en el observador ingenioso y ha materializado o ha hecho posible la realización de la propuesta. Esto quiere decir, ha dinamizado, movido y financiado la consecución práctica de la sugerencia.

Los científicos somos inquietos y humanos. Nuestra inquietud, junto con otras cualidades de otros colectivos ha llevado a la humanidad hasta nuestros días con nuestros progresos. Cuando un tema, que nos afecta a todos, requiere mucha ciencia, creo que merece también mucha atención a los científicos que la han desarrollado y lo mantienen al día. Solo cuando la atención del ciudadano se muestra exquisita con los desarrollos científicos, se llega a captar y hacer pública su dimensión más humana. ¡Humanos son los científicos del área de la tecnología nuclear que he conocido y he conocido un número importante! Una gran mayoría de ellos nos dice que las centrales nucleares son oportunas y razonablemente seguras. Una gran mayoría puede lucir conciencia social y respecto al futuro del planeta. Una gran mayoría no acepta el poco caso que los poderes públicos y los grupos ideológicos en general hacen a los discursos de los científicos en el ámbito que estamos.

La socioconciencia del científico del área de la tecnología nuclear es tradicional y antigua. Esta afirmación se apoya sobre todo en el testimonio de los que han participado en ella durante largo tiempo y también en el carácter de los temas que han sido objeto de investigación. He conocido ambientes científicos diversos en países diversos casi siempre en acciones de investigación en cooperación. Siempre he encontrado colectivos motivados en llevar a cabo el trabajo de investigación conducidos por un sentimiento de producir seguridad y durabilidad.

En los años setenta del siglo pasado ya habíamos trabajado en combustibles nucleares avanzados y en reactores de sales fundidas. Los primeros dispersaban los óxidos de uranio o de torio, incluían una barrera adicional de seguridad dándole forma de pequeña esfera, y constituían un combustible nuclear difícilmente vulnerable. Se le llegó a asignar el nombre de «combustible naturalmente seguro». Los reactores de sales fundidas de uranio mostraban una capacidad sobrada de hacer frente a hipotéticas fugas.

En los ochenta, la investigación se centra en temas muy cercanos a la operación de las centrales existentes. Fue la época de grandes desarrollos científicos en el área del análisis dinámico de comportamiento de sistemas, tanto en el aspecto de simulación como en la experimentación física. La iniciativa fue enormemente provechosa. Me gusta destacar de aquella época el proyecto experimental LOFT y la implementación de procedimientos de operación en emergencia orientados a síntomas.

En los noventa vimos la investigación en materia de refrigeración pasiva. Ya he dicho algo sobre los reactores con sistemas de seguridad pasiva que no necesitan ni suministro eléctrico ni acciones humanas para seguir refrigerándose después de la parada o en escenarios accidentales. La investigación había permitido un paso de gigante en seguridad para los reactores de nueva construcción y algunas soluciones más modestas para los existentes.

En los 2000 se inició el tema de la Generación IV. Se trata de una investigación aún en curso. Incluye 6 diseños, tres de los cuales son reactores rápidos o recicladores de combustible usado. Estos no solo deben crear plutonio, que también es combustible, sino que transmutan una parte importante de los productos presentes en el combustible usado en las centrales actuales para reducir la radiactividad de estos.

Este repaso telegráfico de la investigación en el ámbito de la tecnología de la producción nuclear tiene el único objetivo de documentar la frustración de un colectivo científico honesto y socioconsciente que puede considerarse en general mal valorado por la opinión pública. Muy a menudo, quizás demasiado a menudo, políticos y personas con intereses comerciales en el campo de la energía consiguen la oportunidad de hablar del tema energético. Muy a menudo también, y quizás paradójicamente, se hace callar al científico que ha investigado sobre la seguridad o la durabilidad de centrales nucleares con la excusa de que habla confuso o de que saca las cosas de contexto. Al igual que los expertos en epidemias e inmunología necesitan de la confianza de los ciudadanos y de sus dirigentes, los científicos de las tecnologías energéticas y nucleares deberíamos poder trabajar como a todos los científicos nos suele gustar. Esto es, con asepsia y libres de intereses comerciales o partidistas. Explicando los contenidos esenciales de los temas en juego y teniendo la oportunidad de destacar a cada paso el carácter humanista de la investigación que tenemos entre manos.

6.1.3. Intercambiar y comunicarse

Escribir y leer son actividades fundamentales que permiten poner a prueba el pensamiento de uno mismo y de los demás. Tanto las opiniones diversas como todos los razonamientos de quienes las defienden son normalmente mejor gestionados cuando los vemos escritos. La escritura nos ayuda indirectamente a localizar nuestras debilidades y no detener el proceso de limarlas y explicarlas hasta que la relectura nos lo recomienda. En cuanto a la lectura, cada lector puede a su gusto elegir el ritmo, repetir los tramos dudosos o intercalar otra actividad que podamos considerar necesaria para el entendimiento general del tema.

He leído un número importante de libros relacionados con la transición energética y temas sociales afines, me gusta recomendar dos especialmente. Estos son: *El col·lapse és evitable* (Ramon Sans y Elisa Apulia) y *La energía nuclear salvará el mundo* (Alfredo García).

El col·lapse és evitable tiene como subtítulo *La transició energètica del segle xxi (TE21)* y enfoca seriamente la energía del futuro. Habla de un futuro 100% renovable que conlleva cambios sustanciales en la manera de entender la problemática energética y la propia vida hoy.

El autor dedica una buena parte del libro a exponer para las diversas fuentes de energía, los caminos y las transformaciones que sufren estas desde el origen en su extracción o captación hasta su utilización. Esto le permite caracterizar la sostenibilidad de las fuentes de energía renovable y descubrir una conformación razonable de la infraestructura energética del futuro sostenible. Es pulcro y sólido cuando nos muestra cifras sobre balances y rendimientos, así como cuando trata los usos diversos de la energía.

Entra en lo que denomina transición energética del siglo xxi. Nos habla del escenario social donde esta debe tener lugar según su propuesta y aporta una visión resumida de los recursos energéticos existentes. El escenario social se configura de forma anti-consumista, considerando el bienestar como claramente diferente de la acumulación de bienes. Habla de llamada tercera revolución industrial como movimiento que nos lleva a «algo desconocido hasta ahora» y que tendrá lugar en la transición propuesta.

Propone el paro de centrales fósiles y nucleares de forma lineal desde el inicio de la transición hasta 2050. Calcula la sustitución por producción renovable. Los cálculos mostrados parecen cuidadosos en la ocasión que tocan aspectos como potencias y superficies necesarias para su implementación e inversiones necesarias. Incluso en este último punto llega a analizar cómo el ahorro conseguido por la progresiva reducción de la factura de los fósiles puede hacer viable, en los años de transición, la inversión en la nueva infraestructura renovable.

¡Estos son los rasgos esenciales del libro y merecen todo mi elogio! Coincido con los autores en una parte muy importante de lo que han escrito. Discrepo en algunos aspectos sobre todo de mi campo de experiencia. El lector sabrá identificar estos últimos. Prefiero enfatizar mi aprobación del núcleo primordial que no magnificar las discrepancias.

La energía nuclear salvará el mundo parece radicalmente diferente de la anterior. Su autor logra presentar en un lenguaje claro las grandes cuestiones sobre el momento energético y particularmente sobre las controversias que rodean la energía nuclear. Es enormemente conciso y no rehúye ningún tema de los que aparecen en el debate más actual.

Considero espectacular la habilidad que muestra el autor en trocear cada realidad preocupante, como los accidentes históricos centrales, y abordar, uno por uno, cada aspecto que puede inquietar al lector manteniendo el interés y el hilo conductor. Leyendo el libro siempre sabes dónde estás, y eso es de agradecer. A menudo corta el ritmo del relato, intercala alguna vivencia personal breve o noticia de prensa controvertida y resuelve la polémica con una explicación breve.

Preconiza la alianza de renovables y nucleares para salvar la situación planetaria que vive la humanidad hoy a raíz del calentamiento global. Destaca la utilidad de poder hacer seguimiento de carga por parte de las nucleares como capacidad más relevante que justifica la alianza. Enfatiza con un aire siempre positivo el hacer frente común para superar el trance actual. Se atreve a hablar de innovación, de reactores del futuro e incluso fusión nuclear.

Coincido con él en un puñado de cosas, discrepo en algunas, pero muy pocas y, como profesor de tecnología nuclear que soy, he quedado vivamente impresionado por su frescura y soltura expositiva en temas como los que aborda.

¡Leídos estos dos libros, me gusta concluir que son altamente compatibles! El colapso es evitable, y se evitará gracias a que el camino trazado en el libro que lleva este nombre se consolidará con una contribución de la energía nuclear que salvará al mundo. Alcanzado el primer objetivo, conseguida la descarbonización de la vida del planeta, la humanidad culminará la consolidación de un mañana 100% renovable. La síntesis de los núcleos primordiales de cada uno de estos dos libros es para mí algo viable y cercano. Esta afirmación es nuevamente una llamada a la necesidad de superar dinámicas sociales que solemos llamar «de buenos y malos» y que a menudo dificultan el entendimiento entre personas. ¡Si nos quedamos en el título o en la portada de los libros en cuestión, podríamos concluir falsamente que son irreconciliables o que uno o el otro son falaces! Si en cambio, los leemos en detalle, intentando seguir los razonamientos que nos presentan, nos costará poco entender de qué manera podemos poner las nucleares al servicio de un mañana 100% renovable. Cuando leemos en detalle conseguimos visiones completas de los problemas y conseguimos huir de las dinámicas de buenos y malos. La ciencia ha sido y debe seguir siendo una ayuda solvente para superar este tipo de enfrentamiento.

6.1.4. ¡Lector, tú vales mucho! ¡Tú harás lo que yo no he podido hacer!

¡Llevamos más de un centenar de páginas tú leyendo y yo hablando! Esto significa razonando juntos y a veces desvelando algo que sorprende. Hemos intentado concluir, entre otros resultados, que las centrales nucleares no son para siempre, son extremamente útiles en el presente y en el medio plazo, ¡son seguras y tienen el problema de los residuos técnicamente bien planteado! Si hemos dicho que las centrales nucleares no son para siempre es porque el principio que utilizan no es renovable. «Queman» uranio, torio o alguna otra especie nuclear que son sustancias o materiales hoy relativamente abundantes y baratos pero que a la larga acabarán agotándose. Hemos dicho que son extremamente útiles en el presente y en el medio plazo, porque, como fuente de energía descarbonizada, pueden contribuir de forma positivamente contundente y tal vez única en resolver el problema urgente de evitar el colapso del planeta. También hemos dicho que son razonablemente seguras para convencimientos personales míos y porque así me lo corroboran otros profesionales de la seguridad nuclear que he conocido a lo largo de mi vida. Finalmente, cuando hemos dicho que tienen el problema de los residuos técnicamente bien planteado, he tenido en mente los planes iniciales de esta tecnología que considero científicamente vigentes a pesar de estar prohibidos por las legislaciones de los países del área de influencia de Estados Unidos. ¿Cómo es que cuesta tanto que se tome en consideración la estrategia que estamos configurando? ¿Por qué cuesta tanto ser escuchado?

La primera respuesta podría ser: es quizás porque el ciudadano no ha tenido acceso al conocimiento básico de las ventajas, inconvenientes y riesgos de la tecnología nuclear. Si la estrategia propuesta cuenta con la energía nuclear, aunque sea pensada como medio para hacer posible el mañana ecológico, quien no conoce esta energía, de entrada, duda. Elaborándolo más, si nadie le da información suficiente no se compromete. A nadie le gusta contar con lo desconocido. Cuando razonamos un poco más y pensamos que tal vez puede ser verdad, que la estrategia propuesta tenga más garantías de éxito que otras estrategias, es el momento de hacer algo, como luchar para que los poderes públicos formen al ciudadano en materia de esta tecnología. De hecho, ya he hablado previamente en varias ocasiones. Hace tiempo que lo pido, pidámoslo una vez más. No permitamos que las decisiones se tomen sin conocimiento.

¡Intentad ir un poco más lejos como lectores y como ciudadanos inquietos que sois! Los que decimos que hay que dar formación al ciudadano hace 40 años que lo pedimos y nos parece muy justo y democrático hacerlo. La respuesta a veces es un no matizado, y a veces no seco, pero en general es no. ¿Qué se puede hacer para ir más lejos? Intenta reflexionar sobre otra pregunta del mismo ámbito: ¿Quién saca provecho de la débil formación del ciudadano en esta cuestión? Pido al lector y también al experto en el análisis de las relaciones de poder en la sociedad que haga el esfuerzo de contestar con la solvencia que le permita su capacidad de análisis y su conocimiento. Estas no son preguntas ni para un experto en sostenibilidad energética ni en tecnología nuclear ni para un profesor de una universidad tecnológica.

Una débil formación del ciudadano en materia energética le lleva a posturas contrarias a lo que él desconoce. Si el ciudadano se indigna contra las centrales nucleares probablemente deja de indignarse contra otros hechos, grupos y personas que tal vez le hacen más daño y que desean esta distracción. Bienvenido si algún experto termina identificando la razón por la que no se nos escucha. La verdad es que la razón última no es tan importante como el hecho. Demasiado a menudo nos encontramos descartados de entrada por razones refutadas en este mismo texto.

El rechazo duele más cuando valoramos el carácter y la finalidad de los usos preconizados. La propuesta mía habla siempre de un uso de las nucleares limitado en el tiempo hasta encarrilar correctamente problemas tan evidentes como la lucha contra el cambio climático y el retraso del Sur Global. La propuesta hace suyas y apoya las iniciativas de una transición energética en curso que no se dará por buena hasta que no logremos el todo-renovable.

6.2. Transición Energética Robusta

6.2.1. Estrategia-marco

Hemos llegado a un concepto destacable, podríamos denominarlo *Transición Energética Robusta*. El concepto ha sido caracterizado como lo que podríamos llamar una estrategia-marco, y como tal, establece el marco donde pienso que hay que ir encontrando el camino de la sostenibilidad energética. ¡Es una postura ecléctica que nace tratando lo urgente como urgente y lo importante como importante!

Esta Transición Energética Robusta no se define como postura pronuclear porque su objetivo es sobre todo de equidad y sostenibilidad. Reconoce que las centrales nucleares conllevan un riesgo, pero acepta la gestión que de este se efectúa actualmente en Occidente. Acepta también los procesos de mejora continua que se realizan por parte de los organismos reguladores, de la ciencia y de ingenierías y operadores. Evalúa también cualitativamente el riesgo del colapso del planeta originado por la presencia de CO_2 en la atmósfera. Finalmente, comparando estos dos riesgos, opta por un uso limitado en el espacio y el tiempo de la energía nuclear. Explícitamente dice que la energía nuclear no es para siempre, pero será enormemente útil en los próximos años. Nucleares y renovables son los ejes principales de una estrategia que necesita diversidad. Las nucleares no son el futuro, pero forman parte del camino que a él conduce. Uno de sus argumentos a favor más relevantes es constituirse como baza y herramienta para disuadir a los productores de combustibles fósiles. El fósil tiene que dejar de ser el motor de la economía mundial. Solo si los combustibles fósiles pasan a no ser indispensables en un tiempo razonable corto, la negociación sobre su recucción puede tener éxito.

La estrategia no olvida lo que es importante, y por lo tanto preconiza y potencia dos puntos esenciales: las energías renovables y el desarrollo global equitativo. La penetración de las energías renovables debe ser contundente y realista y por tanto armónica con el avance de la revolución tecnológica y social que estamos iniciando.

La Transición Energética Robusta nos recuerda la conexión entre política energética y geopolítica. El paro fósil, la robustez de la producción sustitutoria y la gestión de la escasez de algunos materiales necesarios son temas altamente relacionados con geopolítica. Hemos visto que, según lo que hacemos localmente en energía, podemos estar influyendo en las condiciones de contorno de las hegemonías mundiales.

La estrategia es respetuosa con muchas cosas e intenta sumar. Apoya claramente la esencia de lo que se acordó en París y solo pide algún añadido como la fortaleza de la producción energética mientras dure el proceso de descarbonización. La estrategia no olvida las dificultades relacionadas con la información, el conocimiento y el consenso. No basta con poner la información al alcance de quien nos gobierna, conviene consolidar el conocimiento de problemas y soluciones y alcanzar consensos amplios.

La racionalización y la sobriedad energéticas son cruciales y por tanto irrenunciables. Pero no basta con hablar de energía, se debe involucrar a a población de todo el planeta y en sus ámbitos doméstico, industrial y de transporte. ¡La clave de la sostenibilidad energética está en la sobriedad global universal!

6.2.2. ¿Qué le pedimos al gobierno de España?

Pido al gobierno de España que acepte las directrices de la propuesta y lo hago aplaudiendo previamente todas aquellas reformas que considero ya iniciadas de forma coincidente con mi criterio y que, por tanto, considero correctas. Quiero enfatizar que cuando hemos hablado de implementar una infraestructura de producción energética sostenible estamos en línea con las realizaciones correspondientes. Promocionar el uso de las energías renovables con contundencia, establecer comunidades energéticas o descentralizar la producción y estimular la profusión de recursos distribuidos son tareas y actividades en las que la propuesta está en buena conjunción con las realizaciones actualmente iniciadas.

La energía necesita consenso, no en vano estamos intentando hacer modificaciones a 30 años vista que deberían ser armónicas con predicciones solventes y con los compromisos necesarios para garantizar los cumplimientos correspondientes. Entiendo que el gobierno debería pactar las grandes directrices de su política energética con la oposición y con un amplio abanico de representantes del arco parlamentario. Solo así el contenido de los compromisos adquiridos y la adecuación de las tareas a realizar podrán mostrar la misma sostenibilidad que deseamos como ciudadanos para nuestro futuro. Igualmente, el gobierno debería demostrar su capacidad de adaptación a las novedades que, con toda probabilidad, surgirán en una transición larga y compleja como la que tenemos entre manos.

Pido al gobierno que cambie de actitud, supere la línea roja «Nuclear, no» y trate las centrales nucleares como las considera la propuesta. Esto quiere decir considerarlas como medios de producción centralizada, que no son para siempre, que un día se detendrán, pero que en los próximos 30 años son indispensables para ayudar a las renovables en la descarbonización real y efectiva, ¡y por tanto para evitar el colapso del planeta y cumplir el primero de los objetivos ecológicos de la propuesta! En consecuencia, el gobierno debería tomar las acciones que hicieran posible esta utilización modesta pero sensata de la energía nuclear. La acción más urgente de esta iniciativa es alargar la vida de las centrales nucleares españolas existentes con todas las condiciones de seguridad. No es nada excepcional, ya hemos dicho que centrales con diseños idénticos a los de las españolas han prolongado en Estados Unidos su utilización hasta 60 años de vida útil. Este alargamiento en el caso español podría ser de entre 20 o 30 años. La decisión de comenzar a detenerse las debería tomar cuando tuviéramos suficientes evidencias prácticas y reales de que el todo-renovable es un hecho. ¡Nunca antes! Otras decisiones, tal vez menos críticas, deberían tomarse también para contribuir a la fortaleza que necesita la industria nuclear en el contexto mundial. Entre estas encontramos mantener las organizaciones de ingeniería y fabricación de componentes, pensar en el reciclado de combustible usado y en general escuchar más a los colectivos expertos en tecnología nuclear.

¡Pido al gobierno que tenga mucho más presente el carácter mundial del problema! Existe un negacionismo y existen unas hegemonías basadas en la propiedad de las reservas fósiles. Estos dos hechos, que además están emparentados, condicionan las políticas de energía de todos los países del mundo. No basta con hacer una transición energética en función de la demanda interna de país, conviene incidir en las cumbres mundiales para ser eficaces pensando en el planeta entero. Las opciones pueden ser diversas y esta propuesta habla de una alternativa que pide diplomacia y fortaleza en el ámbito de la ingeniería energética. El gobierno español debería superar la línea roja *My country first* y tomarse en serio que la fortaleza mundial de la producción descarbonizada solo se conseguirá si los países industrializados mantienen el vigor necesario.

También pido al gobierno que dé la palabra a los representantes de la economía ecológica, se les escuche y se encuentre una manera de dar un paso serio adelante en la consideración de sus contenidos relativos a la reducción del consumismo.

Pido al gobierno que impulse la formación del ciudadano en materia energética. Este es un punto fundamental y así lo he dicho más de una vez. Hacer frente al desasosiego del ciudadano es para mí una tarea de gobierno. No basta con facilitar las exposiciones ideológicas relativas al hecho, conviene una formación específica dedicada a los colectivos clave del problema y a la ciudadanía completa según los planes razonados a la propuesta. Solo llevando a cabo una formación que cubra estos puntos, la confianza en los científicos del mundo de la energía podrá ser realmente un hecho. A partir de aquí, podemos pensar en la aceptación social de las soluciones propuestas, el incremento de la madurez de la sociedad y su capacidad de producir un veredicto público en temas tan controvertidos como la energía.

Finalmente, y como consecuencia de mi estima y mi consideración por la sintonía que los ideólogos tienen con el pueblo, quisiera del gobierno que resintonizara con la ciudadanía e hiciera un esfuerzo para captar lo que implícitamente nos pide. ¡En mi opinión, la ciudadanía quiere un camino sin sorpresas desagradables! ¡Nos pide margen! La sociedad quiere una transición energética robusta y fiable. El gobierno debería interpretar lo que la sociedad le pide, debería dejar de hablar de las excelencias del mañana y tomar las medidas necesarias hoy para materializar un itinerario seguro que nos lleve a él con garantías.

6.2.3. ¿Qué le pedimos al colectivo gestor de la opción vigente?

¿Quién forma este colectivo? Estoy hablando de todos aquellos que dedican un esfuerzo profesional o de apoyo a la implementación real de una infraestructura de producción energética sostenible.

Pido al colectivo en cuestión que persevere en sus tareas de diseño, instalación y promoción de las energías renovables con dedicación y empuje, y que continúe poniendo su ingenio al servicio de facilitar la creación de comunidades energéticas o de estimular la implementación de recursos distribuidos. Se trata de un colectivo implicado en trabajo, en debate, y en negociaciones que deben hacer posible un progreso neto hacia la sostenibilidad energética y global de nuestra sociedad y merece nuestro apoyo.

Les pido también que entiendan las centrales nucleares ni como un competidor ni como un enemigo, sino como un aliado que nos ayudará a salvar unos años difíciles, permitirá que entre todos evitemos el colapso del planeta y desaparecerá cuando la sostenibilidad sea un hecho. Les pido también que entiendan el problema energético como un problema a la vez mundial y local. Me gustaría recordarles que, de acuerdo con lo expuesto, parando las nucleares españolas, localmente perdemos capacidad de cubrir márgenes descarbonizadores en los próximos años, pero mundialmente perdemos mucho más aún, perdemos esa fortaleza que la socioconciencia necesita colectivamente. ¡Deteniendo las nucleares estaríamos pues dando indirectamente más poder a negacionistas y productores de combustible fósil! ¡Estaríamos alentando a las dos grandes potencias mundiales a seguir en su estilo de hegemonía y perjudicando al Sur Global en su intento de emanciparse sin venderse! Al igual que yo voto a favor de la implementación sostenible, les solicito que voten a favor de esta utilización razonable de las centrales nucleares, limitada en el tiempo, útil para hacer frente a las enormes incertidumbres temporales que rodean la creación de un sistema energético nuevo.

6.2.4. ¿Qué le pedimos al colectivo científico multidisciplinar implicado en el tema energético?

Estoy hablando ahora de todos aquellos que dedican un esfuerzo de investigación y desarrollo científico al progreso de las capacidades en el ámbito energético. Ellos deberían reafirmar la necesidad de un tratamiento científico para una parte muy relevante del debate energético y desmarcar-se inequívocamente de lo que antes hemos señalado como dinámicas de buenos y malos.

Ante todo, les pido que perseveren en sus tareas de investigación. De forma más específica, les pido también que defiendan el carácter científico de la investigación que tenemos sobre la mesa y reclamen la atención necesaria hacia los especialistas que trabajan en ella. Dada la complejidad del problema, ya hemos visto que esta afirmación vale para un número grande de competencias. Todas ellas deben ser consideradas y sus conexiones o interrelaciones deben mantener el carácter científico, esto es, deben apoyarse en el conocimiento rehuyendo intereses comerciales o partidistas.

El día a día de nuestra sociedad tiene una importancia notoria y, debido a que lo estamos viviendo, lo solemos tener presente. El medio y el largo plazo son más difíciles de tratar. Nos fuerzan a hacer predicciones de progreso humano y tecnológico, y estas requieren ciencia. ¿Qué tecnologías energéticas o productivas en general estarán disponibles en este futuro próximo o más lejano del que hablamos? ¿Qué dificultades sociales y tecnológicas surgirán? La ciencia, también lo hemos visto, puede echar una mano probablemente más solvente que la pura intuición y conviene defenderlo.

Teniendo presentes la incertidumbre y la necesidad de hacerle frente, es importante no despreciar ninguna especialidad científica que pueda aportar la argumentación y el conocimiento necesarios para configurar el camino del progreso en materia de energía. Hay una parte muy importante del debate energético que es científico, y que debe basarse en predicciones fiables de comportamientos humanos colectivos de futuro y en pronósticos de cómo evolucionará la tecnología en los próximos años. El diálogo científico debe desarrollarse de forma autónoma al margen de las ideologías, que ya entrarán en su momento. Es primordial pues, facilitar el encuentro y la cooperación entre expertos de áreas de conocimiento diverso pero enlazadas en un mismo problema. Al igual que en el caso de los modelos numéricos de evolución de la pandemia, matemáticos e inmunólogos ponen en común sus contenidos técnicos respectivos, al margen de la intervención de políticos, gobernantes y representantes del negocio farmacéutico, el colectivo multidisciplinar implicado en la energía debería defender su organización y el mantenimiento del carácter científico en sus disquisiciones conjuntas. Los ideólogos, políticos y emprendedores energéticos entrarán oportunamente más tarde; he dejado claro, en este mismo texto, que también ellos son indispensables y que no dudo de sus capacidades, sensibilidades y anhelos.

6.2.5. Epílogo. El camino de la sostenibilidad energética

La Vanguardia 22 de Julio de 2011

> A raíz del acontecimiento de Fukushima, fui llamado a hablar del tema nuclear. Creo haber ayudado en el entendimiento del accidente y de la tecnología. A veces intento aportar algo más que conceptos tecnológicos y mostrar estas conexiones que tiene el tema con reflexiones de tipo sociológico y humano. Es difícil porque, con excusas elaboradas, a menudo te quitan la palabra y cortan un discurso que es modesto pero multidisciplinar... Lo que siempre he estado dispuesto a explicar y apunto brevemente en este párrafo no se puede comunicar en un artículo, pide más tiempo. Creo que hay un modo muy razonable de poner la energía nuclear al servicio de la humanidad para que nos ayude a resolver estos grandes problemas que han ido demasiado lejos.

Este párrafo cerraba aquel artículo de opinión escrito hace unos años. Este libro culmina las intenciones anunciadas entonces. El texto preconiza varios puntos esenciales: una robustez energética descarbonizada que permita un pacto de altísimo nivel con respecto a las combustiones fósiles, la necesidad de las centrales nucleares caracterizándola como efectiva, táctica y limitada en el tiempo, la creación de una infraestructura energética renovable y eficiente; y por último, tener en mente la sobriedad y la equidad como valores fundamentales de la humanidad.

Este libro ha intentado reafirmar lo que tienen de crítico muchos planteamientos que voces más autorizadas que la mía vienen diciendo. También ha intentado modestamente añadir la aclaración de algunas conexiones del entramado del problema energético, que resulta ser mucho más que un problema energético. El libro ha querido ser un grano de arena útil para la toma de conciencia de la magnitud y de los vínculos del asunto. Ha descrito el encuadre del problema como primer requisito para hacerle frente de forma coordinada y multidisciplinar. ¡Este libro es, consecuentemente, un llamamiento a todos aquellos profesionales que ven la energía como un tema en el que quieren entrar pero les cuesta hacerlo! A ellos, les quiero decir que hay explicaciones llanas, como alguna de las contenidas en este texto, para muchos de los conceptos que necesitamos poner en común. Hablo de conceptos tecnológicos y de razonamientos propios de otras ciencias. No soy experto ni en Sur Global, ni en geopolítica, ni en economía ecológica. Hasta hoy, he encontrado expertos en estos campos, he hablado con ellos y, escuchándolos, he conseguido plantear el esquema que es este libro. Mi esperanza de futuro es que un día, especialistas de estas tres áreas entren y participen en el debate energético y ayuden a aclarar la coyuntura actual. El diálogo interdisciplinario se revela en temas de energía como altamente enriquecedor.

El lector conoce mis campos de experiencia y el itinerario de mi vida profesional y, en estas condiciones, puede comprobar que el libro ha oscilado entre dos tipos de aproximación retórica. El libro ha sido o ha intentado siempre ser un ejercicio de seguimiento ponderado de la intervención de expertos. Cuando he actuado como experto, y esto es cuando el tema era de mi ámbito, he intentado ser llano y acercarme al lenguaje de proximidad que tantas veces he experimentado en el intento de comunicar mis contenidos. Cuando el tema no ha sido de los míos, he intentado recordar intervenciones experimentadas en vivencias de lectura o de intercambio en contacto con especialistas en los temas abordados y también en las reflexiones personales subsiguientes. En estos casos, he intentado llevar a cabo un seguimiento ponderado del pensamiento de los expertos a los que he leído o con quien he conversado. Espero haberlo conseguido. Espero que lo dicho resulte útil para facilitar la colaboración entre expertos diversos, para propiciar unas interacciones eficaces y para consolidar una gestión multidisciplinar solvente.

¿Qué espero del lector, a raíz de lo que estamos hablando? Dentro de cada lector hay un filósofo inquieto que si está leyendo es porque tiene una sensibilidad hacia el tema. El texto le puede provocar pensamientos diversos que van desde la aceptación hasta el rechazo pasando por la duda y la pregunta... A base de preguntas y respuestas conseguiremos juntos una imagen suficiente del problema en cuestión, tal vez una mayor aproximación y en consecuencia una nueva capacidad de proponer algo aún más sólido.

Cuando una estrategia se presenta como una opción firme es normalmente porque ha conseguido incorporar contenidos y matices de personas diversas que en su momento hicieron el doble esfuerzo de entendimiento y aportación. Este libro ha sido el intento de hacer una modesta aportación a una estrategia coherente en el ámbito de la política energética, reconociéndola como una acción multidisciplinar y mundial pero necesitada de una actitud científica y, sobre todo, sensata y ponderada.

Bibliografia

- 2030 climate & energy framework. European Commission. https://ec.europa.eu/clima/policies/strategies/2030_en

- American Physical Society (APS). https://www.aps.org/policy/reports/popa-reports/energy/units.cfm

- Abdon, Andreas; Zhang, Xiaojin; Parra, David et al. "Techno-economic and environmental assessment of stationary electricity storage technologies for different time scales". *Energy*. Volume 139 (C), 2017, pages 1173-1187. https://doi.org/10.1016/j.energy.2017.07.097.

- Climate Change 2014. Mitigation of Climate Change. Intergovernmental Panel on Climate Change (IPCC). Working group III. https://www.ipcc.ch/report/ar5/wg3/

- Data Access Viewer. The Power Project. NASA Prediction of Worldwide Energy Resources. https://power.larc.nasa.gov/data-access-viewer/

- Department of Energy (DOE). Mojave. Project Online & Generating Energy. United States of America. https://www.energy.gov/lpo/mojave

- Dirección General de Tráfico (DGT). Ministerio del Interior. Gobierno de España. http://www.dgt.es/es/seguridad-vial/estadisticas-e-indicadores/parque-vehiculos/tablas-estadisticas/

- García, Alfredo. *La energía nuclear salvará el mundo*. Planeta 2020

- IDAE. Guía de consumos y emisiones. http://coches.idae.es/guia-emisiones-consumos

- IDAE. Guía de la energía. http://guiaenergia.idae.es/el-consumo-energia-en-espana/

- IDAE. Instituto para la diversificación de y ahorro de la energía. https://www.idae.es

- Indexmundi. https://www.indexmundi.com/

- Informe Eurostat EC 2020. https://ec.europa.eu/eurostat/web/european-statistical-system/overview

- Institut Català d'Energia (ICAEN). http://icaen.gencat.cat/ca/inici/

- Institut d'Estadística de Catalunya. Generalitat de Catalunya. https://www.idescat.cat/

– Instituto Nacional de Estadística (INE). https://www.ine.es/jaxi/Tabla.htm?path=/t25/p500/2008/p10/l0/&file=10020.px&L=0

– International Energy Agency (IEA). https://www.iea.org

– Kougias, Ioannis; Szabó, Sándor. "Pumped hydroelectric storage utilization assessment: Forerunner of renewable energy integration or Trojan horse?". *Energy*. Volume 140, Part 1, 1 December 2017, pages 318-329. https://doi.org/10.1016/j.energy.2017.08.106

– Latouche, Serge. *Le temps de la décroissance*. Editions Thierry Magnier. 2010

– Latouche, Serge. *Bon pour la casse. Le déraisons de l'obsolescence programmée*. Les liens qui libèrent. 2012

– Latouche, Serge. *Sortir de la société de consommation*. Les liens qui libèrent. 2010

– Llorca, Jordi. *El hidrógeno y nuestro futuro energético*. Edicions UPC. 2010

– Martínez-Alier, Joan. *Demà serà un altre dia*. Icaria Antrazyt. 2019

– Martínez-Alier, Joan. *Sólo tenemos un planeta*. Icaria Más madera en profundidad. 2017

– Martínez-Alier, Joan. *Introducción a la economía ecológica*. Rubes. 1999

– Ministerio para la transición ecológica y el reto demográfico. Gobierno de España. Plan Nacional Integrado de Energía y Clima (PNIEC) 2021-2030. https://www.miteco.gob.es/es/prensa/pniec.aspx

– National energy and climate plans. European Commission. https://ec.europa.eu/info/energy-climate-change-environment/implementation-eu-countries/energy-and-climate-governance-and-reporting/national-energy-and-climate-plans_en

– Photovoltaic Geographical Information System. PVGIS. European Commission. https://re.jrc.ec.europa.eu/pvg_tools/es/#PVP

– Pont, Carles. Comunicar las emergencias. Editorial UOC. 2013

– Proyecto de Ley de Cambio Climático y Transición Energética para alcanzar la neutralidad de emisiones a más tardar en 2050. Ministerio para la transición ecológica y el reto demográfico. Gobierno de España. https://www.miteco.gob.es/es/prensa/ultimas-noticias/el-gobierno-env%C3%ADa-a-las-cortes-el-primer-proyecto-de-ley-de-cambio-clim%C3%A1tico-y-transici%C3%B3n-energ%C3%A9tica-para-alcanzar-la-neutralidad-de-emisiones-a/tcm:30-509229

– Rajvikram , M. et al. "Experimental investigation on the abasement of operating temperature in solar photovoltaic panel using PCM and aluminium". *Solar Energy*. Volume 188, August 2019, pages 327-338. https://doi.org/10.1016/j.solener.2019.05.067

– Rashid, Muhammad H. *Power Electronic Handbook*. Ed. BH. Chapter 46: Energy Storage. ISBN: 978-0-12-382036-5

- Red Eléctrica de España (REE). Emisiones de CO_2 asociadas a la generación de electricidad en España. Marzo 2021. https://api.esios.ree.es/documents/580/download?locale=es

- Red Eléctrica de España (REE). Informe del sistema eléctrico español. Año 2020. https://www.ree.es

- Reventós Puigjaner, Francesc. *El camí de la conversa*. Editorial Proteus

- Sans, Ramon. *El col·lapse és evitable*. Editorial Octaedro. 2014

- Sempere, Joaquim. *Las cenizas de Prometeo. Transición energética y socialismo*. Ediciones de Pasado y Presente. 2018

- Sovacool, Benjamin K. "Valuing the greenhouse gas emissions from nuclear power: A critical survey". *Energy Policy*. Volume 36, Issue 8, August 2008, pages 2950-2963. https://doi.org/10.1016/j.enpol.2008.04.017

- Statista. Factor de carga de las centrales nucleares en España 2019. https://es.statista.com/estadisticas/994390/factor-de-capacidad-neto-de-las-centrales-nucleares-espanolas/

- Take a look at the world's largest solar thermal farm. Smithsonian Magazine. November 2012. https://www.smithsonianmag.com/science-nature/take-a-look-at-the-worlds-largest-solar-thermal-farm-91577483/

- Walton, Robert. Abengoa puts 250 MW CSP array online in California. Utility Dive. Published Dec. 4, 2014. https://www.utilitydive.com/news/abengoa-puts-250-mw-csp-array-online-in-california/339957/

- World Nuclear Association. https://www.world-nuclear.org/